MuPAD

Multi Processing Algebra Data Tool

Benutzerhandbuch
MuPAD Version 1.1

Benno Fuchssteiner
Waldemar Wiwianka
Klaus Gottheil
Andreas Kemper
Oliver Kluge
Karsten Morisse
Holger Naundorf
Gudrun Oevel
Thorsten Schulze

Birkhäuser Verlag
Basel · Boston · Berlin

Autoren:
Benno Fuchssteiner
Waldemar Wiwianka
Fachbereich 17
Mathematik/Informatik
Universität Paderborn
Warburger Strasse 100
D-W-4790 Paderborn

MuPAD, (c) by B. Fuchssteiner, Automath, University of Paderborn, Germany.
PARI, (c) by C. Batut, D. Bernardi, H. Cohen und M. Olivier.
HyTeX, (c) by N. Koeckler, University of Paderborn, Germany.
MapleV, (c) by the University of Waterloo.
Maple ist ein eingetragenes Warenzeichen von Waterloo Maple Software.
PostScript ist ein eingetragenes Warenzeichen von Adobe Systems, Inc.
Unix ist ein eingetragenes Warenzeichen von AT&T.
Sun Microsystems ist ein eingetragenes Warenzeichen.
Open Windows ist ein Warenzeichen von Sun Microsystems, Inc.
SPARCstation ist ein Warenzeichen von SPARC International.
X-Window ist ein Warenzeichen des Massachusetts Institute of Technology.
Windows ist ein Warenzeichen, Microsoft und MS-DOS sind eingetragene Warenzeichen
von Microsoft Corporation.
Macintosh ist ein eingetragenes Warenzeichen von Apple Computer, Inc.
TeX ist ein Warenzeichen der American Mathematical Society.
Alle anderen Produktnamen sind Warenzeichen ihrer Produzenten.

Die Deutsche Bibliothek – CIP-Einheitsaufnahme

MuPAD: multi processing algebra data tool;
Benutzerhandbuch; MuPAD Version 1.1 / Benno Fuchssteiner, Waldemar Wiwianka
... - Basel; Boston; Berlin: Birkhäuser, 1993

ISBN-13: 978-3-0348-9917-8   e-ISBN-13: 978-3-0348-9122-6

DOI: 10.1007/978-3-0348-9122-6

NE: Fuchssteiner, Benno; Multi processing algebra data tool

© 1993 Birkhäuser Verlag Basel, P.O. Box 133, CH-4010 Basel

Softcover reprint of the hardcover 1st edition 1993

Camera-ready Vorlage erstellt von den Autoren
Gedruckt auf säurefreiem Papier
Umschlaggestaltung: Markus Etterich, Basel

9 8 7 6 5 4 3 2 1

Inhaltsverzeichnis

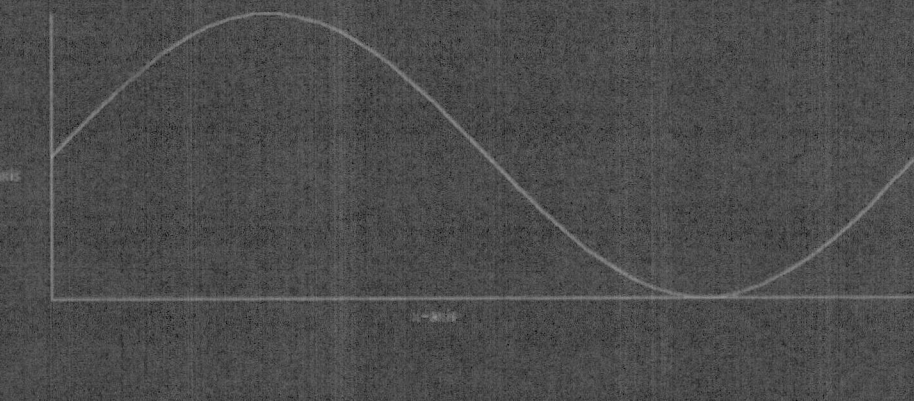

Graphic Example 1: Plot of sin(u)

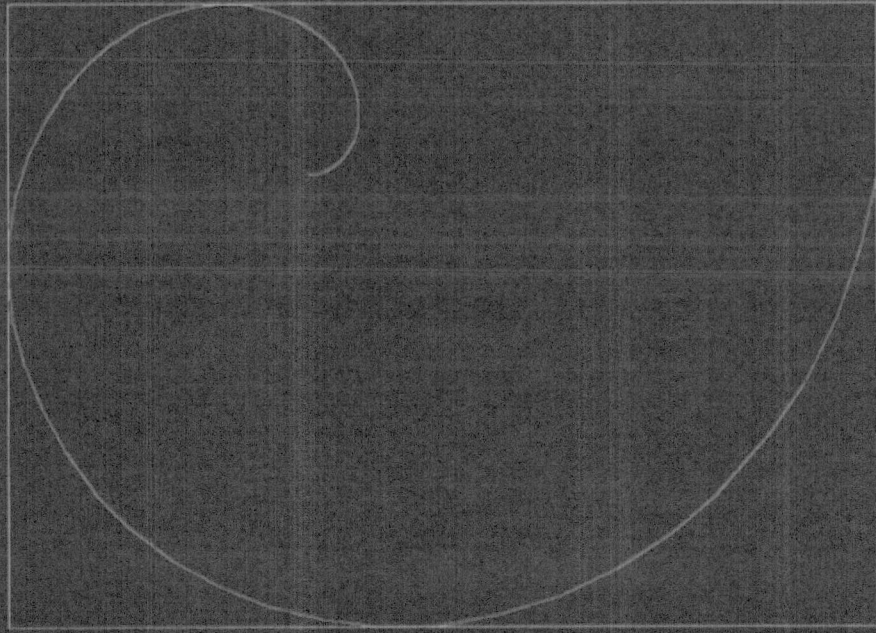

Graphic Example 2: Parametric 2D-Plot

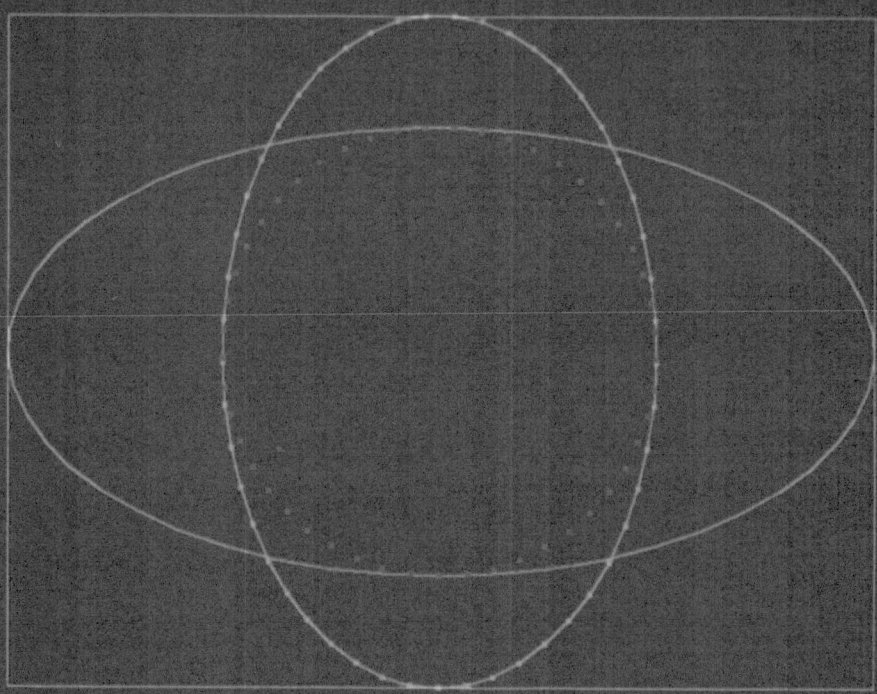

Graphic Example 3: Three different 2D−Objects

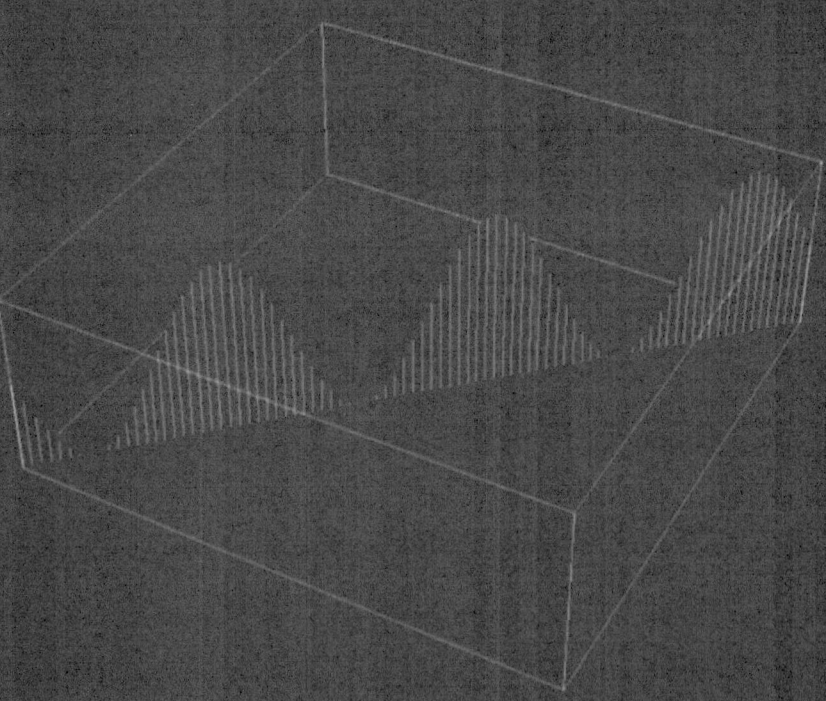

Graphic Example 4: Plot of Spacecurve sin(u)

Graphic Example 5: Spiral in form of a Sphere

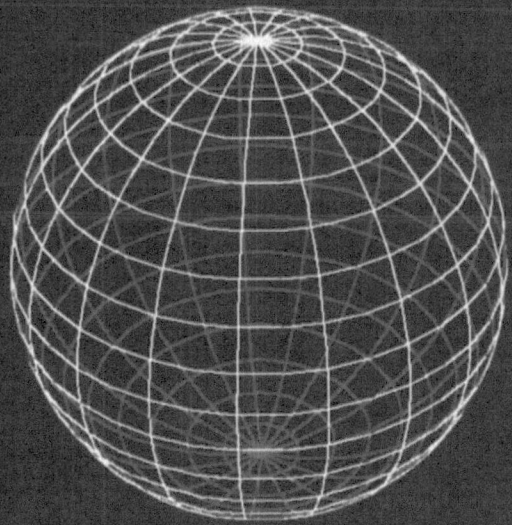

Graphic Example 6: Transparent Sphere

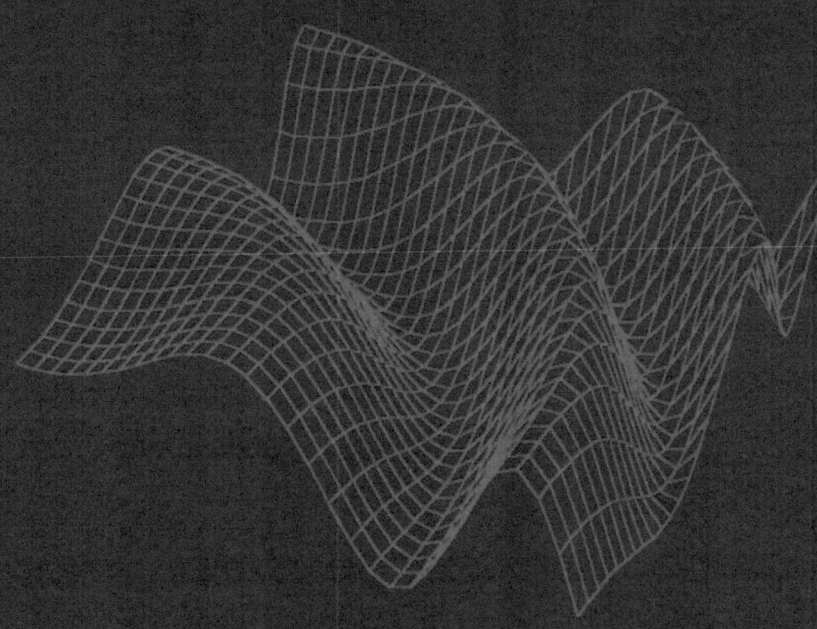

Graphic Example 7: Surface Plot of sin(u^2+v^2)

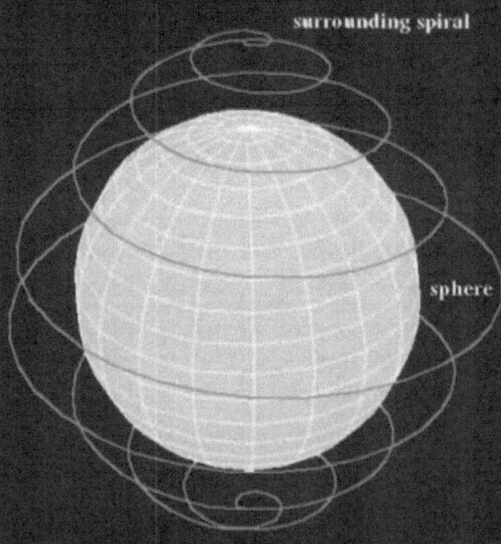

surrounding spiral

sphere

Graphic Example 8: Spiral surrounding a Sphere

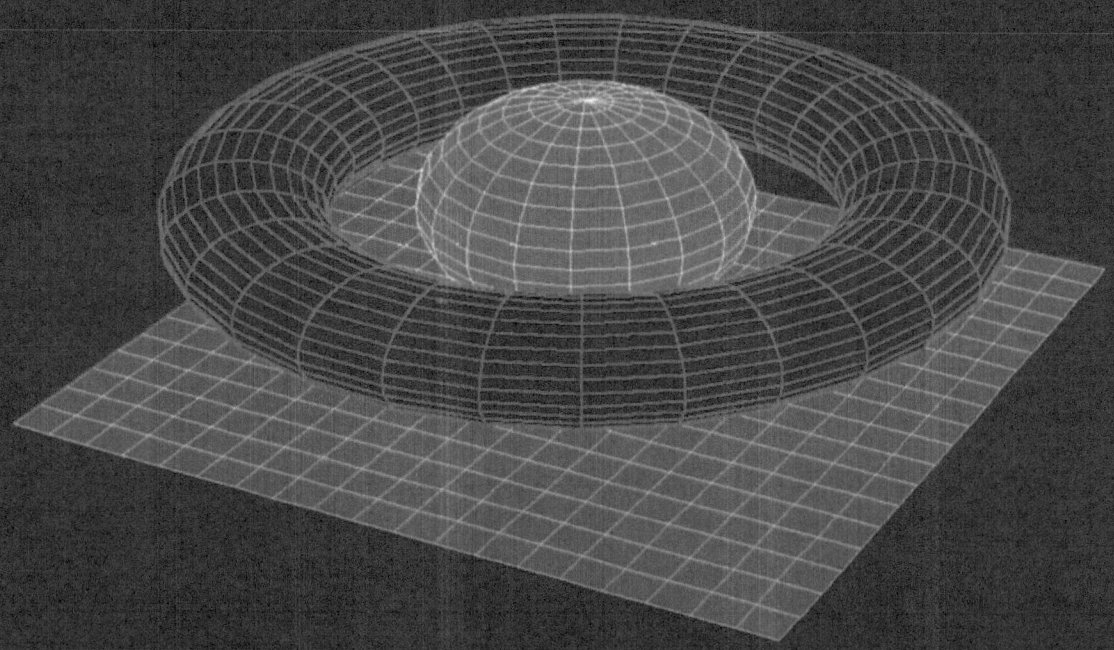

Graphic Example 9: Three different Surfaces

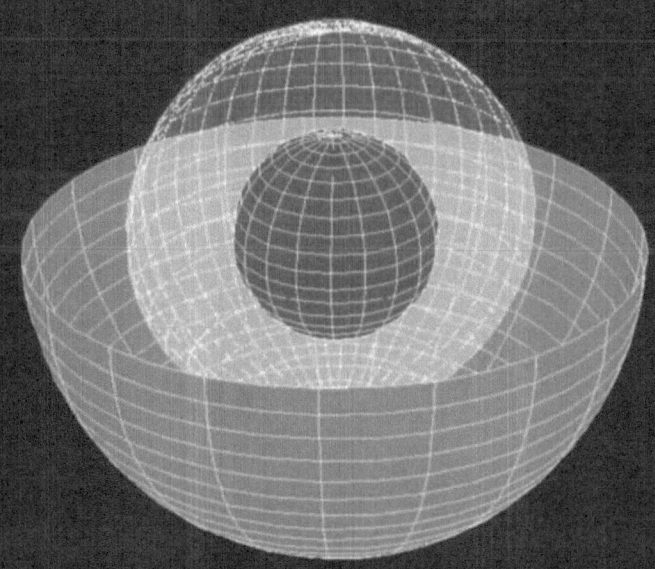

Graphic Example 10: Three Spheres

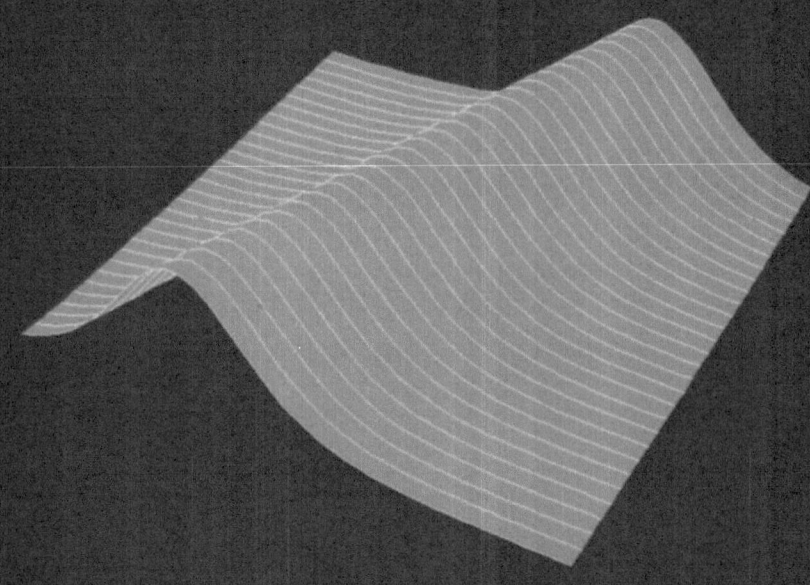

Graphic Example 11: Soliton of the Korteweg–de Vries Equation

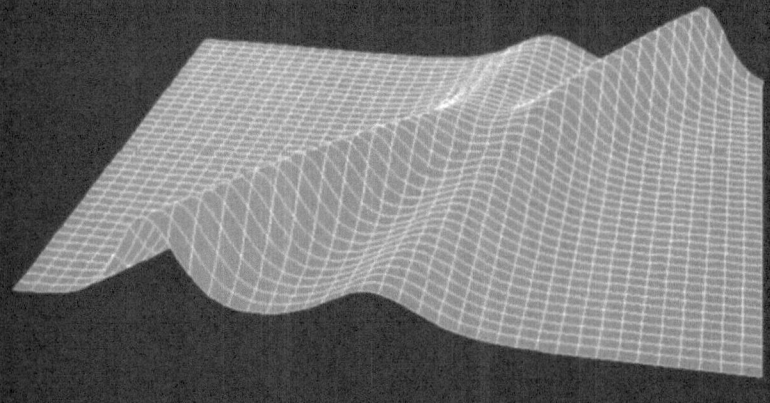

Graphic Example 12: Twosoliton of the Korteweg–de Vries Equation

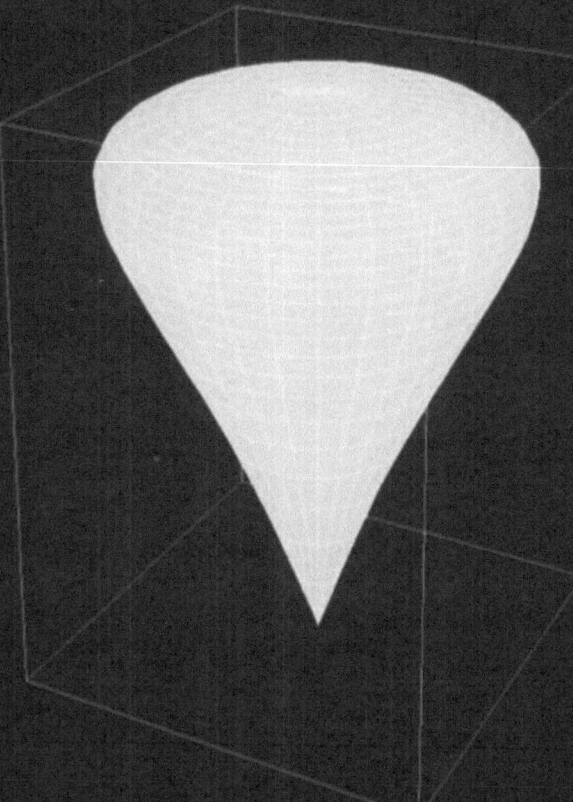

Graphic Example 13: Parametric Surface Plot

Graphic Example 14: Parametric Surface Plot

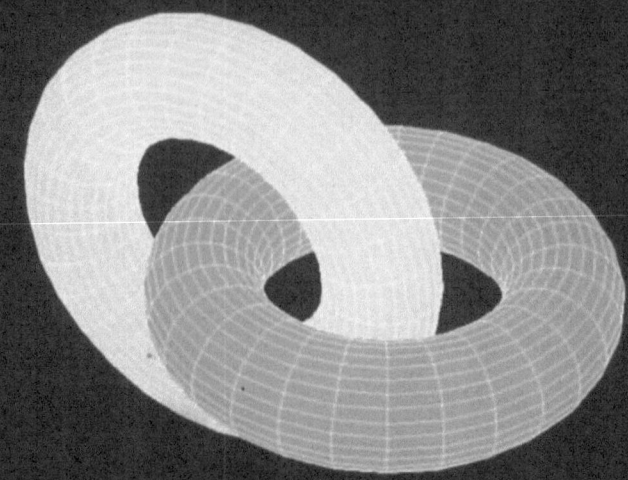

Graphic Example 15: Two Tori

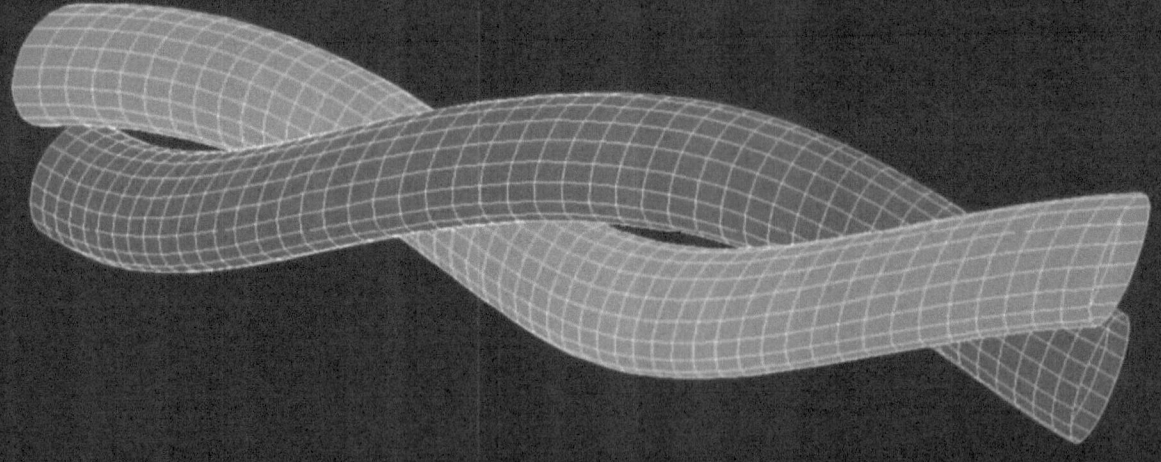

Graphic Example 16: Two Cylinders

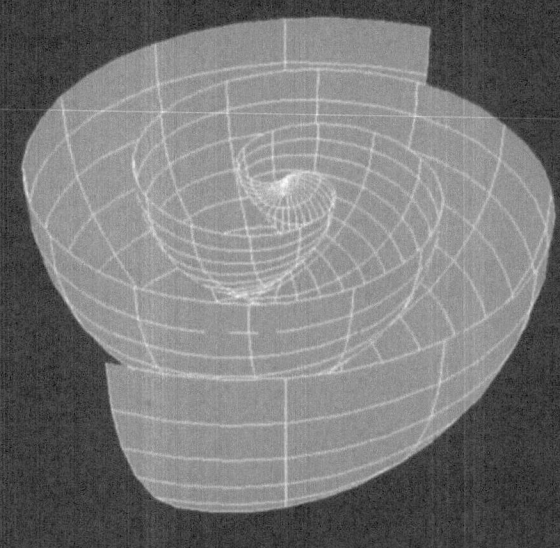

Graphic Example 17: Parametric Surface Plot

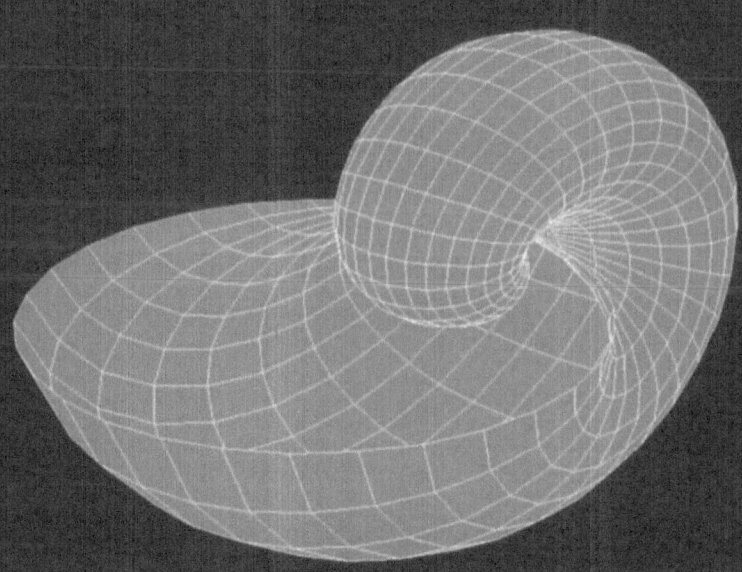

Graphic Example 18: Parametric Surface Plot

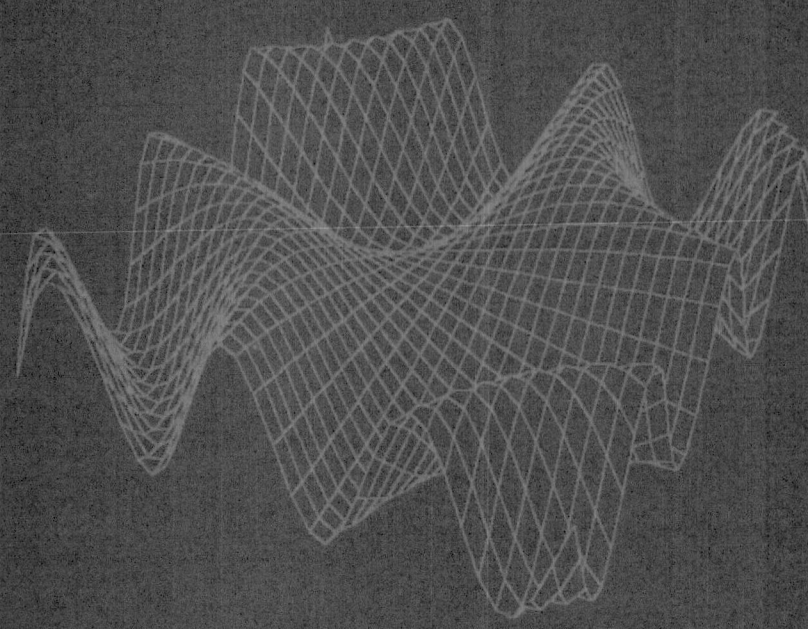

Graphic Example 19: Surface Plot of sin(u*v)

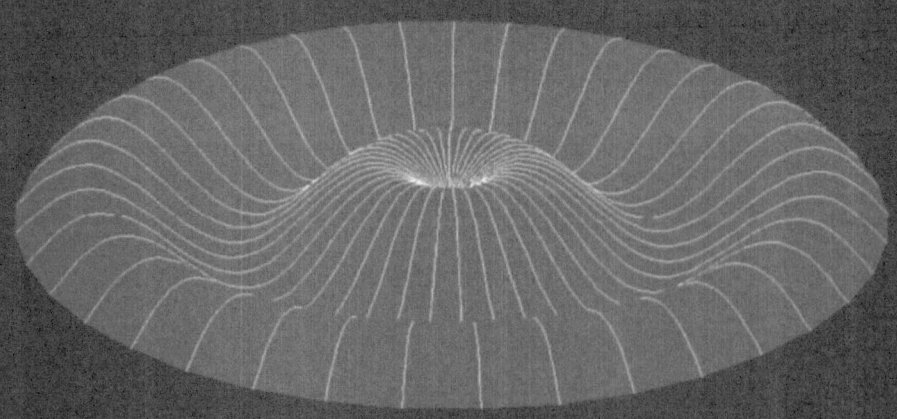

Graphic Example 20: Surface Plot of sin(radius)

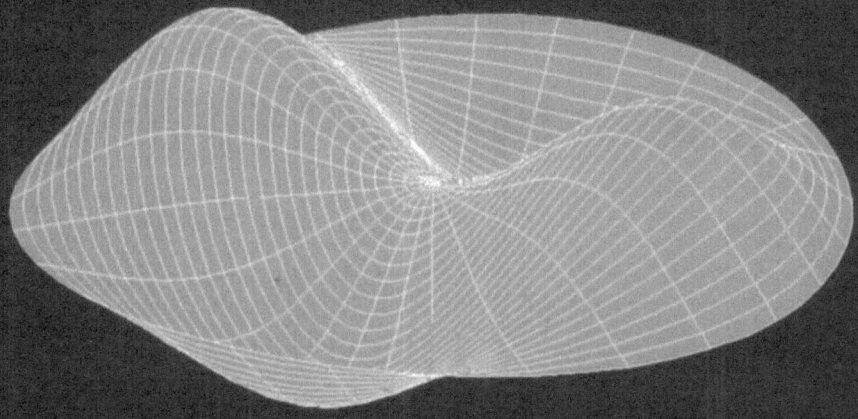

Graphic Example 21: Vibrating Drum Head (k=5.3247)

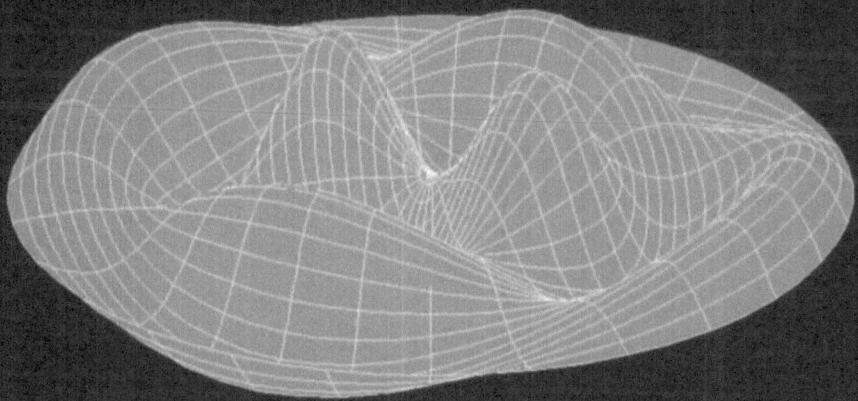

Graphic Example 22: Vibrating Drum Head (k=11.6198)

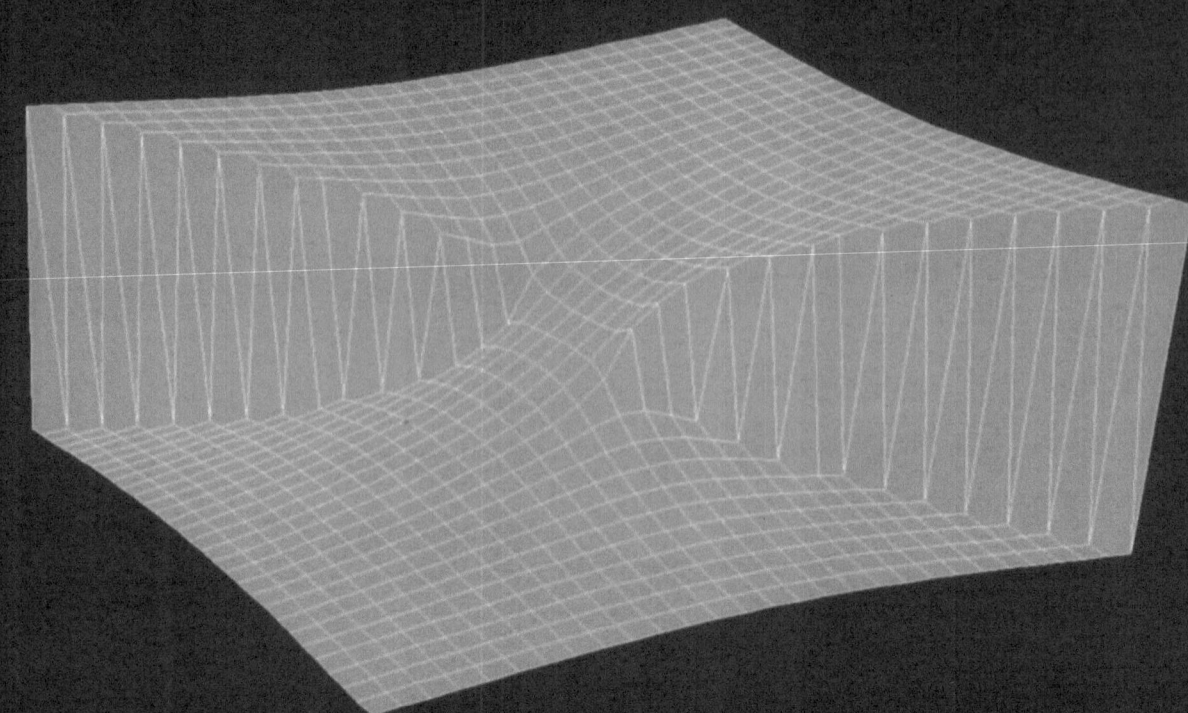

Graphic Example 23: Imaginary Part of asin(u+I*v)

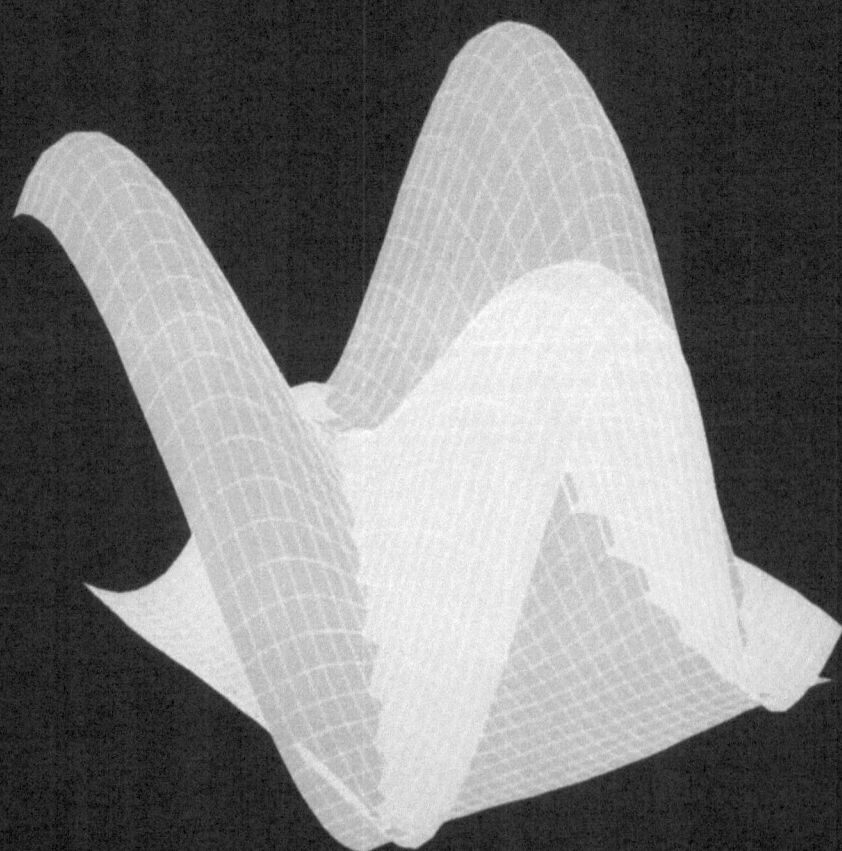

Graphic Example 24: Two intersecting Surfaces

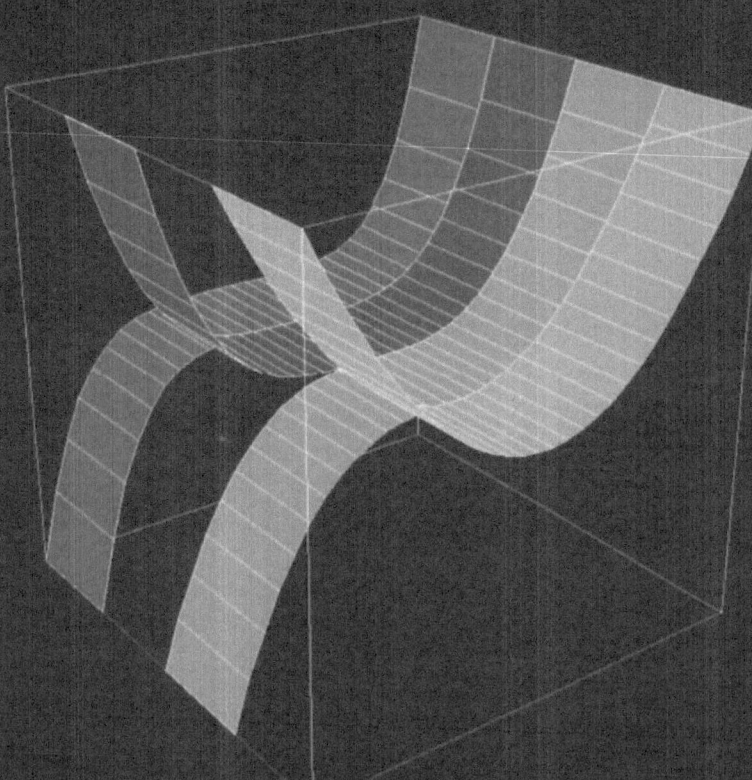

Graphic Example 25: Four Surface Plots

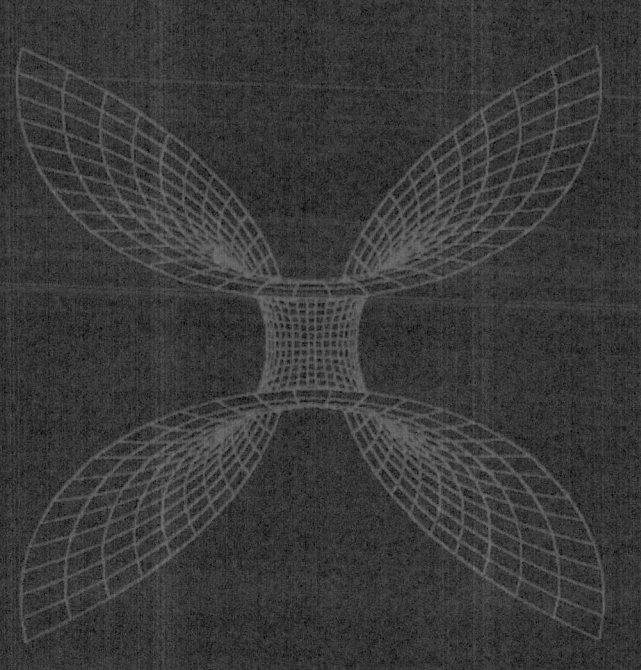

Graphic Example 26: Surface Plot

Graphic Example 27: Kink–Kink–Solution of the Sine–Gordon Equation

Graphic Example 28: Kink–Antikink–Solution of the Sine–Gordon Equation

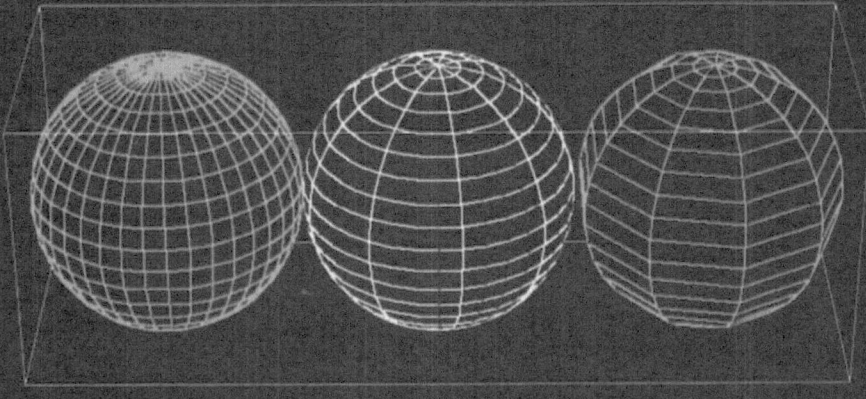

Graphic Example 29: Demonstration of Smoothness

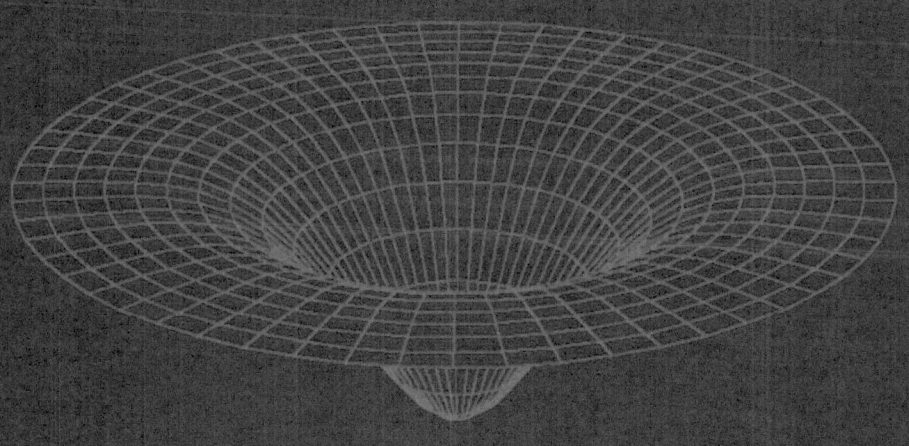

Graphic Example 30: Surface Plot

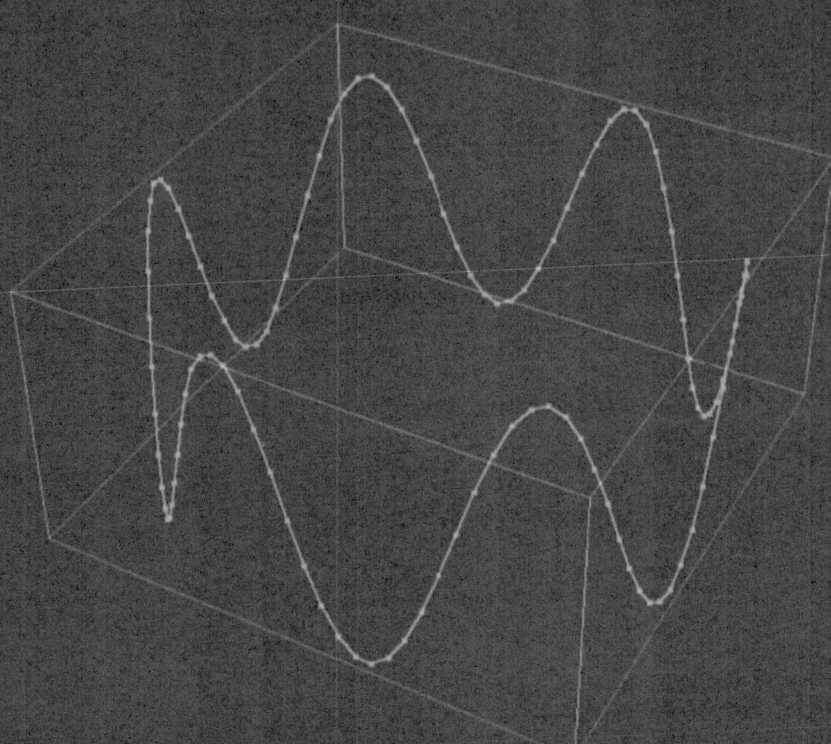

Graphic Example 31: Oscillating Spacecurve

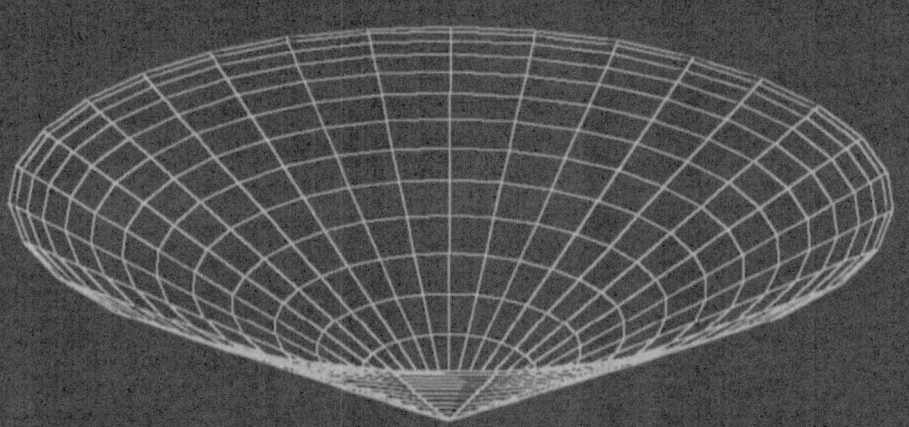

Graphic Example 32: Cone

Kapitel 1

Einführung

MuPAD ist das Computeralgebra-System des Instituts für Automatisierung und Instrumentelle Mathematik (AUTOMATH) an der Universität Paderborn. Mu-PAD wurde als paralleles System entworfen.

Der Anstoß zu Entwurf und Implementation von MuPAD entsprang dem Wunsch, unsere Algorithmen zur Untersuchung der gruppentheoretischen Struktur nichtlinearer Systeme effizient und schnell zu handhaben. MuPAD ist jedoch diesem ursprünglichen Ziel sehr schnell entwachsen und wurde deshalb als universelles System für den Umgang mit allgemeinen mathematischen Sachverhalten entwickelt.

MuPAD hatte zwei Entwicklungsziele. Zum ersten wollten wir ein Werkzeug für den effizienten Umgang mit großen Datenmengen schaffen. Dieses Ziel wurde durch die speziellen Probleme unserer Forschungsarbeiten im Bereich der nichtlinearen Systeme, welche mitunter Datenmengen von mehreren Gigabyte erzeugen, motiviert. Dieses Entwicklungsziel konnte nur dadurch verwirklicht werden, daß MuPAD als paralleles Computeralgebra-System entwickelt wurde. Der Einfachheit halber, und weil wir ein breites Nutzerprofil abdecken wollten, wurde Mu-PAD zuerst auf der Basis der Rechnerarchitektur einer Shared-Memory-Maschine entwickelt. Für Maschinen mit anderen Architekturen werden spezielle Interfaces, die eine Shared-Memory-Maschine simulieren, bereitgestellt. Daneben gibt es eine sequentielle MuPAD-Version, welche trotzdem im Bereich ihrer Hochsprache auch über parallele Programmkonstrukte verfügt. In dieser sequentiellen Version ist die Ausführung von Anweisungen in einem parallelen Block dem Zufallsprinzip unterworfen, um so auch auf sequentiellen Maschinen einen logischen Test für die Ausführung paralleler Programme teilweise zu ermöglichen. Die sequentielle MuPAD-Version ist Gegenstand dieses Handbuchs.

Das zweite wesentliche Entwicklungsziel entsprang dem Wunsch, daß zukünftige MuPAD-Versionen die Basis eines lernfähigen Systems darstellen sollten. Die Lernfähigkeit zukünftiger Systeme soll sich sowohl auf das interaktive Arbeiten wie auch auf den Batchmodus erstrecken. Um dies zu erlauben, wurde eine Datenstruktur gewählt, welche die Manipulation aller Daten, einschließlich der in der

1

Hochsprache geschriebenen MuPAD-Programme, erlaubt. So kann die Funktionalität jedes MuPAD-Programmes, selbst die der im Kern implementierten Programme, weitgehend entsprechend den Wünschen der Nutzer verändert werden. Vorteile und Risiken einer solchen Strategie sind offensichtlich, sie werden in einer zukünftigen Publikation beschrieben.

Gegenwärtig gibt es MuPAD-Versionen für UNIX und für die Rechnerfamilie Macintosh. Die Version für UNIX-Workstations ist sowohl im üblichen Betriebssystem lauffähig wie auch in einer komfortableren Version unter X-Window (Wir benutzen das XView Toolkit). Darüber hinaus planen wir, MuPAD unter Windows auf PC's mit 80386/80486er Prozessoren zu portieren. Gegenwärtig haben wir auch einen parallelen Prototypen, der auf einer Sequent Symmetry läuft. Diese sowie andere parallele Versionen werden in Zukunft freigegeben.

MuPAD besitzt eine ganze Reihe von Systemfunktionen, die wegen des Ziels hoher Geschwindigkeit und großer Effizienz im Kern implementiert wurden. Neben den verschiedensten Interface-Modulen gibt es die MuPAD-Programmiersprache, eine Hochsprache, welche dem Nutzer eine komfortable Programmierung des MuPAD-Systems erlaubt. Die Systemfunktionen enthalten auch die Langzahlarithmetik. Diese Arithmetik wurde realisiert durch Einbindung des PARI-Systems.

Ein Graphiksystem, welches effiziente Berechnung und Darstellung zwei- und dreidimensionaler Funktionen erlaubt, ist als Modul im System enthalten.

Da die Nutzerakzeptanz eines Systems oft von den Benutzerschnittstellen abhängt, wurde dafür gesorgt, mit der Freigabe des Systems sorgfältig entworfene Benutzerschnittstellen mitliefern zu können. Gegenwärtig befindet sich unter diesen Benutzerschnittstellen ein komfortabeler Debugger, welcher entweder interaktiv innerhalb der Terminalversion läuft, oder als komfortabeles eigenständiges Tool unter X-Window verfügbar ist. Die MuPAD-Benutzerschnittstelle selbst ist recht vollständig unter X-Window vorhanden und etwas weniger ausgefeilt unter dem Macintosh-Betriebssystem. Die Macintosh-Version wird jedoch in der allernächsten Zukunft verbessert werden. Die X-Window Version verfügt zusätzlich über ein nutzerfreundliches Online-Help-System, welches auf der Basis des HyTeX-Systems realisiert wurde, und einen hierarchischen Zugriff auf Handbuch und Help-Dateien erlaubt.

Die hier vorliegende Publikation beschreibt ausschließlich die Funktionalität von MuPAD. Ein technisches Handbuch, welches die Entwurfsstrategie und die technischen Details der Implementierung des Systems beschreiben soll, wird folgen.

Die Entwicklung von MuPAD ist als Dienst für den Wissenschaftsbereich gedacht. Daraus folgt, daß MuPAD, obwohl es unter Urheberrechtsschutz steht, an wissenschaftliche Institutionen und Erziehungseinrichtungen ohne Kosten verteilt wird. Sollte eines Tages die weitere Wartung und Entwicklung von MuPAD eingestellt werden, so wird der Sourcecode (auch des Systemkerns) veröffentlicht werden. Durch diese Zusicherung soll erreicht werden, daß Entwicklungen durch Dritte auf der Basis der MuPAD-Sprache Vertrauensschutz genießen. Ab Version 2.0 können

Forschungsgruppen unter bestimmten Bedingungen Einblick in den Quellcode von MuPAD nehmen, dieser Einblick wird auch in den Quellcode des MuPAD-Kerns gewährt werden.

Die bisherige Entwicklung von MuPAD ist nur durch die großzügige Förderung verschiedener Institutionen möglich gewesen. Zu besonderem Dank verpflichtet sind wir der Deutschen Forschungsgemeinschaft, dem Heinz-Nixdorf-Institut, dem Mathematischen Forschungsinstitut Oberwolfach und auch der Universität Paderborn (hier speziell der Universitätsverwaltung). Außerdem gilt unser herzlicher Dank den Gruppen, die uns erlaubten, ihre Software zu verwenden, hier insbesondere den Entwicklern von PARI und den Entwicklern des HyTeX-Systems. Unser Know-how konnten wir nur deshalb gewinnen, weil uns andere Gruppen in großherziger Weise technische und wissenschaftliche Unterstützung gewährt haben. Hier wäre die Maple Gruppe zu nennen.

MuPAD ist die Entwicklung einer großen Gruppe von Kolleginnen und Kollegen, manche von ihnen haben marginal am Projekt mitgearbeitet, andere haben über lange Zeit ihre ganze Arbeitskraft eingebracht. Zusätzlich zu den Autoren dieses Handbuchs wären zu nennen: Birgit Tomann, Gerald Siek, Ralf Hillebrand und Klaus Hering.

Wenn Sie eine Kopie von MuPAD wünschen, so wenden Sie sich bitte entweder per e-mail an

MuPAD-distribution@uni-paderborn.de

oder per Brief an

MuPAD distribution
Automath (FB 17)
University of Paderborn
Warburger Strasse 100
D-4790 Paderborn

Paderborn, im Januar 1993

Kapitel 2

Tutorial

2.1 MuPAD: Eine Beispielsitzung

Der Umgang mit MuPAD wird im folgenden durch Beispiele erläutert. Das Ziel des Lesers sollte die sichere Handhabung der Systemkommandos, sowie das Verständnis der MuPAD-Sprache und der Datenstrukturen des Systems sein. Am Ende dieser einführenden Beispielsammlung werden einige Programmiertips und Tricks präsentiert, die dem Nutzer eine Steigerung der Effizienz seiner Programme ermöglichen. Viele Elemente von MuPAD erklären sich mehr oder weniger von selbst, deshalb sind Erfahrungen im Bereich des Programmierens für diese Beispielsitzung nicht erforderlich, natürlich sind sie auch nicht schädlich. Kenntnisse anderer Computeralgebra-Systeme sind ebenfalls nicht erforderlich, doch erleichtern solche Kenntnisse das Verständnis. Einige Grundkenntnisse mathematischer Sachverhalte werden vorausgesetzt.

Im Laufe der Sitzung werden eine Reihe von Hilfsprogrammen benötigt. Diese Hilfsprogramme sind im letzten Abschnitt dokumentiert, ihre Funktionalität wird jeweils bei der ersten Benutzung erläutert. Damit der Leser diese Programme aufrufen kann, sollte er sie zu Beginn der Sitzung durch den Befehl `read("tutorial")` laden.

Unter UNIX wird MuPAD durch einen der Befehle

```
mupad
```

oder

```
xmupad
```

gestartet. Dies kann jedoch von der lokalen Installation und der gewählten Hardware abhängig sein. Auf dem Macintosh ist MuPAD durch einen Doppelklick auf das MuPAD-Icon zu starten. Man konsultiere im Zweifel die Rechnerbetreuung.

Beim Aufruf von MuPAD erscheint zunächst das MuPAD-Logo. Danach meldet das System seine Bereitschaft durch sein *Prompt*, welches auf UNIX-Ebene die Form >> hat. Dieses, wie auch jedes später auftretende Prompt, bedeutet, daß MuPAD eine Eingabe des Benutzers erwartet. Der Bildschirm hat nun folgende Form:

```
   *----*
  /|  /|      MuPAD 1.0  --  Multi Processing Algebra Data Tool
 *----* |
 | *--|-*     Copyright (c) 1992 by B. Fuchssteiner, Automath
 |/   |/      University of Paderborn.  All rights reserved.
 *----*
```

```
>>
```

Hier, wie auch im folgenden werden Eingabe und Ausgabe durch Schreibmaschinentype kenntlich gemacht.

Nun kann jede gültige Anweisung an das System erfolgen. Man sollte mit dem Befehl `read("tutorial");` beginnen und diesen mit einem <Return> abschließen.

2.1.1   Einfache Arithmetik

Bei einfacher Arithmetik muß lediglich der zu berechnende Ausdruck eingegeben werden:

```
>> 2 + 3 * 4;
```

```
14
```

Die Eingabe ist hier der Bereich zwischen Prompt und Semikolon, die Ausgabe das Ergebnis 14. Die Eingabe wird dabei nach ihrer Aktivierung gemäß den üblichen arithmetischen Rechenregeln vereinfacht. Zum Beispiel werden Brüche gekürzt:

```
>> 333/450 + 234/900;
```

```
1
```

Zur Aktivierung der Eingabe gibt man ein <Return> oder <Enter> , je nach Rechnertyp.

Die MuPAD-Ausgabe kann verschiedene Formen haben. Dies wird durch die Variable `PRETTY_PRINT` gesteuert, eine sogenannte *Environment*-Variable. Der Name erklärt sich dadurch, daß man mit diesen Variablen die MuPAD-Umgebung, in welcher der Nutzer arbeiten möchte, steuern und einstellen kann. Will man die Ausgabe in der Form von gültiger MuPAD-Eingabe haben, so muß man den Pretty-Printer abstellen, im anderen Fall bekommt man eine Ausgabe, die der mathematischen Schreibweise ähnlicher ist. Das Ab- und Anstellen des Pretty-Printers geschieht in folgender Weise (jeweils mit einem Beispiel):

```
>>PRETTY_PRINT := FALSE:

>>(a+b)/(c+d);

(a+b)/(c+d)

>>PRETTY_PRINT := TRUE:

>>(a+b)/(c+d);
                         a + b
                         -------
                         c + d
```

Über Vor- und Nachteile der jeweiligen Form der Ausgabe kann man lange streiten. Bei TRUE kann man, zumindest bei Daten kleineren Umfangs, die Ausgabe leichter verstehen. Die Ausgabe ohne Pretty-Printer hat den Vorteil, daß sie, bis auf wenige Ausnahmen, von derselben Form wie eine gültige Eingabe ist. In diesem Tutorial wird im allgemeinen die Ausgabe ohne Pretty-Printer verwendet, nur bei Tabellen wird die formatierte Ausgabe vorgezogen.

Die eingebauten arithmetischen Funktionen umfassen:

Funktion	Bedeutung	Beispiel
+	Addition	333 + 42566
-	Subtraktion	476 - 88384
*	Multiplikation	45*678
/	Division	45/678
^	Potenzierung	2^66
sign()	Vorzeichen	sign(-5)
abs()	Absolutbetrag	abs(-5)
max()	Maximum	max(4, 5, 6)
min()	Minimum	min(-2, 6, 78)
fact()	Fakultät	fact(43)
round()	Rundung	round(3.5)
ceil()	Rundung nach oben	ceil(4.3)
floor()	Rundung nach unten	floor(4.3)

Funktion	Bedeutung	Beispiel
trunc()	ganzzahliger Anteil	trunc(8/3)
frac()	gebrochener Anteil	frac(8/3)
float() .	Umwandlung in Dezimalzahl	float(8/3)

Gibt man nun die Befehle dieser Tabelle ein, wobei man nicht vergessen sollte, jedes Kommando mit einem Semikolon abzuschließen, so erhält man das erwartete Ergebnis:

```
>>333 + 42566; 476-88384; 45*678; 45/678; 2^66; sign(-5); \
abs(-5); max(4, 5, 6); min(-2, 6, 78); fact(43); round(3.5); \
ceil(4.3); floor(4.3); trunc(8/3); frac(8/3); float(8/3);
```

```
42899
- 87908
30510
15/226
73786976294838206464
- 1
5
6
- 2
60415263063373835637355132068513997507264512000000000
4
5
4
2
2/3
2.666666666
```

Es wurden deshalb so viele Kommandos in unübersichtlicher Weise hintereinander eingegeben, damit man sieht, daß Kommandos sich auch über mehrere Zeilen erstrecken können, wenn nur das Zeilenende durch einen Backslash (\) maskiert wird.

Typischerweise enden Kommandos in MuPAD mit einem Semikolon. Durch die Beendigung eines Befehls mit einem Doppelpunkt wird dessen Ausgabe auf dem Bildschirm unterdrückt. Gibt man also als Eingabe

```
>>333 + 42566: 476-88384: 45*678: 2^66: sign(-5): abs(-5): \
max(4, 5, 6): min(-2, 6, 78): fact(43): ceil(4.3): floor(4.3): \
round(3.5): trunc(8/3): frac(8/3): float(8/3):
```

so erhält man keine Ausgabe.

Die Ausgabe kann in verschiedener Form erfolgen, sie hängt sowohl von der Environment-Variablen PRETTY_PRINT wie auch von TEXTWIDTH ab, einer Environment-Variablen, welche die Zeilenbreite festlegt. Auf Ausgaben kann man, selbst wenn man sie durch einen Doppelpunkt unterdrückt hat, jederzeit zurückgreifen. Dies geschieht durch %, %n, oder auch last(n). Dabei greift % immer auf die letzte Ausgabe zu, wohingegen %7 oder last(7) auf die siebt-letzte Ausgabe zurückgreifen. Auf die obige Eingabe folgend ergibt sich:

```
>>%; %2; last(4);
```

```
2.666666666
2.666666666
2/3
```

Dies verblüfft zunächst, da man vielleicht die Ausgabe von

```
2.666666666
2/3
4
```

erwartet hatte, aber die Eingabe von % hat ja zu einer neuen Numerierung der Ausgaben geführt, also einer neuen „Historie" der Sitzung, ebenso die von %2, womit dieses scheinbare Paradoxon erklärt ist.

Auf die Historie der Sitzung kann man mit history(); zugreifen. Man startet eine neue Sitzung oder stellt denselben Zustand durch ein reset(); her und gibt dann einige Kommandos gefolgt von history(); ein:

```
>>reset():
```

```
>>round(3.4): fact(3): 2*3: 4 + 8:
```

```
>>history();
```

```
    1
                                    12
    2
                                     6
    3
                                     6
    4
                                     3
    5
```

Das Ergebnis sind dann die numerierten Ausgaben, die bisher in der Sitzung erzeugt wurden, ganz unabhängig davon, ob sie unterdrückt wurden oder nicht. Wiederum rechnerabhängig, zeigt `history()`; manchmal mehr an als bei diesem Beispiel. Dies liegt daran, daß MuPAD bei der Initialisierung eine Reihe von Befehlen automatisch ausführt, die der History-Mechanismus ebenfalls dokumentiert. Der History-Mechanismus von MuPAD geht nicht beliebig weit in die Vergangenheit zurück, sondern bei interaktivem Arbeiten im Regelfall nur 20 Schritte und in Programmen nur 3 Schritte. Man kann dies allerdings mit Hilfe des Wertes der Environment-Variablen `HISTORY` steuern. Zum Beispiel hat der Befehl `HISTORY := [25, 12];` zur Folge, daß interaktiv 25 Werte und in Programmen bis zu 12 Werte gespeichert werden.

Einige Besonderheiten sollten noch erwähnt werden. Funktionen wie zum Beispiel `max` und `min` werten nur so weit aus, wie dies möglich ist. Wenn also a eine undefinierte Größe ist, dann kann das Maximum von 1, 2 und a nicht berechnet werden. Trotzdem wird kein Fehler ausgegeben, sondern der Funktionsaufruf teilweise ausgewertet zurückgegeben:

```
>>max(1, 2, a);
```

```
max( 2, a)
```

Dabei wurde eben *so weit wie möglich* ausgewertet. Eine Strategie, der auch bei anderen Funktionen gefolgt wird. Ein anderes Ergebnis hätte man erhalten, wenn man der Größe a vorher einen Wert zugeordnet hätte:

```
>>a := 14;
```

```
14
```

```
>>max(1, 2, a);
```

```
14
```

Das Ergebnis der Umwandlung mit `float` in eine Gleitkommazahl hängt davon ab, auf welche Genauigkeit man sich festgelegt hat. Es sind zehn signifikante Stellen voreingestellt, der Nutzer kann dies aber durch Änderung des Wertes der Environment-Variablen `DIGITS` verändern:

```
>>float(1/3);
```

```
0.3333333333
```

```
>>DIGITS := 50;
```

```
50

>>float(1/3);

0.33333333333333333333333333333333333333333333333333

>>DIGITS:=10:
```

Bei diesem Beispiel hat man gesehen, daß auch das Ergebnis von Zuweisungen, hier von DIGITS := 50; als Ausgabe auf dem Bildschirm erscheint.

Nicht alle MuPAD-Funktionen sind voneinander unabhängig, mitunter bestehen zwischen ihnen sehr einfache Beziehungen. Zum Beispiel zwischen trunc und frac:

```
>>frac(8/3) + trunc(8/3);

8/3
```

Die leichtfertige Verwendung mancher Funktion führt MuPAD in arbeitsreiche Situationen; der Aufruf von fact(10000) produziert eine Ausgabe von vielen Seiten, was eine ganze Weile dauern kann. Die meiste Zeit wird allerdings für die Bildschirmausgabe benötigt. Mißt man die Systemzeit durch das time-Kommando

```
>>time(fact(10000));

33100
```

so erhält man etwa, je nach Rechnertyp, 33 Sekunden oder 33100 Millisekunden.

Der Aufruf von fact(10000) war nun wirklich etwas unbescheiden, selbst 500-Fakultät ist ja schon eine recht lange Zahl:

```
>>fact(500);

122013682599111006870123878542304692625357434280319284219 2413\
588385845373153881997605496447502203281863013616477148203 5841\
633787220781772004807852051593292854779075719393306037729 6085\
908627042917454788242491272634430567017327076946106280231 0452\
644218878789465754777149863494367781037644274033827365397 4713\
864778784954384895955375379904232410612713269843277457155 4630\
997720278101456108118837370953101635632443298702956389662 8911\
658974769572087926928871281780070265174507768410719624390 3943\
225364226052349458501299185715012487069615681416253590566 9342\
381300885624924689156412677565448188650659384795177536089 4005\
745238940335798476363944905313062323749066445048824665075 9467\
```

```
35862074637925184200459369692981022263971952597190945217823333\
175693458150855233282076282002340262690789834245171200620771\
64097945611612762914595123722991334016955236385094288559201\
27433795173014586357570828355780158735432768888680120399882\
47021514676054454076635359841744304801289383138968816394874\
65881750450692636533817505547812864000000000000000000000000\
0000000000000000000000000000000000000000000000000000000000\
000000000000000000000000000000000
```

Man sieht, daß MuPAD bei natürlichen und rationalen Zahlen mit beliebig langen
Zahlen rechnen kann.

2.1.2   Zahlentheorie

Ergänzend zur einfachen Arithmetik gibt es noch eine Reihe von zahlentheoreti-
schen Funktionen, sowie die Operationen der modularen Arithmetik. Diese Funktionen umfassen:

Funktion	Bedeutung	Beispiel
div	ganzzahlige Division	9 div 7
mod	Rest bei div	9 mod 7
ifactor	Zerlegung in Primfaktoren	ifactor(355355538457)
igcd	größter gemeinsamer Teiler	igcd(345, 867)
igcdex	erweiterter Euklidischer Algorithmus	igcdex(345, 867)
ilcm	kleinstes gemeinsames Vielfaches	ilcm(34, 6)
ithprime	i-te Primzahl	ithprime(56)
nextprime	nächste Primzahl	nextprime(6778)
isprime	probabilistischer Primzahltest	isprime(3447)
phi	Anzahl der teilerfremden Zahlen	phi(51)

Führt man sie der Reihe nach aus, so erhält man:

```
>>9 div 7;
```

1

```
>>9 mod 7;
```

2

```
>>ifactor(355355538452);
```

1, 2, 2, 59, 1, 9587, 1, 157061, 1

```
>>igcd(345, 867);
```

3

```
>>igcdex(345, 867);
```

3, - 98, 39

```
>>ilcm(34, 6);
```

102

```
>>ithprime(56);
```

263

```
>>nextprime(6778);
```

6779

```
>>isprime(3447);
```

FALSE

```
>>phi(51);
```

32

Hierbei sind div und mod die üblichen Operationen der modularen Arithmetik. Bei der Zerlegung in Primfaktoren durch ifactor gibt der erste Term der Ausgabe das Vorzeichen der untersuchten Zahl an, danach folgen die Faktoren, jeweils gefolgt von ihren Exponenten. Aus

```
>>ifactor(355355538452);
```

1, 2, 2, 59, 1, 9587, 1, 157061, 1

folgt also

```
>>1*2^2*59^1*9587^1*157061^1;
```

355355538452

Die Funktion igcdex gibt neben dem größten gemeinsamen Teiler diesen Teiler auch als Linearkombination der Argumente an. Die erste Zahl der Ausgabe ist der

größte gemeinsame Teiler, danach folgen die Koeffizienten. Diese Koeffizienten
ergeben, mit den Argumenten von `igcdex` multipliziert, den größten gemeinsamen
Teiler. Wenn also

```
>>igcdex(345, 867);
```

```
3, - 98, 39
```

dann ist

```
>>igcd(345, 867);
```

```
3
```

und man kann den Teiler aus den Koeffizienten rekonstruieren

```
>>345*(-98) + 867*(39);
```

```
3
```

Die Funktion `ithprime` gibt als Ergebnis die n-te Primzahl aus. Die Folge der
ersten 100 Primzahlen erhält man damit ganz einfach durch:

```
>>ithprime(n) $ n=1..100;
```

```
2, 3, 5, 7, 11, 13, 17, 19, 23, 29, 31, 37, 41, 43, 47, 53,
59, 61, 67, 71, 73, 79, 83, 89, 97, 101, 103, 107, 109, 113,
127, 131, 137, 139, 149, 151, 157, 163, 167, 173, 179, 181,
191, 193, 197, 199, 211, 223, 227, 229, 233, 239, 241, 251,
257, 263, 269, 271, 277, 281, 283, 293, 307, 311, 313, 317,
331, 337, 347, 349, 353, 359, 367, 373, 379, 383, 389, 397,
401, 409, 419, 421, 431, 433, 439, 443, 449, 457, 461, 463,
467, 479, 487, 491, 499, 503, 509, 521, 523, 541
```

Der hier verwendete Sequenzoperator wird später noch näher erläutert.

Die Funktion `nextprime` berechnet bei Eingabe einer natürlichen Zahl die dieser
Zahl folgende Primzahl. Bei `isprime` handelt es sich um einen wahrscheinlichkeits-
theoretischen Primzahltest. Gibt `isprime` ein `FALSE` aus, so kann man sicher sein,
daß die untersuchte Zahl keine Primzahl ist, bei `TRUE` gibt es noch eine geringe
Restwahrscheinlichkeit, daß doch nichttriviale Teiler existieren. Die Funktion `phi`
ist die Eulersche Funktion, die für natürliche Zahlen die Anzahl der teilerfremden
Restklassen angibt.

2.1.3   Wurzeln und transzendente Funktionen

MuPAD stellt alle Funktionen mit beliebiger numerischer Genauigkeit zur Verfügung. Zum Beispiel beliebige Wurzeln, wie etwa die Quadratwurzel sqrt oder die dritte Wurzel:

```
>>sqrt(5);
```

```
5^(1/2)
```

```
>>5^(1/3);
```

```
5^(1/3)
```

Diese werden jedoch nur auf besonderen Befehl numerisch ausgewertet

```
>>float(sqrt(5)); float(5^(1/3));
```

```
2.236067977
1.709975946
```

beziehungsweise nur dann, wenn das Argument selbst eine Gleitkommazahl ist:

```
>>sqrt(5.0); 5.0^(1/3); 5^(1/3);
```

```
2.236067977
1.709975946
5^(1/3)
```

Daneben kennt MuPAD auch die üblichen transzendenten Funktionen:

Funktion	Bedeutung	Beispiel
ln	natürlicher Logarithmus	ln(2.0)
exp	Exponentialfunktion	exp(5)
sin	Sinus	sin(3.0)
cos	Cosinus	cos(PI)
tan	Tangens	tan(5.1)
sinh	Sinus hyperbolicus	sinh(E)
cosh	Cosinus hyperbolicus	cosh(5)
tanh	Tangens hyperbolicus	tanh(3.1)
asin	Arcussinus	asin(1)
acos	Arcuscosinus	acos(5.0)
atan	Arcustangens	atan(1/2)
asinh	Areasinus	asinh(E)
acosh	Areacosinus	acosh(5)
atanh	Areatangens	atanh(3.1)

Ausgewertet ergeben einige Kommandos der Tabelle:

```
>>ln(2.0);
```

```
0.6931471805
```

```
>>exp(5);
```

```
exp(5)
```

```
>>sin(3.0);
```

```
0.1411200080
```

```
>>cos(PI);
```

```
cos(PI)
```

```
>>tan(5.1);
```

```
- 2.449389415
```

```
>>sinh(E);
```

```
sinh(E)
```

```
>>tanh(3.1);
```

```
0.9959493592
```

```
>>acos(5.0);
```

```
-2.292431669*I
```

```
>>atanh(3.1);
```

```
0.3345248144 + 1.570796326*I
```

Hier fällt die typische Gleitkommazahl-Ausgabe -0.4161665458e-1 bei tan(3.1) auf; dabei zeigt der Anteil e-1 die abgespaltene Zehnerpotenz an, hier 10^{-1}. Also steht - 0.1e-10 für 10^{-11}. Analog zu sqrt werden nur Gleitkommazahlen automatisch ausgewertet. Etwas störend mag sein, daß cos(PI) nur symbolisch zurückgegeben wird, obwohl MuPAD doch Zahlen wie E, PI und I kennt:

```
>>float(PI);
```

3.141592653

```
>>float(E);
```

2.718281828

```
>>float(I^2);
```

- 1.0

Diesem Mangel kann aber leicht durch Benutzung des Remember-Mechanismus von MuPAD abgeholfen werden. Man muß durch Zuweisung des Wertes -1 an die Funktion cos MuPAD dies einfach mitteilen; es wird dann während der Sitzung nicht vergessen:

```
>>cos(PI) := -1;
```

- 1

```
>>3*cos(PI);
```

- 3

Störend ist aber, daß MuPAD danach immer noch nicht weiß, was cos(2*PI) ist, daß es sich also nicht cos(n*PI) für alle $n \in \mathbb{N}$ gemerkt hat.

2.1.4 Ausdrücke und Bezeichner

Die Arbeit von MuPAD ist nicht auf numerische Werte beschränkt. MuPAD kann auch mit Bezeichnern, also besetzten und unbesetzten Variablen rechnen.

```
>>reset():
>>a + b;
```

a+b

Hier sind a und b *Bezeichner* (Datentyp *CAT_IDENT*), und a + b ist ein aus diesen Ausdrücken gebildeter *Ausdruck* (Datentyp *CAT_EXPR*). Welchen Datentyp ein MuPAD-Datum hat, bekommt man durch die Systemfunktion **cattype** heraus:

```
>>cattype(a); cattype(b);
```

```
"CAT_IDENT"
"CAT_IDENT"
```

```
>>cattype(a + b);
"CAT_EXPR"
```

Wie bereits gesehen, kann man Bezeichnern Werte zuweisen, aber auch die Zuweisung beliebiger Ausdrücke ist möglich. Man kann zum Beispiel der Variablen y ein Polynom zuweisen:

```
>> y := 2 * z + 1;
z*2+1
```

Eine neue Variable x kann man nun als Polynom in y definieren:

```
>> x := y^2 - y;
z*(-2)+(z*2+1)^2-1
```

Offensichtlich wurde bei der Ausgabe der Wert, den y in der vorletzten Zuweisung bekam, eingesetzt. Das Resultat von x ist daher ein Polynom in z. Diese Ausdrücke können wie gewohnt weiterverwendet werden.

```
>> a := b^2 * x + c * y;
```

```
c*(z*2+1)+b^2*(z*(-2)+(z*2+1)^2-1)
```

MuPAD hat dabei alle auftretenden Variablen soweit wie möglich evaluiert. Nachträgliche Zuweisungen an die bislang unbesetzten Bezeichner b und c sind möglich. Diese werden dann beim Aufruf von a ersetzt, und der Ausdruck wird vereinfacht.

```
>> b := 2:
>> c := 2:
>> a;
```

```
z*(-4)+(z*2+1)^2*4-2
```

Eine weitergehende Expandierung, wie zum Beispiel die Auflösung von Klammern, wird nur durch expliziten Aufruf der Funktion **expand** erreicht.

```
>> expand(a);
```

```
z*12+z^2*16+2
```

Um in einer MuPAD-Sitzung alle Zuweisungen an Bezeichner rückgängig zu machen, wird die Systemfunktion **reset** benutzt. Diese stellt denselben Zustand her, den der Benutzer nach einem Systemstart vorfindet.

Man kann die Zuweisung an einen einzelnen Bezeichner aber auch rückgängig machen, indem man ihm entweder einen neuen Wert zuweist

```
>>a := 3:a^2;
```

```
9
```

```
>>a := A: a^2;
```

```
A^2
```

oder ihn in den ursprünglichen, unbesetzten Zustand zurückversetzt. Dies geschieht, indem man dem Bezeichner den Wert **NIL** zuweist:

```
>>a := 1234: a;
```

```
1234
```

```
>>a := NIL: a;
```

```
a
```

Die meisten Daten, welche in MuPAD vorkommen, sind Ausdrücke; zum Beispiel Daten, die mit algebraischen Operationen verbunden werden oder auch in MuPAD geschriebene Programme. Später werden die MuPAD-Datentypen im einzelnen besprochen.

2.1.5   Der Sequenzoperator $

Im letzten Beispiel des Abschnitts über Zahlentheorie wurde der Sequenzoperator $ verwendet. Der Befehl für die Erzeugung einer Ausdruckssequenz besteht aus einem möglicherweise indexabhängigen Ausdruck, dem Sequenzoperator $ und der Angabe des Laufbereichs für den Index. Als Ergebnis erhält man die Folge der vom Index abhängigen Ausdrücke. Zum Beispiel erhält man die ersten 10 Quadratzahlen

```
>>i^2 $ i=1..10;
```

```
1, 4, 9, 16, 25, 36, 49, 64, 81, 100
```

oder die ersten sieben Zufallszahlen, die der Zufallszahlgenerator **random** von MuPAD erzeugt:

```
>>random() $ i=1..7;
```

28394, 22102, 24851, 19067, 12754, 11653, 6561,

Beim letzten Beispiel kann man sehen, daß man den Laufindex auch weglassen kann. Die Strafarbeit des — etwas antiquierten — Lehrers für das vorlaute Kind, 6 mal zu schreiben „Ich darf meinem Lehrer nicht widersprechen" wird also durch

```
>>print("Ich darf meinem Lehrer nicht widersprechen") $ i=1..6;
```

```
"Ich darf meinem Lehrer nicht widersprechen"
"Ich darf meinem Lehrer nicht widersprechen"
"Ich darf meinem Lehrer nicht widersprechen"
"Ich darf meinem Lehrer nicht widersprechen"
"Ich darf meinem Lehrer nicht widersprechen"
"Ich darf meinem Lehrer nicht widersprechen"
```

erledigt.

Der Sequenzoperator kann auch zum Schreiben kleinerer Routinen verwendet werden. Wenn MuPAD zum Beispiel keine eingebaute Fakultätsfunktion hätte, so könnte man sich 126! schnell durch

```
>>a := 1: (a := a*(i + 1)) $ i=1..125: a;
```

```
237217324288004688567714730513941708057020859738080456618373\
771700524976977833134572272495440764863148394470861871872753\
194004018370139553251793156523769289960651233211908986031308\
80000000000000000000000000000000000
```

verschaffen. Hier wurde die Initialisierung von a durch a := 1: vorgenommen, danach wurde eine Folge von Zuweisungen erzeugt, die in jedem Schritt a durch Multiplikation mit dem entsprechenden Faktor verändert. Am Ende wird dann MuPAD dazu aufgerufen, den endgültigen Wert von a auszugeben. Beim Abarbeiten von Zuweisungen mit dem Sequenzgenerator darf man aber keinesfalls vergessen, die Zuweisungen in Klammern zu setzen; nur dadurch sind Zuweisungen als algebraische Ausdrücke zulässig.

Man hätte das Ganze natürlich auch durch eine entsprechende for-Schleife erreichen können:

```
>>a := 1: for i from 1 to 125 do a := a*(i + 1) end_for: a;
```

```
237217324288004688567714730513941708057020859738080456618373\
771700524976977833134572272495440764863148394470861871872753\
194004018370139553251793156523769289960651233211908986031308\
80000000000000000000000000000000000
```

Damit ist man vom Schreiben eines wirklichen Programms für diese Aufgabe
gar nicht so weit entfernt. Das obige Programm ist leider nicht allzu schnell,
es braucht für die Berechnung der nur 1650-stelligen Zahl 701! immerhin gut 3 Sekunden, während die Systemfunktion fact diese Aufgabe in nur 116 Millisekunden
durchführt:

```
>>time(fact(701));
```

```
116
```

Diese Zeiten sind natürlich wieder rechnerabhängig. Daß man dies auch auf der
MuPAD-Ebene als Programm noch erheblich abkürzen und beschleunigen kann,
wird später bei den sogenannten Underline-Funktionen und bei der Behandlung
der Evaluationsmechanismen demonstriert.

Beim Sequenzoperator sollte noch beachtet werden, daß der Laufindex nicht belegt
sein darf, andernfalls tritt ein Fehler auf:

```
>>i := 2: i^2 $ i=1..5;
```

```
Error: Illegal parameter [_seqgen]
```

Dieses Verhalten ist nicht etwa auf eine Nachlässigkeit im Entwurf des Systems
zurückzuführen, sondern gewollt. Es dient dazu, um bei Abbrüchen aus Berechnungen mit Laufzeitindizes nachträglich den Abbruchwert des Index erfragen zu
können. Will man mit belegten Laufindizes arbeiten, so muß man ein hold verwenden:

```
>>i := 2: i^2 $ hold(i)=1..5;
```

```
1, 4, 9, 16, 25
```

2.1.6   Datentypen

Neben den Datentypen von Bezeichnern und Ausdrücken wurden schon verschiedene numerische Datentypen verwendet. Diese elementaren Datentypen werden
wie folgt erfragt:

```
>>cattype(2.3);
```

```
"CAT_FLOAT"
```

```
>>cattype(3/2);
```

```
"CAT_RAT"
```

```
>>cattype(7);
```

```
"CAT_INT"
```

Bei vielen Datentypen sind Operationen auch zwischen verschiedenen Typen erlaubt, zum Beispiel zwischen numerischen Daten:

```
>>3/2 + 4.2*I;
```

```
3/2 + 4.200000000*I
```

Das Ergebnis ist eine komplexe Zahl:

```
>>cattype(%);
```

```
"CAT_COMPLEX"
```

Man kann auch arithmetische Operationen zwischen Zahlen und Bezeichnern ausführen lassen und erhält als Ergebnis einen Ausdruck:

```
>>d+4;
```

```
d+4
```

```
>>cattype(%);
```

```
"CAT_EXPR"
```

Die Möglichkeit, Zahlen durch arithmetische Operationen mit beliebigen Ausdrücken verbinden zu können, ist deshalb sinnvoll, weil es vorkommen kann, daß eine spätere Zuweisung einem solchen Ausdruck einen numerischen Wert zuordnet. Dort, wo dies offensichtlich nicht möglich ist, sind solche Operationen auch nicht erlaubt:

```
>>4+"f";
```

```
Error: Incompatibel operands
```

Hier stellt "f" durch die Umschließung mit Anführungszeichen eine Zeichenkette dar:

```
>>cattype("f");
```

```
"CAT_STRING"
```

Eine Zeichenkette wurde schon ganz am Anfang beim Aufruf der Datei "tutorial" verwendet.

MuPAD kennt Listen und kann diese manipulieren:

```
>>reset():
```

```
>>L := [a, b];
```

```
[a, b]
```

```
>>cattype(%);
```

```
"CAT_STAT_LIST"
```

Bei Listen ist zu beachten, daß ein sogenannter *Ausgleich* der Einträge stattfindet. Dies sieht man am Beispiel:

```
>>L := [e, b]: e := (c, d);
```

```
c, d
```

```
>>L;
```

```
[c, d, b]
```

Für das Zusammenfügen von Listen kann der Konkatenationsoperator verwendet werden,

```
>>[a, g].[f, k];
```

```
[a, g, f, k]
```

der durch einen Punkt dargestellt wird. Das Anhängen von Elementen an Listen geschieht durch die Funktion **append**:

```
>>append([a, b], c);
```

```
[a, b, c]
```

Daneben gibt es weitere wichtige Datentypen, die es erlauben, mathematische Strukturen schnell und einfach zu implementieren. Neben den Listen sind dies endliche Mengen

```
>>{a, b, c};
```

```
{a, b, c}
```

```
>>cattype(%);
```

```
"CAT_SET_FINITE"
```

sowie Felder (Arrays):

```
>>A := array(1..2, 1..2, (1, 2)=123);
```

```
array( 1 .. 2, 1 .. 2, (1, 2) = 123)
```

```
>>cattype(%);
```

```
"CAT_ARRAY"
```

Für manche Datenstrukturen ergeben sich, häufig ihrer mathematischen Bedeutung folgend, Regeln, die hier nicht unterschlagen werden sollen. Bei Mengen werden Mehrfacheinträge weggelassen:

```
>>{1, 2, 3, 2};
```

```
{1, 2, 3}
```

Da die Reihenfolge von Mengeneinträgen unerheblich ist, müssen Mengen mit unterschiedlicher Reihenfolge der Einträge als gleich erkannt werden:

```
>> bool({C, B}={B, C});
```

```
TRUE
```

Natürlich kann man auch andere Datentypen als Bezeichner und Zahlen in Mengen, aber auch in Listen und Felder, eintragen. Man kann jedes MuPAD-Datum als Eintrag verwenden, zum Beispiel das oben definierte Feld A:

```
>>{A, "Zeichenkette", {j, K}};
```

```
{{j, K}, "Zeichenkette", array( 1 .. 2, 1 .. 2, (1, 2) = 123)}
```

MuPAD stellt für Mengen natürlich die üblichen Rechenregeln zur Verfügung:

```
>>M1 := {a, b, c, d}: M2 := {A, D, c, d}:
```

```
>>M1 union M2;
```

```
{a, b, c, d, A, D}
```

```
>> M1 minus M2;
```

```
{a, b}
```

Das Ausgleichen der Einträge findet auch bei Ausdruckssequenzen und Mengen statt:

```
>>((1, 2), g);
```

```
1, 2, g
```

```
>>a := (1, 2): M := {a, b}: M;
```

```
{b, 1, 2}
```

Bei Listen, Ausdruckssequenzen und Feldern kann man die Elemente einzeln adressieren:

```
>>A := [1, 4, 55664]:
>>B := array(1..2, 1..3, 1..5, (1, 2, 4)=423, (2, 1, 1)=TTT):
>>a := (1, 2, 3):
>>A[3];
```

```
55664
```

```
>>B[1, 2, 4];
```

```
423
```

```
>>a[2];
```

```
2
```

Bei Mengen macht dies keinen Sinn, da dort die Reihenfolge der Elemente nicht definiert ist:

```
>>M := {1, 2}:  M[1];
```

```
Error: unknown error [_index]
```

Bei dem oben als Beispiel verwendeten Feld B fällt auf, daß Felder nicht nur ein-
beziehungsweise zweidimensional sein können, sondern von beliebiger Dimension.
Außerdem müssen nicht alle Einträge belegt sein. Die Indizierung eines unbesetzten Bezeichners gibt ein Datum vom Typ *CAT_EXPR* zurück:

```
>>B[1, 2, 3];
```

```
B[1, 2, 3]
```

```
>> cattype(%);
```

```
"CAT_EXPR"
```

Wohingegen der Aufruf eines nichtexistenten Elements einer Liste eine Fehlermeldung zurückgibt:

```
>>a:=NIL;
>>L := [a, b, c]: L[4];
```

```
Error: Invalid index [list]
```

Ein vielseitiger Datentyp ist der der Tabelle. Bei Tabellen werden den Indizes
Werte zugewiesen. Als Indizes kann man beliebige MuPAD-Daten verwenden. Tabellen werden automatisch durch Zuweisung eines Wertes zu einem Index geschaf-
fen (allerdings nur sofern der entsprechende Bezeichner nicht schon eine Tabelle,
ein Feld oder eine Liste bezeichnet):

```
>>T[1] := value: T;
```

```
table(
     1 = value
)
```

Die Erweiterung geschieht nun einfach durch erneute Zuweisung von Werten:

```
>>T[MUPAD] := fun: T;
```

```
table(
     1 = value,
     MUPAD = fun
)
```

Auch auf Tabelleneinträge kann man durch Angabe des Index zugreifen:

```
>>T[MUPAD];
```

```
fun
```

Bei Änderung des Index einer Tabelle durch nachträgliche Zuweisung

```
>>Tabelle[s] := a: s := 34: Tabelle[34]; Tabelle[s];
```

```
Tabelle [ 34 ]
Tabelle [ 34 ]
```

bekommt man zuerst einen Schreck, weil anscheinend die ursprüngliche Zuweisung verloren gegangen ist. Da aber das Datum `Tabelle` noch den alten Eintrag aufweist,

```
>>Tabelle;
```

```
table(
    s = a
)
```

muß es einen Weg geben, an diesen Eintrag heranzukommen. Dies ist recht einfach, man muß nur durch die Funktion `hold` die Auswertung des Index verhindern:

```
>>Tabelle[hold(s)];
```

```
a
```

Es gibt noch weitere Datentypen, einige werden später noch eingehend besprochen.

Funktionen und Prozeduren geben immer wohldefinierte Datentypen zurück, dabei ist die leere Ausgabe vom Typ *CAT_NULL*:

```
>>cattype(print());
```

```
"CAT_NULL"
```

```
>>cattype(null());
```

```
"CAT_NULL"
```

Dieser sollte nicht mit dem Datentyp *CAT_NIL* verwechselt werden, der bei dem Datum `NIL` zum Zurücksetzen von Bezeichnern vorkam. Die Systemfunktion `null`

hat eine leicht verständliche Funktionalität: sie tut nämlich nichts und liefert als
Ergebnis ein Objekt des Typs *CAT_NULL*.

An dieser Stelle sei noch darauf hingewiesen, daß der wohl am häufigsten vorkommende Typ des Ausdrucks noch weiter unterscheidbar ist; zur Abfrage dieser
Unterteilung dient die Funktion **type**:

```
>>cattype(a*b); cattype(a+b);
```

```
"CAT_EXPR"
```

```
"CAT_EXPR"
```

```
>>type(a*b);
```

```
"MULT"
```

```
>>type(a+b);
```

```
"PLUS"
```

```
>>type(a^b);
```

```
"POWER"
```

Diese fragt ab, durch welche Konstruktionen der jeweilige Ausdruck entstanden
ist. Die Unterteilung durch **type** ist so fein, daß diese Abfrage zu über 35 ver-
schiedenen Ausdruckstypen führen kann. Es existieren folgende Ausdruckstypen:
AND, ASSIGN, BREAK, CASE, CONCAT, DIV, EQUAL, EXPRSEQ, FOR, FOR_DOWN, FOR_IN,
FOR_IN_PAR, FOR_PAR, FUNC, IF, INDEX, INTERSECT, LEEQUAL, LESS, MINUS, MOD,
MULT, NEXT, NOT, PARBEGIN, OR, PLUS, POWER, PROCDEF, QUIT, RANGE, REPEAT,
SEBEGIN, SEQGEN, STMTSEQ, UNEQUAL, UNION und WHILE.

Um die Verarbeitung der Antworten auf die **type**-Abfrage im booleschen Kontext
zu erleichtern, wurde die Funktion **testtype** bereitgestellt:

```
>>testtype(a*b, "MULT");
```

```
TRUE
```

```
>>testtype(a+b, "MULT");
```

```
FALSE
```

Dies kann äquivalent durch `bool` ausgedrückt werden:

```
>>bool(type(a*b)="MULT");
```

```
TRUE
```

2.1.7 Datenstrukturen

MuPAD-Daten werden mit Hilfe einer Baumstruktur dargestellt. Wie bei jedem anderen Computeralgebra-System ist eine gute Kenntnis dieser Struktur die Voraussetzung für das effiziente Arbeiten mit dem System.

Zum Beispiel hat der algebraische Ausdruck `a * b + b * d ^ 2 * e;` intern die Form:

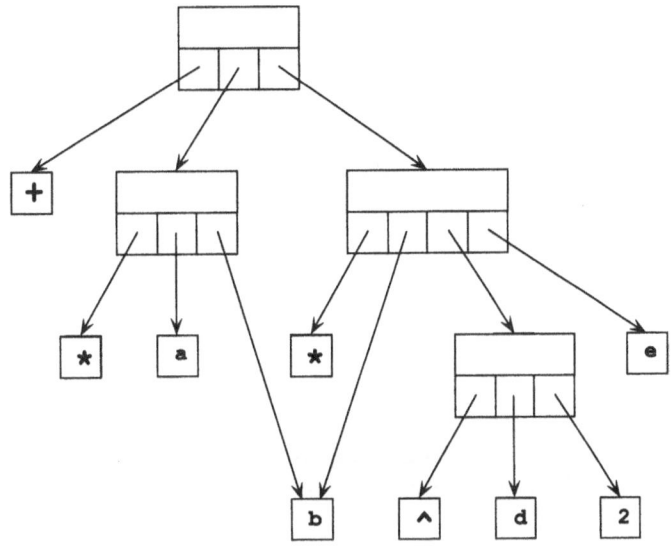

Dabei stehen die unterteilten Kästen für die inneren Knoten dieses Baumes. Die Unterteilungen deuten an, daß sich darin noch weitere Information verbirgt, die allerdings dem Nutzer nicht vollständig zugänglich ist. Die Kästen mit einem Eintrag sind die *Blätter* des Baumes. Daß zwei Knoten mit Pfeilen auf dasselbe Blatt zeigen können, was ja in der Natur nicht vorkommt, liegt daran, daß MuPAD das Prinzip der eindeutigen Datenhaltung an vielen Stellen durchgeführt hat: Wenn dieselben Daten an mehreren Stellen vorkommen, so sind sie häufig physikalisch nur einmal im Speicher vorhanden. Diese Strategie spart Speicherplatz und Rechenaufwand.

Auf die einzelnen Blätter, wie auch auf Teilbäume kann man mit der Funktion `op` zugreifen, man muß dabei einfach den Pfad angeben, der zum jeweiligen Blatt oder Teilbaum führt. Die Blätter und Teilbäume, die von einem durch einen Knoten repräsentierten Ausdruck ausgehen, heißen bei Computeralgebra-Systemen

Operanden. Der Pfad wird durch eine Liste von Zahlen repräsentiert, wobei die Einträge jeweils die Wegnummern am entsprechenden Knoten bedeuten; die Wege werden dabei von links nach rechts gezählt. Die Wegnummern fangen im allgemeinen mit 1 an, manchmal aber auch mit 0. Genau dann, wenn der Knoten vom Datentyp *CAT_EXPR* oder *CAT_ARRAY* ist, beginnt die Wegzählung mit 0.

Beim obigen Beispiel würde der Bezeichner **e** also über die Wegnummer [2, 3] erreicht werden:

```
>>op(a * b + b * e* d^2 , [2, 3]);
```

```
e
```

Man hätte dieses Blatt natürlich auch durch Hintereinanderschaltung mehrerer op-Aufrufe, die nur eine Nummer enthalten, erreichen können:

```
>>op(op(a * b + b * e * d^2, [2]), [3]);
```

```
e
```

Es sollte noch erwähnt werden, daß die Operanden mitunter anders geordnet sind, als der Nutzer sie eingegeben hat:

```
>>op(a*b+y, [2]);
```

```
a*b
```

Dies liegt daran, daß das Argument von op vor der Ausführung ausgewertet und dabei in eine Normalform gebracht wird; in diesem Fall zu:

```
>>a*b+y;
```

```
y+a*b
```

Der ganze Baum auf Seite 29 ist vom Datentyp *CAT_EXPR*, er hat also einen nullten Operanden. Diesen erfährt man durch op:

```
>>op(a * b + b * d^2 * e, [0]);
```

```
_plus
```

Das Ergebnis ist der Funktionsname der Operation, mit welcher der Ausdruck auf der obersten Ebene gebildet wurde. Wird ein Ausdruck zum Beispiel durch Anwendung der Sinus-Funktion gebildet, so erhält man deren Funktionsnamen als nullten Operanden:

```
>>op(sin(a*b), 0);
```

sin

Bei diesem Beispiel hat man zusätzlich gesehen, daß bei Pfaden, die nur aus einer Zahl bestehen, die eckigen Klammern weggelassen werden können. Für nullte Operanden von Ausdrücken gilt also allgemein: wenn ein Ausdruck auf der obersten Ebene durch eine Operation oder Funktion gebildet wird, dann erscheint der Funktionsname als nullter Operand. Operationen wie + oder* haben dabei ebenfalls Funktionsnamen, die man durch op in Erfahrung bringen kann. Es sind die sogenannten *Underline* -Funktionen. Den Namen der Operation * erhält man durch Analyse des Ausdrucks a * b + b * d ^ 2 * e auf einem der Wege [2, 0] oder [1, 0]:

```
>>op(a * b + b * d^2 * e, [1, 0]);
```

_mult

```
>>op(a * b + b * d^2 * e, [2, 0]);
```

_mult

Bei Arrays gibt der nullte Operand eine Ausdruckssequenz bestehend aus Dimension und Indexbereichen an:

```
>>Matrix := array(1..2, 1..3, 1..7, (2, 3, 3)=9):
```

```
>>op(Matrix, 0);
```

3, 1..2, 1..3, 1..7

Will man den ganzen Teilbaum erhalten, der durch den zweiten Weg vom obersten Knoten erreichbar ist, so muß nur die entsprechende Wegnummer angegeben werden:

```
>>op(a * b + b * d^2 * e, [2]);
```

b*d^2*e

Wie schon erwähnt: Wenn der Pfad nur aus einer Nummer besteht, so kann man die eckigen Klammern weglassen; man erhält dasselbe Ergebnis deshalb durch:

```
>>op(a * b + b * d^2 * e, 2);
```

b*d^2*e

Man muß sorgfältig beachten, daß nicht bei jedem Knoten ein nullter Operand existiert, zum Beispiel bei Daten vom Typ *CAT_STAT_LIST*:

```
>>op([a, b], 0);
```

```
Error: Specified operand doesn't exist [op]
```

Die Anzahl der Wege, die vom obersten Knoten ausgehen, also die Anzahl der Operanden, kann man durch die Systemfunktion **nops** erfahren:

```
>>nops(a * b + b * d^2 * e);
```

```
2
```

Hierbei ist darauf zu achten, daß der nullte Operand wegen seiner Sonderrolle nicht gezählt wird. Man kann durch Kombination der Funktionen **op** und **nops** die Wegezahl an jedem beliebigen Knoten erfahren, zum Beispiel am zweiten Knoten der zweitobersten Stufe des auf Seite 29 dargestellten Ausdrucks:

```
>>nops(op(a * b + b * d^2 * e, 2));
```

```
3
```

Will man alle Operanden eines Ausdrucks als Ausdruckssequenz angeben, so muß man nur **op** ohne Wegangabe benutzen:

```
>>op(a*b*c*d*e);
```

```
a, b, c, d, e
```

Damit ist ein mächtiges Instrument zur effizienten Programmierung gegeben. Um zum Beispiel eine Summe in ein entsprechendes Produkt umzuwandeln, geht man folgendermaßen vor,

```
>>a1 + a2 + a3 + a4 + a5 + a6 + a7 + a8 + a9;
```

```
a1+a2+a3+a4+a5+a6+a7+a8+a9
```

```
>>_mult(op(%));
```

```
a1*a2*a3*a4*a5*a6*a7*a8*a9
```

wobei man einfach den internen Funktionsnamen der Operation * eingesetzt hat.

Daß die nullten Operanden bei **nops** nicht mitgezählt werden, hat seinen guten Grund; wen dies aber stört, der kann sich schnell eine neue Prozedur schreiben,

zum Beispiel die in der Datei "tutorial" abgespeicherte Funktion nops_own.
Wenn ein nullter Operand vorhanden ist, so gibt sie einen um 1 größeren Wert
als nops zurück

```
>>nops_own(a * b + b * d^2 * e);
3
```

```
>>nops(a * b + b * d^2 * e);
2
```

andernfalls denselben:

```
>>nops_own(a);
1
```

```
>>nops(a);
1
```

Die Operandenstruktur von MuPAD-Daten muß man kennen, um Substitutionen
richtig ausführen zu können. Zur Ersetzung von kompletten Teilbäumen gibt es
das Kommando subs:

```
>>ausdr := A^G*(A+h);
```

```
A^G*(A+h)
```

```
>>subs(ausdr, A^G = 123);
```

```
A*123+h*123
```

```
>>ausdr;
```

```
A^G*(A+h)
```

Man übergibt dabei den Ausdruck, bei dem die Substitution ausgeführt werden
soll, sowie die auszuführende Ersetzung in Form einer Gleichung. Der Ausdruck
selbst bleibt dabei unverändert; die Substitution wird nur auf einer Kopie ausgeführt. Man kann auch mehrere Substitutionsgleichungen hintereinander übergeben:

```
>>subs(ausdr, A = 123, G = NN);
```

```
123^NN*(h+123)
```

Will man nun in `ausdr` die Rolle von `A` und `G` vertauschen, so bietet sich an:

```
>>subs(ausdr, A=G, G=A);
```

```
A^A*(A+h)
```

Dies liefert aber offensichtlich nicht das gewünschte Resultat, da hier die Substitutionen hintereinander ausgeführt wurden: Zuerst wurde `A` durch `G` ersetzt, danach alle `G` wieder durch `A`, so daß im Resultat kein `G` mehr auftritt. Will man diese Hintereinanderausführung von Substitutionen verhindern, also eine gleichzeitige Substitution durchführen, so muß man die Substitutionsgleichungen einfach in eckige Klammern setzen:

```
>>subs(ausdr, [A=G, G=A]);
```

```
G^A*(G+h)
```

Manchmal ist es erwünscht, einen Bezeichner nur an einer Stelle zu ersetzen und ihn an anderen Stellen unverändert zu lassen. Dafür steht die Funktion `subsop` zur Verfügung, bei der man die zu ersetzenden Größen durch ihre Pfade spezifizieren kann. Wenn man in `ausdr` nur das zweite `A` ersetzen will, dann verfährt man folgendermaßen:

```
>>subsop(ausdr, [2, 1]=a);
```

```
A^G*(a+h)
```

Auch dabei können mehrere Substitutionen gleichzeitig ausführt werden:

```
>>subsop(ausdr, [1, 1]=a, [2, 1]=aa);
```

```
a^G*(h+aa)
```

Eine Option für die Parallelausführung von `subsop` steht nicht zur Verfügung, und man sollte beachten, daß es sich bei `subsop` um die Hintereinanderausführung handelt:

```
>>A := a^b; subsop(A, [1]=c^d, [1, 2]=123);
```

```
a^b
```

```
(c^123)^b
```

Das folgende Beispiel scheint dazu im Widerspruch zu stehen:

```
>>A:=NIL: B:=NIL: ausdr := A^G*(A+h):
```

```
>>subsop(ausdr, [2, 1]=(B+C));
```

```
A^G*(B+C+h)
```

```
>>subsop(ausdr, [2, 1]=(B+C), [2, 2]=g);
```

```
A^G*(B+C+g)
```

Wären die Substitutionen hintereinander ausgeführt worden, so hätte man eigentlich `A^G*(B+g+h)` erhalten müssen. Man beachte aber, daß die erste Substitution das Resultat `A^G*((B+C)+h)` ergibt und erst bei der Ausgabe vom *Simplifizierer* auf Normalform `A^G*(B+C+h)` gebracht wird. Zur Erzielung einer größeren Geschwindigkeit verzichtet die Realisierung von **subsop** aber auf die Anwendung des Simplifizierers zwischen den einzelnen Substitutionen. Die zweite Substitution in `subsop(ausdr, [2, 1]=(B+C), [2, 2]=g);` wirkt also auf den Ausdruck `A^G*((B+C)+h)` und liefert das korrekte Ergebnis `A^G*((B+C)+g)`, bei dem erst durch den Simplifizierer die überflüssigen Klammern weggelassen werden.

Man kann auch Ausdrücke ersetzen, die keinen vollständigen Teilbaum bilden. Dafür gibt es die Systemfunktion **subsex**:

```
>>subsex(a*b*c, a*b=46);
```

```
c*46
```

Der Unterschied zu **subs** liegt darin, daß, wie schon erwähnt, die Funktion **subs** nur ganze Teilbäume ersetzen kann. Da aber **a*b** im obigen Beispiel nicht durch einen Teilbaum von **a*b*c** dargestellt wird, kann die gewünschte Substitution nicht mit **subs** durchgeführt werden:

```
>>subs(a*b*c, a*b=46);
```

```
a*b*c
```

Die Funktion **subsex** ist aber wesentlich langsamer als **subs**, da eine aufwendigere Suchstrategie notwendig ist.

2.1.8   Evaluierung

Um die Evaluierungsmechanismen von MuPAD kennenzulernen, sollte man sich zuerst eine Zuweisung ansehen, in diesem Fall die Zuweisung `A := b*c`. Wenn diese Zuweisung in Klammern eingeschlossen wird, so wird daraus ein Ausdruck. Ausdrücke werden von MuPAD im allgemeinen sofort ausgewertet. Um diese Auswertung von Zuweisungen in Ausdrücken zu unterdrücken, stellt MuPAD die Environment-Variable `EVAL_STMT` zur Verfügung. Setzt man diese auf `FALSE`, dann wird die automatische Auswertung von Anweisungen in Ausdrücken verhindert, und man kann die Operanden der Zuweisung `A := b*c` mit `op` untersuchen:

```
>>EVAL_STMT := FALSE:
>>op((A := b*c), 0..nops((A := b*c)));

_assign, A, b*c
>>EVAL_STMT := TRUE:
```

Zuweisungen sind also Ausdrücke, die auf oberster Ebene durch die Funktion `_assign` gebildet werden. Die Baumstruktur ist folgende:

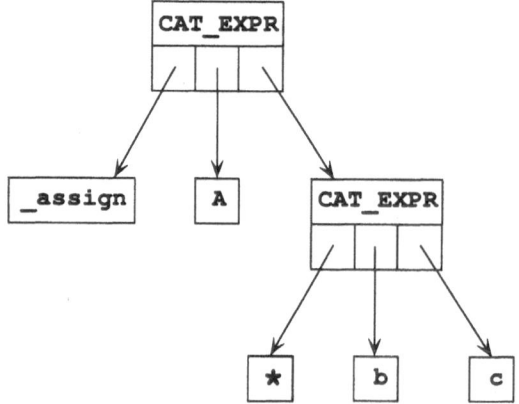

Wenn man zum einfacheren Verständnis einen solchen `_assign`-Knoten einmal durch einen dickgezeichneten Pfeil symbolisiert, dann erhält man folgendes Diagramm:

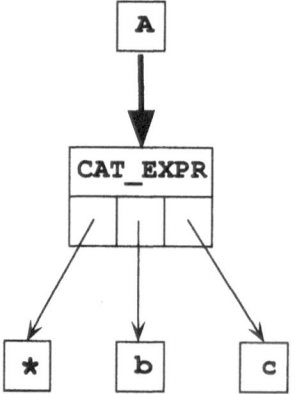

Eine mehrfache Zuweisung der Art `A := b*c; b := e; e := f;` führt dann zu:

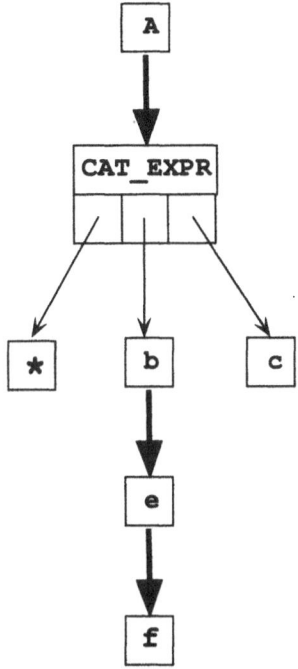

Beim Aufrufen von `A` setzt nun MuPAD einfach den dicken Pfeilen folgend die Größen ein. Die dabei *hintereinander* durchlaufene Anzahl von dicken Pfeilen heißt die *Substitutionstiefe*. Bei diesem Beispiel ist die Substitutionstiefe 3. Beim interaktiven Arbeiten werden im allgemeinen alle Einsetzungen gemäß der dicken Pfeile ausgeführt, allerdings nur bis zu einer maximalen Tiefe, welche durch den Wert der Environment-Variablen `LEVEL` festgelegt ist. Diesen Wert fragt man leicht ab:

`>>LEVEL;`

100

Um nun zu verhindern, daß man durch rekursive Auswertungen in Endlos-Schleifen gerät, gibt es noch eine zweite Environment-Variable,

`>>MAXLEVEL;`

100

deren Wert im allgemeinen derselbe wie von `LEVEL` ist. Erreicht die Substitutionstiefe bei einer Auswertung den Wert dieser Environment-Variablen, so wird angenommen, daß eine rekursive Zuweisung vorliegt:

```
>>B := C: C := B:
```

```
>>B;
```

Error: Recursive Definition

Dies muß natürlich nicht unbedingt stimmen, wie das folgende Beispiel zeigt, bei dem 100 Anweisungen b1 := b2: b2 := b3: ... b99 := b100: ausgeführt werden:

```
>>(b.i := b.(i+1)) $ i=1..100:
```

```
>>b1;
```

Error: Recursive Definition

Der Aufruf von b1 führt zu einer Substitutionstiefe 100. Da damit MAXLEVEL erreicht wird, vermutet MuPAD fälschlicherweise eine rekursive Definition. Hätte man vorher LEVEL und MAXLEVEL auf 101 gesetzt, so hätte der Aufruf von b1 die richtige Ausgabe b100 ergeben.

Wird LEVEL allerdings auf einen geringeren Wert als MAXLEVEL gesetzt, so werden rekursive Definitionen niemals bemerkt:

```
>>LEVEL := 99: MAXLEVEL := 100: B := C: C := B:
```

```
>>B;
```

C

Nun sei dem Nutzer aber dringend abgeraten, in sorgloser Weise die Environment-Variablen LEVEL und MAXLEVEL zu verändern; sie wurden hier nur besprochen, um die Wirkungsweise des Evaluierers zu verdeutlichen.

MuPAD hat eine Systemfunktion, deren Anwendung auf einzelne Auswertungen die Wirkung einer vorübergehenden Veränderung von LEVEL hat. Dies ist die Funktion level. Der Aufruf von level(expr, n); setzt lokal, das heißt nur auf die Auswertung des übergebenen Ausdrucks expr bezogen, die Environment-Variable LEVEL vorübergehend auf n. Man sieht dies an folgendem Beispiel, wobei die Environment-Variablen LEVEL und MAXLEVEL wieder auf ihre Defaultwerte zurückgesetzt worden sind.

```
>>a := b: b := a:
>>level(a, 3);
```

b

```
>>level(a, 4);
```

b

```
>>level(a, MAXLEVEL);
```

Error: Recursive Definition

Die geschickte Anwendung der Auswertungsmodalitäten ist ein wirksames Steuerungselement beim Programmieren. Häufig steigert es auch die Geschwindigkeit von selbstgeschriebenen Routinen beträchtlich, wenn man unnötige Auswertungen verhindert.

Es sollte noch erwähnt werden, daß der Aufruf `level(expr);` eine vollständige Auswertung bewirkt, also äquivalent zu `level(expr, MAXLEVEL);` ist.

Weiterhin gibt es noch die Funktion `val`, die mit Substitutionstiefe 1 auswertet, aber darauf verzichtet, durch den Simplifizierer eine Normalform zu erzeugen. Der Unterschied zwischen `val(expr);` und `level(expr, 1);` wird an folgendem Beispiel deutlich:

```
>>a := b: b := 1:
```

```
>>val(a+b+2);
```

b+1+2

```
>>level(a+b+2, 1);
```

b+3

Zum Unterdrücken von unerwünschten Auswertungen gibt es noch ein anderes Instrument, die Funktion `hold`, die jede Auswertung verhindert.

```
>>sqrt(4);
```

2

```
>>hold(sqrt(4));
```

sqrt(4)

```
>>hold(1+2);
```

1+2

Auf den ersten Blick ist verwunderlich, daß beim letzten Beispiel auch ein an-
schließendes `level` nicht helfen kann:

```
>>hold(1+2);
```

```
1+2
```

```
>>level(%);
```

```
1+2
```

Dieses etwas verwirrende Ergebnis liegt daran, daß bei dem Aufruf von Werten
aus der History-Tabelle keine Evaluierung stattfindet. Um hier zur Ausgabe 3
zu kommen, braucht man eine Funktion, welche die nachträgliche Evaluierung
von solchen Systemfunktionen bewirkt, die, wie `hold` oder `last`, ihre Ergebnisse
unevaluiert zurückgeben. Dafür gibt es die Systemfunktion `eval`:

```
>>a := b: b := c: c := d;
```

```
d
```

```
>>hold(a);
```

```
a
```

```
>>eval(%);
```

```
1
```

2.1.9   Programmierung

Das wichtigste an einer Programmiersprache ist die Möglichkeit, eigene Prozeduren schreiben zu können. Computeralgebra-Systeme haben den Vorteil, daß
Prozeduren wegen der vielfältigen Möglichkeiten zur Datenmanipulation im allgemeinen sehr kurz gefaßt werden können. In MuPAD, wo diese Feststellung in
besonderem Maße zutrifft, sind Prozeduren Ausdrücke, die einem Bezeichner zugewiesen werden. Ruft man dann diesen Bezeichner in Form eines Funktionsaufrufs
mit geeigneten Argumenten auf, so wird, bei korrekter Programmierung, durch
Abarbeiten der zugrunde liegenden Prozedur das gewünschte Ergebnis erzeugt.

Es soll zuerst eine einfache Prozedur, die das Produkt ihrer beiden Argumente bildet, analysiert werden. Diese Prozedur soll dem Bezeichner `f` zugewiesen werden.
Es soll also ein Programm $f(x, y) = x * y$ geschrieben werden. So kann man dies

in MuPAD natürlich nicht schreiben, denn dies würde ja als Gleichung aufgefaßt
werden:

```
>>f(x, y)=x*y;
```

```
f(x, y)=x*y
```

```
>>type(%);
```

```
 "EQUAL"
```

Es wird aber eine Prozedur in der Programmsammlung "tutorial" vorrätig gehalten, die eine ähnlich funktionale Schreibweise zur Erzeugung eines Programms
erlaubt:

```
>>FUNC(f(x, y)=x*y):
>>f(2, 3); f(91233, 778);
```

```
6
70979274
```

Wenn man nun den Bezeichner f aufruft, so erhält man einen ersten Einblick in
die Form einer MuPAD-Prozedur:

```
>>f;
```

```
proc(x, y)
begin
  x*y
end_proc
```

Das Programm, oder die Prozedur f, beginnt mit dem Schlüsselwort proc, hinter
dem in Klammern die formalen Parameter angegeben werden. Danach beginnt der
eigentliche Algorithmus, welcher durch das Schlüsselwort begin eingeleitet wird.
Das Ende der Prozedur wird wieder durch ein Schlüsselwort, nämlich end_proc gekennzeichnet. Den Algorithmus zwischen begin und end_proc bezeichnet man als
den Prozedurrumpf. In diesem Fall besteht der Prozedurrumpf aus einer einzigen
Anweisung. Man hätte dieselbe Prozedur auch durch interaktive Eingabe derselben Ausdruckssequenz von Schlüsselwörtern und Anweisungen erzeugen können:

```
>>h := proc(x, y)
    begin
      x*y
    end_proc:
```

```
>>h(456, 776);
```

353856

Dabei ist zu beachten, daß hier die Zuweisung wieder durch := markiert wird, und daß die Zuweisung wie jedes MuPAD-Kommando durch Semikolon oder Doppelpunkt abgeschlossen werden muß.

Wenn man die Operanden von f untersucht,

```
>>op(f);
```

(x, y), NIL, NIL, x*y, NIL

so sieht man, daß Prozeduren so strukturiert sind, daß sie fünf Operanden besitzten, wobei der jeweils vierte Operand durch die Ausdruckssequenz der Anweisungen im Prozedurrumpf gebildet wird. Von diesen fünf möglichen Operanden wurden in diesem Beispiel offensichtlich nur zwei benutzt; dies wird durch die Einträge NIL für die anderen Operanden deutlich. Der erste Operand ist offensichtlich die Ausdruckssequenz der formalen Parameter und der vierte die Ausdruckssequenz der Anweisungen, welche den Prozedurrumpf ausmachen. Daß das Hinzufügen weiterer Anweisungen nicht zur Vermehrung von Operanden führt, sieht man an folgendem Beispiel, bei welchem eine Prozedur zur Berechnung des Quadrats des Produkts der Argumente bereitgestellt wird:

```
>>quad := proc(x, y)
        begin
          x*y;
          %^2
        end_proc:

>>quad(2, 3);
```

 36

```
>>op(quad);
```

(x, y), NIL, NIL, (x*y; last(1)^2), NIL

Wieder bildet der nun aus mehreren Anweisungen bestehende Prozedurrumpf einen einzigen Operanden. Natürlich kann man auf die einzelnen Anweisungen im Prozedurrumpf mit op unter Angabe des Pfadnamens zugreifen:

```
>>op(quad, [4, 1]);
```

```
x*y
```

```
>>op(quad, [4, 2]);
```

```
last(1)^2
```

Als Argumente kann man alle Bezeichner wählen; dabei spielt es keine Rolle, ob ihnen außerhalb der Prozedur ein Wert zugewiesen worden ist:

```
>>x := 15: FUNC(g(x)=x^10):
```

```
>>g(2);
```

```
1024
```

Man kann in Programmen die Berechnung von Zwischenergebnissen verwenden. Statt quad kann man folgende Modifikation benutzen:

```
>>quad_mod := proc(x, y)
          begin
            A := x*y;
            A^2
          end_proc:
```

```
>>quad_mod(2, 3);
```

```
36
```

```
>>A;
```

```
6
```

Wie man dabei sieht, hat dieses Programm den Nebeneffekt, daß nach seiner Ausführung der Bezeichner A belegt ist; die Größe A wird also als „globale" Variable betrachtet und erhält einen neuen Wert. Hätte man A in anderem Kontext eine Bedeutung zugewiesen, dann wäre diese Information verloren gegangen. Vor der Verwendung solcher globaler Variablen sollte man sich nach Möglichkeit hüten. Es gibt deshalb für Programme die Möglichkeit, Zuweisungen an Bezeichner nur innerhalb des Programmablaufs vorzunehmen und ihre Bedeutung außerhalb der entsprechenden Prozedur unverändert zu lassen; man muß sie als *lokale Variable* deklarieren:

```
>>quad_better := proc(x, y) local b, c;
                begin
                  b := x*y;
                  b^2
                end_proc:

>>quad_better(2, 3);

36

>>b; c;

b
c
```

Wie man sieht, kann man mehrere lokale Variablen vereinbaren; man schreibt sie einfach hintereinander: `local b, c;`. Dabei spielt es keine Rolle, ob diese Variablen im Programm gebraucht werden oder nicht. Die Ausdruckssequenz aus den vereinbarten lokalen Variablen ist der zweite Operand einer Prozedur:

```
>>op(quad_better, 2);

b, c
```

Die lokalen Variablen sind also diejenigen Größen, mit denen man in der Prozedur arbeiten kann, ohne die Bedeutung, die sie außerhalb der Prozedur haben mögen, zu verändern. Diese lokalen Variablen werden nach dem Ausstieg aus der Prozedur wieder vergessen. Man kann also zum Beispiel dem Bezeichner **a** ruhig den Wert 15 zuweisen und trotzdem in einer Prozedur mit der Zuweisung `a := 2323243545;` arbeiten; **a** muß nur als lokale Variable deklariert werden.

```
>>a := 15:

>>test := proc(e) local a;
        begin
          a := 2323243545; a*e
        end_proc:

>>test(s); a;

s*2323243545
15
```

Nach der Abarbeitung der Prozedur hat **a** wieder den alten Wert 15.

Man konnte bis hierher bereits eine Reihe von Environment-Variablen wie `DIGITS`, `TEXTWIDTH`, `LEVEL` oder auch `PRETTY_PRINT` kennenlernen. Interessanterweise kann man auch diese als lokale Variable deklarieren. Wie bei allen lokalen Variablen ist eine Neuzuweisung nur innerhalb der Prozedur wirksam; das Besondere bei Environment-Variablen ist aber, daß diese als lokale Variable initialisiert werden und zwar mit dem Wert, den sie in der Aufrufumgebung haben:

```
>>illustrate_en_var :=  proc(x) local DIGITS;
                        begin
                          print(float(x));
                          DIGITS := 50;
                          print(float(x))
                        end_proc:
```

```
>>illustrate_en_var(1/3);
```

```
0.3333333333
0.33333333333333333333333333333333333333333333333333
```

```
>>DIGITS;
```

```
10
```

```
>>float(1/3);
```

```
0.3333333333
```

Man beachte, daß ein `float(x)` an Stelle von `print(float(x))` in der Prozedur `illustrate_en_var` nur zu einer 10-stelligen Ausgabe des Dezimalbruchs für 1/3 geführt hätte. Dies liegt daran, daß die Ausgabe dann erst nach Beendigung der Prozedur erfolgt wäre, also zu einem Zeitpunkt, an dem die Variable `DIGITS` wieder zurückgestellt worden ist.

Der dritte Operand einer Prozedur wird durch die Ausdruckssequenz der sogenannten *Optionen* gebildet. Die Optionen regeln die Arbeitsweise der Prozedur. Als Optionen stehen bislang `hold` und **remember** zur Verfügung. Die Option `hold` verhindert die Auswertung der übergebenen Argumente; man sieht diese Wirkung an folgendem Beispiel:

```
>>a := 0:
```

```
>>illustrate_hold := proc (b) option hold;
                     begin
                       b
                     end_proc:
```

```
>>illustrate_hold(a);
```

a

```
>>a := 0: no_hold := proc (b) begin  b end_proc:
```

```
>>no_hold(a);
```

0

Im ersten Fall führt eine Auswertung des Aufrufs von `illustrate_hold(a)` mit **eval** wieder zum erwarteten Ergebnis:

```
>>illustrate_hold(a); eval(%);
```

a
0

Ist die Option **remember** gesetzt, so merkt MuPAD sich jeden mit der Prozedur berechneten Wert und schreibt diesen in eine Tabelle, die sogenannte Remember-Tabelle, die den fünften Operanden der Prozedur bildet.

Auf die Werte der Remember-Tabelle wird direkt zugegriffen. Wenn man also mit der Prozedur nacheinander einige Werte berechnet hat, so findet man diese in der Remember-Tabelle wieder:

```
>>sin_quad := proc(x)
              option remember;
            begin
              float(sin(x)^2)
            end_proc:
```

```
>>sin_quad(3); sin_quad(PI); sin_quad(1.1);
```

```
0.1991485667e-1
0
0.7942505586
```

```
>>op(sin_quad, 5);
```

```
table(
    PI = 0,
    3 = 0.1991485667e-1,
    1.100000000 = 0.7942505586
)
```

Prozeduren mit Seiteneffekten, zum Beispiel durch Verwendung von globalen Variablen, können mit der Option **remember** falsche Ergebnisse liefern:

```
>>Proc_with_side_effect := proc(i)
                     option remember;
                   begin
                    A*i
                   end_proc;
```

```
>>A := 15:Proc_with_side_effect(5);
```

```
75
```

```
>>A := 25:Proc_with_side_effect(5);
```

```
75
```

In die Remember-Tabelle kann man, auch ohne die Option **remember** gesetzt zu haben, einfach durch Zuweisung an einen Funktionsaufruf etwas eintragen. Dabei können dann auch Eintragungen vorgenommen werden, die mit dem Wert, den der Algorithmus des Prozedurrumpfes berechnen würde, in keinem Zusammenhang stehen. Diese Einträge werden dann zukünftig als Ergebnis der Prozedur zurückgegeben:

```
>>sin_quad(PI) := "wrong result": sin_quad(PI);
```

```
"wrong result"
```

Gab es schon einen Eintrag zu diesem Funktionsaufruf, so wird dieser überschrieben.

Übrigens wird durch Zuweisung an einen unbesetzten Bezeichners diesem automatisch eine Prozedur zugewiesen und eine Remember Tabelle angelegt:

```
>>f(1) := 23234;
```

```
23234
```

```
>>f;
proc ( )
   option remember;
begin
   procname( args( ) )
end_proc
```

```
>>op(f, 5);
```

```
table(
    1 = 23234
)
```

Bei dieser Prozedur, die bis auf den Eintrag in der Remember-Tabelle nur den Funktionsaufruf mit evaluiertem Argument zurückgibt,

```
>> f(a);
```

```
f( a )
```

```
>> f(1);
```

```
23234
```

ist dann automatisch die Option **remember** gesetzt.

Eine weitere Möglichkeit, Prozeduren zu definieren, ist durch die Underline-Funktion **_procdef** gegeben:

```
>>f := _procdef((x, y), (a, b), hold, x^y, NIL);
```

```
proc(x, y)
  local a, b;
begin
  x^y
end_proc
```

Vor dieser Möglichkeit, wie vor dem Gebrauch der meisten Underline-Funktionen, wird allerdings gewarnt. Eine falsche Eingabe kann leicht, wie im nächsten Abschnitt dargelegt, zu einem Systemabsturz führen.

Prozeduren können sich gegenseitig aufrufen. Wenn zum Beispiel durch folgende Zuweisungen zwei Prozeduren vereinbart sind,

```
>>f := proc(x)
        begin
          sin(x)
        end_proc:
```

```
>>fdiff := proc(x) local y;
           begin
             subs(diff(f(y), y), [y = x])
           end_proc:
```

dann berechnet die erste den Sinus des Arguments, die zweite berechnet die Ableitung von f an der Stelle y und ersetzt dann y durch das Argument der Prozedur.
Dabei ist `diff` der eingebaute Differenzierer von MuPAD. Die zweite Prozedur
greift also auf die erste zurück:

```
>>fdiff(x);
```

```
cos( x )
```

```
>>fdiff(1.5);
```

```
0.7073720166e-1
```

Innerhalb von MuPAD-Prozeduren kann man mit MuPAD-Daten in gewohnter
Weise umgehen, allerdings gibt es bezüglich der Substitution einen gravierenden
Unterschied: Innnerhalb von Prozeduren findet nur eine einstufige Substitution
statt!

Will man eine andere Substitutionstiefe haben, so muß man dies explizit durch
Verwendung der Systemfunktion `level` angeben:

```
>>eval_1level := proc()
               begin
                 a := b;
                 b := c;
                 c := d;
                 a
               end_proc:
```

```
>>eval_1level();
```

```
b
```

Wären dieselben Zuweisungen interaktiv eingegeben worden, so hätte eine vollständige Substitution stattgefunden:

```
>>a := b:   b := c:   c := d:   a;
```

```
d
```

Will man bei der letzten Prozedur eine vollständige Evaluierung des zuletzt eingegebenen a erreichen, so muß man mit `level` arbeiten:

```
>>eval_all_level := proc()
                    begin
                        a := b;
                        b := c;
                        c := d;
                        level(a)
                    end_proc:
```

```
>>eval_all_level();
```

d

Zum Programmieren hat man in MuPAD eine reichhaltige Auswahl von Kontroll-strukturen. Darunter befinden sich:

Die if-Anweisung:

```
if < Bedingung > then
        < Anweisung >
{ else
            < Anweisung > }
end_if

Beispiel:
if a > 4 then a else 4 end_if
```

Die for-Schleife:

```
for < Laufindex > from < Anfang > to < Ende >
    {step < Schrittweite >} do
        < Anweisung >
end_for

Beispiel:
for i from 12 to 32 step 2 do a := (a, i) end_for
```

Die while-Schleife:

```
while < Bedingung > do
        < Anweisung >
end_while

Beispiel:
while a < 6 do a := a + 1 end_while
```

Die repeat-Anweisung:

```
repeat
        < Anweisung >
until < Bedingung >
end_repeat

Beispiel:
repeat a := a + 1 until a > 6 end_repeat
```

Bei dieser Tabelle wurden die Stellen, wo ein Eintrag zu erfolgen hat, in eckige Klammern < > gesetzt und die optionalen Teile durch geschweifte Klammern { } gekennzeichnet. Führt man die Befehle der Beispiele aus, so erhält man:

```
>>a := 2: if a>4 then a else 4 end_if;
```

4

```
>>a := 34: if a>4 then a else 4 end_if;
```

34

```
>>a := (Anfang):

>>for i from 12 to 32 step 2 do a := (a, i) end_for;
```

Anfang, 12, 14, 16, 18, 20, 22, 24, 26, 28, 30, 32

```
>> a := -3: while a<6 do a := a + 1 end_while;
```

6

```
>>a := -3: repeat a := a + 1 until a>6 end_repeat;
```

7

Bei **repeat** wird der Schleifenrumpf mindestens einmal durchlaufen. Dies liegt
daran, daß bei **repeat** die Anweisungen vor der Überprüfung der Bedingung erst
einmal ausgeführt werden.

Die angegebene Liste ist keineswegs vollständig, es gibt eine Reihe von Modifika-
tionen. Bei der **if**-Anweisung wäre noch die Möglichkeit des **elif** zu erwähnen,
bei dem **for**-Konstrukt kann man durch Verwendung von **downto** an Stelle des
to auch abwärts zählen, außerdem kann man mit **for** in einfacher Weise über die
Operanden eines Ausdrucks laufen.

Die **if-elif**-Anweisung:

```
if < Bedingung > then
        < Anweisung >
{elif < Bedingung > then < Anweisung > }
{weitere elif's}
{else
        < Anweisung >}
end_if

Beispiel:
if a > 4 then a elif a < 16 then "hallo" else 4 end_if
```

Die **for-in**-Schleife:

```
for < Laufindex > in < Ausdruck > do
        < Anweisung >
end_for

Beispiel:
for i in A*B*C do print(i^2) end_for
```

Die `for`-`downto`-Schleife:

```
for < Laufindex > from < Anfang >
    downto < Ende > {step < Schrittweite >} do
        < Anweisung >
end_for

Beispiel:
for i from 32 downto 12 step 2 do a := (a, i) end_for
```

Führt man die Beispiele wieder der Reihe nach aus, so erhält man:

```
>>a := 11:
```

```
>>if a < 4 then a elif a < 16 then "hallo" else 4 end_if;
```

```
"hallo"
```

```
>>for i in A*B*C do print(i^2) end_for;
```

```
A^2
B^2
C^2
```

```
>>i := NIL: a := (Anfang):
>>for i from 32 downto 12 step 2 do a := (a, i) end_for;
```

```
Anfang, 32, 30, 28, 26, 24, 22, 20, 18, 16, 14, 12
```

Innerhalb von Schleifen kann man durch die besonderen Schlüsselwörter **next** und **break** den Ausstieg aus der Schleife oder das Springen zum nächsten Schleifendurchlauf bewirken:

```
>>for i from 1 to 30 do i; break end_for;
```

```
1
```

```
>>a := 2:
```

```
>>while a< 30 do a := a+1; break end_while;
```

```
3
```

```
>>a := 2:

>>while a<7 do
    a := a+1;
    if a<5 then
      next
    end_if;
    print(a)
  end_while;
```

5
6
7

Ein Setzen von **break** hat den unbedingten Sprung aus der Schleife zur Folge, und **next** sorgt dafür, daß die weiteren Anweisungen innerhalb des aktuellen Schleifendurchlaufs ignoriert werden und zum nächsten Schleifendurchlauf gesprungen wird, wobei der Schleifenindex erhöht wird. Innerhalb von Prozeduren ist die Bedeutung dieser Schlüsselwörter ganz ähnlich:

```
>>illustrate_break := proc(x)
                  begin
                    print(x);
                    break;
                    "hallo"
                  end_proc:
>>illustrate_break(x);
```

x

Ein weiteres nützliches Programmkonstrukt ist die **case**-Anweisung. Diese ist besonders effizient, da sie im Gegensatz zu wiederholten **if**-Anweisungen den Vergleichsausdruck nur einmal evaluiert und nur aus einer einzigen Anweisung besteht.

Die case-Anweisung:

```
case <Ausdruck>
        of <Vergleichsgröße1> do <Anweisung1>;
        {of <Vergleichsgröße2> do <Anweisung2>;}
        {weitere of's }
        {otherwise <Alternativ-Anweisung>}
end_case

Beispiel:
case aa
        of 1 do print(1);
        of 2 do print(2);
        of 3 do print(3)
        otherwise print("no case")
end_case
```

```
>>illustrate_case := proc(aa)
                begin
                  case aa
                    of 1 do print(1)
                    of 2 do print(2)
                    of 3 do print(3)
                    otherwise print("no case")
                  end_case
                end_proc:
```

```
>>illustrate_case(5);
```

```
"no case"
```

Doch recht verwundert ist man bei folgendem Resultat:

```
>>illustrate_case(1);
```

```
1
2
3
"no case"
```

Dies verwirrt auf den ersten Blick. Die Wirkungsweise der case-Anweisung ist so, daß nach dem ersten positiven Ausgang des Vergleichs die restlichen Anweisungen

ohne Überprüfung der Vergleiche ausgeführt werden. Will man dies nicht, so muß
man am Ende jeder of-Anweisung ein break setzen:

```
>>illustrate_case := proc(aa)
                  begin
                    case aa
                      of 1 do print(1); break
                      of 2 do print(2); break
                      of 3 do print(3); break
                      otherwise print("no case")
                    end_case
                  end_proc:
```

```
>>illustrate_case(1);
```

1

Genau wie in Schleifen kann man auch das Schlüsselwort next einsetzen. Um die
Wirkungsweise der Schlüsselworte next und break, sowie das Weglassen dieser
Schlüsselworte zu überprüfen, betrachte man das Beispiel:

```
>>probe :=  proc ( aa )
            begin
              case aa
                of 1 do print( 1 ); break
                of 2 do print( 2 ); next
                of 3 do print( 3 )
                of 2 do print( 2 ); break
                of 4 do print( 4 )
              end_case
            end_proc:
```

Für verschiedene Argumente erhält man:

```
>>probe(1);
```

1

```
>>probe(2);
```

2
2

```
>>probe(3);

3
2

>>probe(4);

4

>>probe(5);
```

Bei der Evaluierung eines **break** wird aus der **case**-Anweisung ausgestiegen. Bei der Evaluierung von **next** wird in den Rest des **case**-Statements so eingestiegen, als ob man in ein neues **case**-Statement hineingehen würde. Beim Weglassen aller Schlüsselwörter werden die restlichen Anweisungen ohne Vergleich ausgeführt.

Man kann **case**-Anweisungen logisch äquivalent durch **if**-Anweisungen ersetzen. Zum Beispiel ist

```
>>case_proc := proc ( a )
                begin
                case a
                  of 0 do 0; break
                  of 1 do 1; break
                  of 2 do 2; break
                  of 3 do 3; break
                end_case
              end_proc:
```

offensichtlich äquivalent zu:

```
>>if_proc := proc ( a )
              begin
                if a = 0 then
                    0
                elif a = 1 then
                    1
                elif a = 2 then
                    2
                elif a = 3 then
                    3
                end_if
              end_proc:
```

Trotzdem ist die **case**-Anweisung vorzuziehen, da sie schneller ausgeführt wird.

2.1.10   Ein- und Ausgabe, Dateien, Texte

Möglichkeiten, die Bildschirmausgabe zu steuern, waren bisher nur durch die
Environment-Variablen TEXTWIDTH, PRETTY_PRINT, sowie die Funktion print ge-
geben. Daneben gibt es eine Reihe weiterer Funktionen, um Ein- und Ausgabe in
Dateien zu regeln, sowie zur Anfertigung von Protokollen. MuPAD stellt in dieser
Hinsicht dem Nutzer einen großen Komfort zur Verfügung.

Will man Parameter oder Texte während eines Programmablaufes einlesen, dann
sollte man an den entsprechenden Stellen im Programm mit den Systemfunktionen
input oder textinput arbeiten:

```
>>input("Please, insert value for A", A);
Please, insert value for A>> 1234:

>>A;

1234
```

Die Verwendung von input(message", A); gibt die Meldung message auf dem
Bildschirm aus, gefolgt von einem Prompt; das Programm hält dann an. Die
darauf folgende interaktive Eingabe eines MuPAD-Datums weist dieses dann dem
Bezeichner A als Wert zu. Die Eingabe eines <Return> oder <Enter>, je nach
Rechnertyp, läßt dann das Programm mit diesem Wert von A weiterarbeiten. Die
Funktion textinput hat eine ähnliche Funktionalität, allerdings nur bezogen auf
Zeichenketten:

```
>>textinput("Bitte Zeichenkette als Wert fuer B eingeben", B):
Bitte Zeichenkette als Wert fuer B eingeben>>Zeichenkette

>>B;

"Zeichenkette"
```

Wieder wird eine Meldung ausgegeben und ein MuPAD-Datum als Wert für B eingelesen. Das Datum wird allerdings automatisch als Zeichenkette verstanden. Die
Anführungszeichen, welche MuPAD-Zeichenketten charakterisieren, dürfen dabei
nicht eingegeben werden. Anführungszeichen innerhalb des Textes werden als Zeichen verstanden und deshalb mit einem Backslash maskiert. Die Funktionalität
dieser Systemfunktion in Programmen ist genau dieselbe wie im Falle der Funktion
input.

Will man Text oder Daten aus Dateien einlesen, so stehen die Funktionen read,
finput und ftextinput zur Verfügung. Um in Dateien Texte, MuPAD-Daten
oder sogenannte M-Code-Daten abzulegen, kann man die Funktionen protocol,
write und fprint verwenden:

```
>>A := 124: B := "hallo":
>>write("filename", A, B);

>>A := 0;

0

>>read("filename"): A;

124
```

Die Funktion **write** schreibt in die Datei mit dem als Zeichenkette übergebenen Namen, in diesem Fall die Datei "filename". **read** liest die MuPAD-Daten aus der Datei ein, so daß A, obwohl ihm zwischenzeitlich ein neuer Wert zugewiesen wurde, dann wieder den ursprünglichen Wert hat. Die Funktion **ftextinput** liest Text zeilenweise ein. Wer ganze Texte einlesen will, der schreibt sich leicht eine entsprechende Prozedur:

```
>>readtext := proc(fname)
            local fid, text, line;
         begin
           if args(0) <> 1 then
             error("wrong no of args")
           end_if;
           if type(fname) <> "CAT_STRING" then
             error("no filename")
           end_if;
           fid:= fopen(fname);
           text:= ftextinput(fid);
           if text = null() then return("")
           end_if;
           while (line:= ftextinput(fid)) <> null() do
             text:= text . "\n" . line
           end_while;
           text
         end_proc:

>>readtext("filename");

"A := hold(124):
 B := hold(\"hallo\"):"
```

Die so definierte Funktion **readtext** betrachtet den Inhalt der angegebenen Datei als Zeichenkette und gibt diese in Anführungszeichen gesetzt aus, so daß man sehen kann, in welcher Form die Daten abgespeichert wurden. Interessant ist, daß alle Zuweisungen mit einem `hold` abgespeichert wurden. Dieses `hold` stellt sicher, daß die wirkliche Zuweisungsstruktur der Sitzung abgespeichert wurde. Man sollte beachten, daß `write` den zuvor in der Datei abgespeicherten Inhalt überschreibt. Will man Daten an vorhandenen Dateiinhalt anhängen, so muß man, wie weiter unten beschrieben, verfahren. Statt `write` kann man `fprint` verwenden; die Ablage in der Datei erfolgt dann im selben Format wie bei der Ausgabe durch den `print`-Befehl. Die Aufgabe von `write` ist es also, den Zustand und die Variablen einer Sitzung zu sichern, während `fprint` für die Ausgabe von Werten gedacht ist.

Gibt man bei `write` als ersten Parameter, also vor dem Dateinamen, ein `Bin` ein, so werden die MuPAD-Daten im sogenannten M-Code abgespeichert, dies ist ein vom Rechnertyp unabhängiger Code. Beim Einlesen solcher Dateien mit `read` oder auch mit `finput` erkennt MuPAD automatisch, daß es sich um Daten handelt, die in einem der internen Baumstruktur entsprechenden Format abgespeichert wurden und die deshalb nicht mehr vom Parser bearbeitet werden müssen. Das Einlesen erfolgt in diesem Fall sehr schnell, weil auf ein nochmaliges Parsen verzichtet werden kann.

Um eine Sitzung zu protokollieren, möchte man häufig die auf dem Bildschirm erscheinende Ein- und Ausgabe in einer Datei gesichert wissen. Dies kann man mit der Systemfunktion `protocol` erreichen.

Mit `protocol("filename")` wird die dann folgende Sitzung in der Datei mit dem Namen `"filename"` abgespeichert.

Die Protokollierung wird erst nach Eingabe von entweder `protocol();` oder auch nach Eingabe von `protocol("newfile");` beendet. Das letzte Kommando führt allerdings zu einer weiteren Protokollierung in `"newfile"`:

```
>>protocol("newfile"):

>>"now do something with MuPAD";

                    "now do something with MuPAD"

>>2*8*9927726265;

                        158843620240

>>protocol():

>>readtext("newfile");

"
>>"now do something with MuPAD";

                    "now do something with MuPAD"
```

```
>>2*8*9927726265;
```

$$158843620240$$

```
>>protocol():
"
```

Während des oben ausgeführten **readtext** war der Pretty-Printer eingeschaltet, was man daran erkennen kann, daß die Anführungszeichen des Textes nicht maskiert sind.

Will man Daten aus Dateien einlesen, so verwendet man einfach

```
finput("filename", identifier)
```

beziehungsweise

```
ftextinput("filename", identifier)
```

statt der oben beschriebenen Funktionen **input** und **textinput**. Als weiterer Parameter folgt der Bezeichner, dem das einzulesende Datum zugewiesen wird; auf die Meldung wird natürlich verzichtet. Die Systemfunktion **finput** erkennt wieder automatisch, ob es sich um M-Code handelt, also um Daten, die nicht mehr geparst werden müssen.

Daneben hat MuPAD aber noch andere Möglichkeiten des Umgangs mit Dateien. Diese werden durch die Systemfunktionen **fopen** und **fclose** gegeben. Die Funktion **fopen** hat bis zu drei Parameter, es gibt folgende Kombinationen:

```
>>fopen("newfile"):
>>fopen("newfile", Write):
>>fopen("newfile", Append):
>>fopen(Bin, "newfile", Write):
>>fopen(Bin, "newfile", Append):
```

Bei erfolgreicher Ausführung, das heißt erfolgreicher Öffnung der Datei **"newfile"**, ist die Ausgabe des Kommandos eine ganze Zahl > 0. Unter dieser Zahl, dem sogenannten File-Deskriptor, kann man die Datei danach mit den oben genannten Befehlen ansprechen. Der Modus **Write** bedeutet dabei, daß die Datei überschrieben wird, bei **Append** wird an den bisherigen Inhalt angehängt. Ein vorangestelltes **Bin** bedeutet, daß Daten als M-Code abgespeichert werden. Bei nur einem Parameter wird die Datei zum Lesen geöffnet; dabei wird erkannt, ob es sich um Text oder M-Code handelt.

Zur Weiterverarbeitung von eingelesenem Text stehen mehrere Systemfunktionen
zur Verfügung:

```
>>A := "Dies ist ein kurzer Text";
```

```
"Dies ist ein kurzer Text"
```

```
>>write("newfile", A);
```

```
>>B := readtext("newfile"):
```

```
>>B;
```

```
"A:=hold("Dies ist ein kurzer Text"):"
```

```
>>text2tbl(B, [" "]);
```

```
table(
    1 = "A:=hold("Dies",
    2 = " ",
    3 = "ist",
    4 = " ",
    5 = "ein",
    6 = " ",
    7 = "kurzer",
    8 = " ",
    9 = "Text"):"
)
```

Bei diesem Beispiel wurde die Zuweisung an A als MuPAD-Datum in die Datei
"newfile" geschrieben, danach als Zeichenkette mit einem readtext wieder eingelesen und dem Bezeichner B als Wert zugewiesen. Mit dem Konvertierungsbefehl
text2tbl (Text-to-Table) wurde dann der Text an der übergebenen Trennstelle,
hier dem Blank (" "), umgebrochen, und die einzelnen Bruchstücke wurden als
Einträge in eine Tabelle geschrieben. Man kann die Textteile dann weiterverarbeiten. Die Systemfunktion text2list hat eine entsprechende Arbeitsweise; damit
werden die Bruchstücke in eine Liste eingetragen. Die Funktion text2list ist
häufig schneller als text2tbl. Bei beiden Funktionen hätte man auch mehrere
Trennstellen angeben können:

```
>>text2tbl(B, [" ", "r"]);

table(
    1 = "A := hold("Dies",
    2 = " ",
    3 = "ist",
    4 = " ",
    5 = "ein",
    6 = " ",
    7 = "ku",
    8 = "r",
    9 = "ze",
    10 = "r",
    11 = "",
    12 = " ",
    13 = "Text"):
)
```

Möglich ist auch die Angabe mehrerer Trennzeichen, die zyklisch durchlaufen werden. Das heißt, erst wenn alle angegebenen Trennzeichen einmal zum Umbruch führten, darf wieder mit dem ersten Trennzeichen umgebrochen werden:

```
>>text2tbl(B, [" ", "r"], Cyclic);

table(
    1 = "A := hold("Dies",
    2 = " ",
    3 = "ist ein ku",
    4 = "r",
    5 = "zer",
    6 = " ",
    7 = "Text"):
)
```

Texte, die – ihrer Anführungszeichen entkleidet – sinnvolle MuPAD-Daten ergeben, kann man übrigens mühelos wieder in solche zurückverwandeln:

```
>>text2expr(B);

A := hold("Dies ist ein kurzer Text")
```

Dabei verhindert das hold die Evaluierung des gelieferten Ausdrucks.

2.1.11   Fehlersuche und Debugger

 Im interaktiven Modus ist der am häufigsten vorkommende Fehler, daß MuPAD in einen Zustand gerät, in welchem das System anscheinend auf keine Eingabe mehr reagiert. Der Grund dafür ist dann häufig, daß man vergessen hat, eine öffnende Klammer wieder zu schließen:

```
>>(1;

>> 2;

>>"What shall I do, MuPAD is not responding?";

>>"Try with input of a bracket";

>>"Now a sine-function and then a bracket";

>>sin(3.5);

>>);

-0.3507832276
```

Eingabe einer oder mehrerer schließender Klammern hilft dann diesen Zustand zu verlassen. Ähnliches gilt, wenn man vergißt, eine Prozedur durch ein **end_proc** zu schließen:

```
>>F := proc() local i ; option remember; begin procname(args()) ;

>>3;

>>4;

>>end_proc;

proc()
  local i;
  option remember;
begin
  procname(args());
  3;
  4
end_proc
```

Schwieriger ist schon die Beseitigung von Fehlern in nutzerdefinierten Prozeduren. Dafür besitzt MuPAD einen nutzerfreundlichen Debugger. Die Bedienung der Oberfläche des fensterbasierten Debuggers hängt von der jeweiligen Benutzeroberfläche ab. Allerdings sind die grundlegenden Routinen des Debuggers im MuPAD-Kern realisiert, so daß es nicht erstaunlich ist, daß es auch eine reine Terminalversion des Debuggers gibt. In diese soll hier kurz eingeführt werden.

Das erste Beispiel zeigt das einfache Ermitteln einer Anweisung, die einen Laufzeitfehler erzeugt. Die Prozedur intersect_list beschreibt die auf Listen übertragene Operation der Schnittbildung von Mengen. Zum besseren Verständnis des Debuggers sind die Zeilennummern mitangegeben.

```
intersect_list := proc(list1, list2)                 #  1 #
                local i, j;                           #  2 #
             begin                                    #  3 #
             for i from 1 to nops(list1) do           #  4 #
                 for j from 1 to nops(list2) do        #  5 #
                     if list1[i] = list2[j] then        #  6 #
                         list1[i] := NIL; break         #  7 #
                     end_if                             #  8 #
                 end_for                                #  9 #
             end_for;                                 # 10 #
             list1                                    # 11 #
             end_proc:                                # 12 #
```

```
>>debug(intersect_list([a,c,b],[b,a])):
```

```
mdx>c
```

```
Error: Invalid index [list]
```

```
Stop at line <6> in file <tutorial>.
```

In Zeile 6, also während der Evaluierung des booleschen Ausdrucks kommt es zu einem Laufzeitfehler. Es liegt ein ungültiger Zugriff auf eine der Listen vor, d.h. der Index i bzw. j ist kleiner als 1 oder grösser als die Elementanzahl von list1 bzw. list2. Mittels p (print) sehen wir uns nun die Werte der Indizes i und j an:

```
mdx>p "i, j"
```

```
i,j = 2, 2
```

```
mdx>p "list1, list2"
```

```
list1, list2 = [ c ], [ b, a ]
```

Der Zugriff `list1[2]` erzeugt also den Laufzeitfehler. Die Frage stellt sich nun, warum der Index i überhaupt mittels der for-Schleife auf 2 gesetzt wird, da doch `nops(list1)` 1 liefern sollte. Zur Überprüfung also

```
mdx>p "nops(list1)"

nops(list1) = 1
```

Um die einzelnen Evaluierungsschritte zu verfolgen, brechen wir die aktuelle Programmausführung mittels q (quit) ab und führen das Programm erneut aus. Allerdings verfolgen wir den Ablauf dann schrittweise.

```
mdx>q

>>debug(intersect_list([a,c,b],[b,a])):

mdx>s

Enter procedure <intersect_list>.
        args = [a, c, b], [b, a],
        proc depth = 1

Stop at line <4> in file <tutorial>.

mdx>s
Stop at line <5> in file <tutorial>.

mdx>s
Stop at line <6> in file <tutorial>.

mdx>s
Stop at line <6> in file <tutorial>.

mdx>s
Stop at line <7> in file <tutorial>.

mdx>s
Stop at line <5> in file <tutorial>.

mdx>s
Stop at line <6> in file <tutorial>.

mdx>s
Stop at line <7> in file <tutorial>.
```

```
mdx>s

Stop at line <6> in file <tutorial>.

mdx>s

Error: Invalid index [list]

Stop at line <6> in file <tutorial>.

mdx>
```

Sieht man sich die Zeilennummern genauer an, so fällt auf, daß Zeile 4, also der Kopf der äußeren for-Schleife, nur einmal ausgeführt wird, der Schleifenrumpf allerdings dreimal. Dies entspricht genau der internen Evaluierung der for-Schleife. Und genau hier liegt auch der Fehler im Programm intersect_list. Der Kopf, und insbesondere nops(list1) wird nur einmal evaluiert. Ändert sich der Wert von list1, bzw. die Anzahl der Elemente der Liste list1, so hat dies keine Auswirkung auf den Laufbereich der Schleife. Dieser bleibt unverändert. Da aber im obigen Beispiel die Liste list1 verkleinert wird, wenn ein Element in list1 und list2 enthalten ist, muß es zwangsläufig zu einem Index-Fehler kommen.

Das korrekte Programm sieht dann wie folgt aus:

```
intersect_list := proc(list1, list2)
          local i, j, offset;
      begin
        offset := 0;
        for i from 1 to nops(list1) do
           for j from 1 to nops(list2) do
              if list1[i-offset] = list2[j] then
                 list1[i-offset] := NIL;
                 offset := offset + 1;
                 break
              end_if
           end_for
        end_for;
        list1
      end_proc:
```

Anhand des zweiten Beispiels soll der Umgang mit den verschiedenen Befehlen des Debuggers erläutert werden. Hierzu wird die folgende Prozedur betrachtet:

```
mistake:= proc(n)                           #112#
        local a, b, c;                      #113#
      begin                                 #114#
       n;                                   #115#
       nops_own(sin(x));                    #116#
       c:=(12*n;float(PI)*n;144); #117#
       a:=last(2);                          #118#
       b:=last(3);                          #119#
       a*b                                  #120#
     end_proc:                              #121#
```

In der Prozedur wird das Argument nochmals evaluiert, sowie die Zahl der Operanden (inklusive des nullten Operanden) von sin(x) durch die selbstdefinierte Prozedur nops_own festgestellt. Danach wird eine recht sinnlose Anweisung ausgeführt, um dann, nachdem zweimal auf den vorletzten Operanden, also das Ergebnis des Aufrufes nops_own(sin(x)), zurückgegriffen wurde, diesen Operanden zu quadrieren. Das Ergebnis der Funktion mistake sollte daher immer, unabhängig vom Parameter n, den Wert 4 liefern. Die Werte der Variablen a und b sollten also immer 2 sein.

Erstaunlicherweise erhält man aber:

```
>>mistake(12);
```

```
20736
```

Irgendwo steckt also ein Fehler, der mit dem Debugger gefunden werden soll.

Man startet deshalb die Debug-Version von MuPAD. Dies geschieht entweder durch Aufruf von mupad -g auf UNIX-Ebene oder, zum Beispiel beim Macintosh, durch die entsprechende Wahl innerhalb des Debug-Menüs. Das dann erscheinende MuPAD-Fenster hat das übliche Aussehen. Der einzige Unterschied ist, daß beim Einlesen von Dateien zusätzliche Informationen gespeichert werden. MuPAD merkt sich nicht nur, aus welchen Dateien die Programme eingelesen wurden, sondern auch die Zeilennummern der einzelnen Programmschritte. Der Debugger arbeitet also zeilenorientiert, deshalb sollte man Prozeduren zeilenformatiert abspeichern. Man liest zur Fehlersuche nun die Datei "tutorial" ein, welche das fragliche Programm enthält:

```
>> read("tutorial"):
```

Durch den Debug-Befehl soll der Fehler aufgespürt werden:

```
>>debug(mistake(12));
```

```
mdx> s

Enter procedure <mistake>.
        args =
                                               12

        proc depth = 1

Stop at line <115> in file <tutorial>.

mdx> n

Stop at line <116> in file <tutorial>.

mdx> n

Stop at line <117> in file <tutorial>.

mdx> n

Stop at line <118> in file <tutorial>.

mdx> q

>>
```

MuPAD ist dabei in den Debug-Modus gewechselt, welcher durch die neue Form des Prompts mdx> kenntlich gemacht ist. Der Debugger gibt Informationen über die jeweilige Position in der abzuarbeitenden Datei zurück. Auf Eingabe von n (Kurzform für next) geht MuPAD jeweils eine Zeile weiter. Durch q (quit) kann man den Debug-Modus jederzeit verlassen und auf die MuPAD-Ebene zurückkehren. Der Befehl n bewirkt dabei, daß man jeweils zur nächsten Zeile des zu untersuchenden Programms geht. Die Zeilenstruktur anderer Prozeduren, die von diesem Programm aufgerufen werden, in diesem Fall nops_own, bleibt dabei unberücksichtigt. Will man auch diese zeilenweise abarbeiten lassen, so muß man stattdessen s (step) verwenden:

```
>>debug(mistake(12));
    .
    .
    .

Stop at line <115> in file <tutorial>.
```

```
mdx> s

Stop at line <116> in file <tutorial>.

mdx> s

Enter procedure <nops_own>
       from line <116> in file <tutorial>.
       args =
                                     sin( x )
       ,
       proc depth = 2

Stop at line <63> in file <tutorial>.

mdx> q
>>
```

Man bekommt dann auch Informationen über die aufgerufenen benutzerdefinierten Prozeduren.

Natürlich ist es bei großen Programmpaketen mühsam, diese zeilenweise durchzugehen. Man wird es vorziehen, Stopmarken zu setzen.

```
>> debug(mistake(12));

mdx> S "tutorial" 118

mdx>c

Stop at line <118> in file <tutorial>.

mdx>c

20736

Execution completed.
```

Mit c (continue) geht man dabei direkt zur nächsten Stopmarke, also hier zu der durch den Befehl S "tutorial" 118 in der 118-ten Zeile gesetzten Marke.

Bisher hat man durch diesen zeilenweisen Durchgang allerdings noch keine verwertbare Information für die Fehlersuche erhalten. Dafür muß man sich über den jeweiligen Wert der Variablen unterrichten lassen. Dies geschieht durch den Befehl D (Display), gefolgt von den Bezeichnern, deren Wert zu überprüfen ist.. Man kann dabei sowohl globale als auch lokale Variablen angeben:

```
>>debug(mistake(12));

mdx> c

Stop at line <118> in file <tutorial>.

mdx> D a c

a = a
c = c

mdx> c

Stop at line <119> in file <tutorial>.
a = 144
c = 144

mdx> n

Stop at line <120> in file <tutorial>.
a = 144
c = 144

mdx> n

Stop at line <121> in file <tutorial>.
a = 144
c = 144

mdx> n

20736

Execution completed.
```

Man sieht, daß nach einem Display-Befehl die Werte der entsprechenden Variablen bei jedem Stop ausgegeben werden.

Inzwischen hat man bemerkt, daß mit der last-Zuweisung an a irgend etwas nicht stimmt. Man will deshalb probieren, ob das Programm bei korrektem Wert von a richtig weiterarbeiten würde. Dazu soll der Wert von a während des Debug-Durchlaufs interaktiv verändert und mit dem neuen Wert weitergerechnet werden. Dafür gibt es den Execute-Befehl e:

```
>> debug(mistake(12));
```

```
mdx> c
```

```
Stop at line <118> in file <tutorial>.
```

```
mdx> n
```

```
Stop at line <119> in file <tutorial>.
```

```
mdx> e "a:=12; b:=12;"
```

```
12
12
```

```
1728
```

```
Execution completed.
```

In diesem Fall wurde a, wie auch b zu 12 gesetzt und dann weitergerechnet. Man beachte, daß die mit e eingegebenen MuPAD-Befehle in Anführungszeichen gesetzt werden müssen.

Leider hat diese Korrektur auch nicht den gewünschten Effekt. Es muß also auch noch etwas an der Zuweisung für b nicht in Ordnung sein. Es werden deshalb einige Verbesserungen in der Datei "tutorial" ausgeführt, und diese wird dann erneut eingelesen. Dabei bekommt man Warnungen, die anzeigen, welche Prozeduren und MuPAD-Daten überschrieben wurden:

```
>>read("tutorial"):
Warning: Overwrite definition of procedure <evalassign_1>, \
 line <3>, file <tutorial>.
New definition: line <3>, file <tutorial>
Warning: Overwrite definition of procedure <evalassign>,
 line <23>, file <tutorial>.
New definition: line <23>, file <tutorial>
Warning: Overwrite definition of procedure <fct>,
 line <42>, file <tutorial>.
 .
 .
```

Stopmarken kann man leicht mit C (Clear) wieder löschen:

```
>> debug(mistake(12));
```

```
mdx> C "tutorial" 118
```

```
mdx> c
```

```
20736
```

```
Execution completed.
```

Das nächste **continue** geht dann über diese Marke hinweg, ohne anzuhalten.

Was den gesuchten Fehler angeht, so versteht man zwar immer noch nicht, warum die Zuweisung nicht den gewünschten Effekt hatte, aber dies ist nur auf das noch nicht vollständige Verständnis von Anweisungssequenzen im Zusammenhang mit der Funktion **last** zurückzuführen.

Zum Verständnis der Fehlfunktion in der Prozedur **mistake** muß man wissen, daß der Wert einer Ausdruckssequenz, die aus Anweisungen besteht, zwar der Wert der letzten Anweisung ist,

```
>>bool((2; 4; 7)=7);
```

```
TRUE
```

daß aber die Funktion **last** trotzdem auf die davor ausgeführten Anweisungen zugreift:

```
>>(2; 3; 4);
```

```
4
```

```
>>print(%, %2, %3);
```

```
4, 3, 2
```

Der Einsatz des Debuggers lohnt sich für die Untersuchung einfacher Prozeduren nicht immer. Deshalb sei noch erwähnt, daß man kurze Prozeduren auch ganz gut mit einer Heraufsetzung der Ausgabetiefe analysieren kann. Dabei werden auch Zwischenergebnisse ausgedruckt:

```
>>PRINTLEVEL := 40:
```

```
>>mistake(12);
                                  12
                                  2
                                  2
                                  144
                                  3.769911184e1
```

```
               144
               c:=144
               a:=144
               b:=144
               20736
20736
```

Auch hier sieht man wieder, daß mit den Zuweisungen an a und b etwas nicht in Ordnung ist.

 Nutzer der MuPAD-Versionen 1.0 oder 1.1 seien noch auf einen systematischen Fehler des Debugger hingeweisen. Dieser besteht darin, daß durch das Anlegen zusätzlicher Informationen bei Prozeduren für diese neue Operanden generiert werden. Bei diesen Versionen sollte der Debugger deshalb nicht zur Untersuchung von Routinen, die Programmanipulation zur Aufgabe haben, benutzt werden. Dieser Fehler wird in einer künftigen Version beseitigt.

2.1.12   Underline-Funktionen und Funktionsumgebungen

MuPAD enthält eine Reihe von Operationen, auf die nicht mit einem Funktionsaufruf zugegriffen wird, zum Beispiel die Operationen *, + , ^, aber auch die Wirkung von **break** oder die **case**-Anweisung, um nur einige zu nennen, haben ein funktionales Äquivalent. Bei '+' konnte man schon sehen, daß dafür ein funktionales Äquivalent nämlich _plus existiert. Dies ist auch bei den anderen Operationen der Fall. Für alle Operationen gibt es interne Systemfunktionen, auf die man auch direkt zugreifen kann: die sogenannten Underline-Funktionen. Der Name rührt daher, daß ihre Funktionsnamen mit einem Underline (_) beginnen.

Einen Überblick über die existierenden Underline-Funktionen verschafft man sich leicht durch die Funktion **get_ufunc** aus der Datei "**tutorial**":

```
>>get_ufunc();
```

```
[_break, _seqbegin, _range, _not, _unequal, _less, _for_down,
_equal, _index, _if, _while, _concat, _for_in_par, _exprseq,
_next, _and, _for_in, _mult, _quit, _plus, _repeat, _seqgen,
_stmtseq, _procdef, _assign, _union, _case, _or, _intersect,
_mod, _minus, _leequal, _power, _for_par, _div, _parbegin,
_for]
```

Darunter befinden sich die Äquivalente für alle Programmkonstrukte, die im letzten Kapitel besprochen wurden, wie zum Beispiel die **for**-Schleifen, die Wirkung der Befehle **break**, **next**, die logischen Operationen **and** und **or** und so weiter.

Auf diese Funktionen kann man direkt zugreifen; zum Beispiel kann man statt a+b; auch _plus(a, b); eingeben, oder statt der Zuweisung A := 12; führt auch _assign(A, 12); zum selben Ergebnis:

```
>>_plus(a, b);
```

a+b

```
>>_assign(A, 12): A;
```

12

Das Entsprechende gilt auch für die diversen Programmkonstrukte. Wenn man zum Beispiel das funktionale Äquivalent der for-Anweisung

```
        for a from 2 to 8 do print(a) end_for;
```

herausbekommen will, dann analysiert man am besten mit op den durch Klammerung entstehenden algebraischen Ausdruck. Dessen vorzeitigen Evaluierung verhindert man durch hold:

```
>>op(hold((for a from 2 to 8 do print(a) end_for)), 0);
```

_for

```
>>op(hold((for a from 2 to 8 do print(a) end_for)));
```

a, 2, 8, NIL, print(a)

Die erste Ausgabe, _for, gibt den Namen des funktionalen Äquivalents, die zweite die darin einzusetzenden Operanden, hier a, 2, 8, NIL, print(a), wobei das NIL für die hier fehlende Angabe der Schrittweite steht. Man erhält dieselbe Wirkung wie bei der ursprünglichen for-Schleife, wenn man die Operanden in die Underline-Funktion _for einsetzt:

```
>>_for(a, 2, 8, NIL, print(a));
```

2
3
4
5
6
7
8

Von der Verwendung solcher Underline-Funktionen sei jedoch abgeraten, da sie nur ein zusätzliches Hilfsmittel für den erfahrenen MuPAD-Programmierer darstellen sollen. Im Gegensatz zur gewöhnlichen Behandlung von Operanden findet bei den durch Underline-Funktionen gegebenen funktionalen Äquivalenten nur eine eingeschränkte Überprüfung der Operanden statt:

```
>>12 := 24;
```

```
Syntax Error :   Unexpected Symbol
```

```
12 := 24;
   ^
```

```
>>_assign(12, 24);
```

Im ersten Fall kann MuPAD anhand der Syntax feststellen, daß hier keine vernünf-
tige Zuweisung vorliegen kann, im zweiten Fall ist eine derartige Überprüfung nicht
möglich, und die Eingabe hat offensichtlich keine Wirkung. Noch unangenehmer
wäre eine Aufruf von **_assign(A)**, also einer Zuweisung mit nur einem Argument;
ein Systemabsturz wäre die Folge gewesen.

Eine weitere Warnung ist angesichts der Tatsache angebracht, daß Manipulationen
der Underline-Funktionen das System bis zur Unkenntlichkeit entstellen können:

```
>>_plus := _power:
```

```
2+10;
```

```
>>1024
```

Nicht etwa, daß MuPAD hier das Addieren verlernt hat, sondern es hat, auf die
Anweisung _plus := _power; hin, die Operation der Addition durch die Potenzierung ersetzt. Diese Neudefinition von Systemfunktionen ist zwar gefährlich, stellt
aber für den erfahrenen und vorsichtigen Programmierer ein mächtiges Hilfsmittel
dar. Diese Umdefinition kann auch lokal erfolgen:

```
>>reset():
>>plus_localnew := proc(a, b)
                  local _plus;
              begin
                _plus := _mult;
                a+b
              end_proc;
```

```
>>plus_localnew(12, 12);
```

```
144
```

```
>>12+12;
```

```
24
```

Ein Vorteil der Verwendung von Underline-Funktionen liegt darin, daß man ein
außerordentlich effizientes Mittel hat, schnell einfache und kurze Programme zu
schreiben, zum Beispiel folgendes Programm zur Berechnung einer arithmetischen
Summe mit Anfangsglied start, Schrittweite step und insgesamt count Gliedern:

```
>>arithm_series := proc(start, stepp, count)
              local i;
          begin
            _plus(start+i*stepp $ i=0..(count-1))
          end_proc:
```

```
>>arithm_series(2, 3, 2);
```

7

2.1.13   Manipulation von Programmen

Die Tatsache, daß Prozeduren, wie alle anderen Daten auch, mit den Instrumenten
der Datenmanipulation behandelt werden können, spielt eine wichtige Rolle in der
Weiterentwicklung von MuPAD. In Zukunft werden Routinen zur Optimierung
und zur Parallelisierung von MuPAD-Code entwickelt werden, die in der MuPAD-
Programmiersprache geschrieben sein werden. Obwohl solche Optimierungsinstru-
mente bisher noch nicht zur Verfügung stehen, wollen wir die Möglichkeiten, die
mit MuPADs Fähigkeit zur Programmanipulation gegeben sind, kurz an einigen
Beispielen erläutern.

Man betrachte als Beispiel die Prozedur factorial, welche die Fakultät einer
natürlichen Zahl n berechnet:

```
factorial := proc(n)
          local i, p;
        begin
          p := 1;
          for i from 2 to n do p := p*i end_for
        end_proc:
```

```
>>factorial(80);
```

```
715694570462638022948115337231865321655846573420\
365752577109445058227039255480148842668944867280\
0814080000000000000000000000
```

Mit Hilfe von subsop ist es leicht möglich, daraus eine Prozedur zu erzeugen, die
nicht mehr das Produkt der Zahlen 1 bis n, sondern deren Summe berechnet.

```
>>sum := subsop(factorial, [4, 1, 2]=0, \
          [4, 2, 2]=1, [4, 2, 5, 2]=p+i);

proc(n)
  local i, p;
begin
  p := 0;
  for i from 1 to n do
    p := i+p
  end_for
end_proc

>> sum(500);

125250
```

Die Prozedur sum unterscheidet sich von factorial durch die Startwerte der for-Schleife und p := 0; sowie dem Bildungsgesetz; dieses waren die Operanden mit den Pfadnamen [4, 1, 2] und [4, 2, 5, 2], welche alle durch einen entsprechenden subsop-Aufruf verändert wurden.

Als Motivation für das nächste Beispiel diene die Beobachtung, daß man in einer Prozedur häufig eine Menge von lokalen Variablen verwendet, die dann nach einer Reihe von Verbesserungen nicht mehr alle benötigt werden; man kann diese Variablen, die ja unnötige Laufzeit kosten, löschen. Bei langen Programmen ist es aber gar nicht so leicht zu sehen, welche lokalen Variablen noch benötigt werden und welche nicht. Es soll deshalb einen Optimierungsbaustein geschrieben werden, der diese Löschung automatisch vornimmt. Diese Funktion, die auch in der Datei "tutorial" enthalten ist, wird purge_locals genannt:

```
purge_locals :=  proc(f)
                   local dummy, a, i;
                 begin
                   a := {};
                   for i in op(f, 2) do
                     if bool(subs(op(f,4), i=dummy)<>op(f,4)) then
                       a := {i, op(a)}
                     end_if
                   end_for;
                   subsop(f, 2=op(a))
                 end_proc:
```

Um die Prozedur purge_locals auch auf Programme die dummy als lokale Variable enthalten anwenden zu können, muß purge_locals noch erweitert werden. Definiert man nun eine Funktion,

```
>>function := proc(a)
              local i, G, DIGITS, LEVEL;
            begin
              i := a^2;
              DIGITS := 20;
              print(i)
            end_proc:
```

```
>>function(3.2);
```

```
1.02400000000e1
```

bei der man offensichtlich die lokalen Variablen G und LEVEL nicht braucht, dann kann man diese überflüssigen lokalen Variablen durch purge_locals leicht entfernen lassen:

```
>>function := purge_locals(function): function;
```

```
proc(a)
  local i, DIGITS;
begin
  i := a^2;
  DIGITS := 20;
  print(i)
end_proc
```

Dabei ist es offensichtlich gleichgültig, ob die zu entfernenden lokalen Variablen außerhalb der Prozedur function einen Wert zugewiesen bekommen haben oder nicht.

Um die Geschwindigkeit der case-Anweisung mit der einer if-Anweisung zu vergleichen, soll die Ausführungszeit einer 500-fachen case-Anweisung mit der entsprechenden 500-schleifigen if-Anweisung verglichen werden. Dazu betrachte man Programme der Art

```
>>CASE := proc ( a )
          begin
            case a
              of 0 do 0; break
              of 1 do 1; break
              of 2 do 2; break
              of 3 do 3; break
            end_case
          end_proc:
```

wo die Eingabe a, von 0 beginnend nacheinander mit einer um 1 erhöhten Zahl verglichen wird. Nur daß eben ein Programm mit 500 Vergleichen statt mit 3 Vergleichen geschrieben werden soll. Dieselbe Funktionalität kann man durch Verwendung der if-Abfrage erreichen:

```
>>IF := proc ( a )
      begin
        if a<=0 then
          0
        else
          if a<= 1 then
            1
          else
            if a<= 2 then
              2
            else
              AA
            end_if
          end_if
        end_if
      end_proc:
```

Das Schreiben dieser jeweils 500 Programmschleifen erfordert nun zweifellos etwas Geduld. Man kann dies aber erleichtern, indem MuPADs Fähigkeiten zur Programmanipulation ausgenutzt werden.

Ein entsprechendes Programm mit 500 case-Abfragen ist damit schnell geschrieben, etwa durch:

```
>> pp := proc(a)  begin AAA end_proc:
```

```
>> FF(a, subs(hold(LL, (LL; break)), LL=LL + k) $ k=0..500):
```

```
>> CASE := subs(pp, AAA=%):
```

```
>> CASE := subs(CASE, LL=0, FF=_case):
```

Dabei wurde davon ausgegangen, daß die Bezeichner AAA, LL, FF, a und pp nicht belegt sind. Mit dem ersten Befehl wurde eine Prozedur hergestellt, die als Prozedurrumpf den Platzhalter AAA enthielt. Danach wurde ein neuer Prozedurrumpf durch Verwendung eines noch unbelegten Funktionsaufrufes FF bereitgestellt. FF enthielt den Platzhalters LL, der 500-mal iterativ so ersetzt ersetzt wurde, daß für LL=0 seine Argumente denen der gesuchten case-Anweisung entsprachen. Anschließend wurde dieser neue Funktionsaufruf an Stelle des Platzhalters in die

Prozedur eingesetzt, danach wurde LL zu 0 gesetzt und die formale Funktion FF durch die Underline-Funktion _case ersetzt.

Probiert man dies für den Fall 3 an Stelle von 500 aus, dann hat die Prozedur case genau die oben angegebene Form. Das entsprechende if-Programm erhält man ganz ähnlich durch:

```
>> LL := NIL: FF := NIL:
```

```
>> IF := proc(a) begin FF(a<=LL, LL, AA) end_proc:
```

```
>> (IF := subs(IF, AA=FF(a<=LL + k, LL + k, AA))) $ k=1..500:
```

```
>> IF := subs(IF, LL=0, FF=_if):
```

Auch hier ist das obige Programm gerade durch den Aufruf von 500 statt 2 entstanden. Ein Zeitvergleich ergibt nun:

```
>> time(IF(501));
```

550

```
>>time(CASE(501));
```

283

Die case-Anweisung ist also doppelt so schnell.

2.1.14   Tips und Tricks

In diesem Kapitel werden beispielhaft mögliche Effizienzsteigerungen für MuPAD-Prozeduren vorgestellt. Die dabei vorgeschlagenen Verbesserungen ergeben mitunter enorme Laufzeiteinsparungen. Die Konstruktionen sind aber, da sie auf Interna der Datenstrukturen und der Evaluationsmechanismen von MuPAD basieren, manchmal nicht leicht zu verstehen. Dieses Kapitel wendet sich deshalb eher an den fortgeschrittenen Nutzer, der anspruchsvolle Probleme bearbeitet, deren Komplexität das System bis an seine Grenzen belastet, und der deshalb auf Effizienzverbesserungen dringend angewiesen ist, selbst wenn diese zu Lasten der Verständlichkeit der Programme gehen.

Dem Anfänger bei der MuPAD-Programmierung sei geraten, bei der Wahl zwischen Durchsichtigkeit einerseits und Laufzeitvorteilen andererseits, sich für die Durchsichtigkeit seiner Programme zu entscheiden. Mögliche Effizienzsteigerungen durch die in diesem Abschnitt vorgestellten Tricks werden allerdings in die MuPAD-Libraries eingebracht werden.

Wenn im folgenden Aussagen über Rechenzeiten gemacht werden, dann beziehen sich diese auf Zeiten, die mit `time` auf einem Macintosh IIfx gemessen wurden. Alle Prozeduren, die in diesem Abschnitt besprochen werden, sind in der Datei `"tutorial"` vorhanden.

Es soll mit einem einfachen Beispiel begonnen werden, der rekursiv definierten Prozedur zur Berechnung der n-ten Fibonacci-Zahl:

```
>>fib := proc(n)
      begin
        if n<2 then n else fib(n-1)+fib(n-2) end_if;
      end_proc:
```

Dieses Programm ist in seiner Einfachheit und Transparenz kaum zu übertreffen und wird deshalb auch bei anderen Computeralgebra-Systemen als Illustrationsbeispiel verwandt. Der Nachteil des dadurch gegebenen Berechnungsverfahrens besteht darin, daß `fib` sich schon bei zweistelligem `n` so oft selbst aufruft, daß die Laufzeit erheblich verlängert wird. Um dies zu sehen, baut man sich leicht einen Aufrufzähler ein, und stellt fest, daß `fib` bei $n = 4$ 3 Aufrufe zur Berechnung benötigt. Bei $n = 10$ sind es schon 177 und bei $n = 18$ gar 8361 Aufrufe, die durch die Rekursivität der Prozedur entstehen. Die Zahl der Aufrufe steigt offensichtlich exponentiell mit dem Argument, und dementsprechend langsam wird die Berechnung. Für den harmlosen Wert von `fib(18)` braucht man unerträgliche 8 Sekunden.

Hier schafft die Verwendung der Option `remember` Abhilfe:

```
>> fib_remember := proc(n)
                  option remember;
              begin
                if n<2 then n else fib_remember(n-1) \
                    +fib_remember(n-2) end_if;
              end_proc:
```

Diese Option sorgt dafür, daß einmal berechnete Werte gespeichert werden, auf die dann bei erneuten Aufrufen direkt zugegriffen werden kann. Dies reduziert die Zahl der notwendigen Aufrufe deutlich. Bei erstmaliger Berechnung `fib(18)` benötigt man nur noch 19 Aufrufe, und die Rechenzeit geht auf 83 Millisekunden zurück – immerhin eine Verbesserung um den Faktor 100. Beim zweiten Aufruf mit demselben Parameter ist die Rechenzeit nicht mehr meßbar; der `time`-Befehl gibt null Millisekunden an. Dies liegt daran, daß dann sofort auf die Remember-Tabelle zugegriffen werden kann. Auch diese Prozedur ist weit davon entfernt, optimal zu sein. Man braucht vor allem noch eine Vorsichtsmaßnahme gegen unsachgemäßen Aufruf. Ruft man zum Beispiel erstmalig `fib(1000)` auf, so führt dies bei kleineren Rechnern zu einem Systemabsturz. Dies liegt daran, daß der Stack überläuft, weil die Funktion sich 1000-mal selbst aufrufen muß, ehe sie zu den Anfangswerten 0 und 1 kommt.

Eine deutliche Verbesserung stellt aber die nachfolgende Prozedur dar, die sogar kürzer ist:

```
>>fib_fast := proc(n) local i ;
              begin 0; 1;
                for i from 1 to n-1 do eval(%1+%2) end_for
              end_proc:
```

Sie braucht genau 16 Millisekunden für die erstmalige Berechnung von `fib(18)`. Und `fib_fast(1000)`; wird nun mühelos in ungefähr 1.4 Sekunden berechnet. Es sei noch angemerkt, daß durch Einbeziehung eines anderen mathematischen Hintergrundes, etwa der Formel von Binet, auch diese Laufzeit für große Argumente noch erheblich gesteigert werden kann.

Wem die Syntax zur Erzeugung von Anweisungssequenzen zu kompliziert ist, der verschafft sich leicht eine Funktion zur Erzeugung von Anweisungssequenzen:

```
>>reset():
>>s_seq := proc(ex, range)
           local last;
           option hold;
          begin
           level(hold(_stmtseq)(op(args(),\
               3..nops(args())), eval(ex)$range), 2)
           end_proc:
```

Hier wird zuerst durch Deklaration von `last` als lokale Variable dafür gesorgt, daß die in den Argumenten übergebenen `last`'s nicht evaluiert werden. Sie werden dadurch als Befehle verstanden, die erst extern, also nach Beendigung der Arbeit von `s_seq` ausgewertet werden. Dadurch wird die Funktion `last` gewissermaßen mit einem `hold`-Attribut versehen. Das Kommando in der fünften Zeile dient im wesentlichen dazu, die entstehende Ausdruckssequenz in eine Anweisungssequenz zu verwandeln; der etwas kompliziert aussehende Aufruf ist erforderlich, weil man hier die Evaluation genau unter Kontrolle haben will. Die Voranstellung des dritten und weiterer Argumente hat mit der weiter unten beschriebenen Funktionalität zu tun.

Die Funktionalität dieser Funktion entspricht der des Underline-Äquivalents des Sequenzoperators, nur wird anstelle einer Ausdruckssequenz eine Anweisungssequenz erzeugt:

```
>>s_seq(i^2, i=1..5);
```

```
(1; 4; 9; 16; 25)
```

```
>>eval(%);
```

25

Man kann in **s_seq** auch weitere Argumente übergeben; diese erscheinen dann als Anfangsglieder der erzeugten Anweisungssequenz:

```
>>s_seq(i*5, i=1..5, 124, 125);
```

```
(124; 125; 5; 10; 15; 20; 25)
```

Man kann bei dieser Funktion im ersten Argument auch Ausdrücke übergeben, welche die Funktion **last** enthalten:

```
>>s_seq(%*5, i=1..4, 124, 125);
```

```
(124; 125; last(1)*5; last(1)*5; last(1)*5; last(1)*5)
```

```
>>eval(%);
```

78125

Dann muß aber sichergestellt sein, daß für das maximale Argument n der im ersten Parameter verwendeten **last**'s mindestens n zusätzliche Argumente übergeben werden. Man überlegt sich leicht, daß andernfalls ein Stacküberlauf die Folge sein muß. Berücksichtigt man diese Vorsichtsmaßnahme, so hat man in der Tat ein vorzügliches Werkzeug zur rekursiven Programmierung. Die (i+1)-te Fibonacci-Zahl erhält man zum Beispiel durch:

```
>>s_seq(%1+%2, i=1..5, 0, 1); eval(%);
```

```
(0; 1; last(1)+last(2); last(1)+last(2); last(1)+last(2); \
last(1)+last(2); last(1)+last(2))
```

8

Die daraus resultierende Berechnung ist zwar etwa 15% langsamer als das bisher beste Verfahren, hat aber den Vorteil, daß die Funktionalität der Prozedur etwas besser zu durchschauen ist.

Die Schnelligkeit der Ausführung von **fib_fast** liegt einerseits an der Effizienz des Sequenzoperators, andererseits an der Verwendung der Funktion **last**. Bei **last** findet nämlich keine Evaluation statt, was ja auch nicht nötig ist. Generell gilt, daß Evaluationen, Vereinfachungen und Expandierungen erheblich Laufzeit kosten.

Die Vermeidung dieser mitunter unnötigen Operationen bringt beachtliche Laufzeitvorteile. Zur Illustration seien zwei Prozeduren betrachtet, die durch Vergleich feststellen, wieviele Elemente zweier Listen übereinstimmen. Beim ersten Programm werden die Elemente der Listen verglichen:

```
>>compare := proc(A, B)
            local m, n, i, k, z;
        begin
          z:=0;
          m:=nops(A);
          n:=nops(B);
          for i from 1 to m do
            for k from 1 to n do
              if A[i]=B[k] then
                z:=z+1
              end_if
            end_for
          end_for;
          z
        end_proc:
```

```
>>compare([a, b], [a, g]);
```

1

Bei der zweiten Prozedur wird auf die Operanden der Listen direkt, ohne Indizierung, zugegriffen. Ausserdem wird eine mehrmalige Evaluierung mittels val unterdrückt.

```
compare2 := proc(A, B)
            local a, b, z;
        begin
          z := 0;
          for a in val(A) do
            for b in val(B) do
              if a = b then
                z := z + 1
              end_if
            end_for
          end_for;
          z
        end_proc:
```

```
>>compare2([a, b], [a, g]);
```

1

Führt man jetzt den Vergleich für zwei Listen mit je einhundert Elementen durch, so stellt man fest, daß das zweite Programm dreimal schneller ist:

```
>>M := [a.i $ i=1..100]: N := [b.k $ k=1..100]:
```

```
>>time(compare(M, N)); time(compare2(M, N));
```

76333
22733

Dies liegt daran, daß Listenelemente, wie auch Elemente von Ausdruckssequenzen beim Aufruf grundsätzlich evaluiert werden.

Wo immer möglich, sollte man die Funktion **last** statt eines Ausdrucks oder eines Bezeichners verwenden. Programme werden dadurch zwar nicht lesbarer, aber die Geschwindigkeitsvorteile sind beachtlich. Zur Illustration dieses Punktes wird in den beiden folgenden Prozeduren bei der Angabe eines Parameters n die Summe $\sum_{i=1}^{n} a \cdot x^i + b \cdot x^i$ für noch unbesetzte a und b bestimmt. Man betrachte zuerst die Summation per Zuweisung:

```
>> sum1 := proc(n)
            local i, S;
         begin
           for i from 1 to n do
             S:=S+a*x^i + b*x^i;
           end_for;
         end_proc:
```

Dieses Programm hat eine fünfmal längere Laufzeit wie die folgende Prozedur, bei der auf der rechten Seite der Zuweisung **last(1)** statt des Bezeichners **S** benutzt wird:

```
>> sum2 := proc(n)
            local i, S;
         begin
           0;
           for i from 1 to n do
             % + a*x^i + b*x^i;
           end_for;
         end_proc:
```

Der Grund für dieses erstaunliche Phänomen ist darin zu sehen, daß die Einträge der History-Tafel nicht erneut evaluiert werden müssen. Aber auch bei diesem Beispiel läßt sich durch Verwendung des Sequenzoperators und der entsprechenden Underline-Funktion eine nochmalige Verbesserung um einen Faktor 20 erzielen:

```
>> sum := proc(n)
        local i;
      begin
        a*x^i + b*x^i $ i = 1..n:
        _plus(%);
      end_proc:
```

Daß der Sequenzoperator, in Verbindung mit Underline-Funktionen, nicht immer zu dramatischen Einsparungen führt, sieht man am folgenden Beispiel eines Programms zur Berechnung von Binomialkoeffizienten. Programmiert man die Rekursionsformel mit einer for-Anweisung, so ergibt sich:

```
>>binom1 := proc(n, k) local bk;
        begin
          bk:=0;
          if k>n then bk;
          else  bk:=1;
            case k
            of 0 do bk:=1; break
            of 1 do bk:=n; break
            otherwise
              for i from 1 to k-1 do bk:=bk*(n-i)/i; end_for;
              bk:=bk*n/k;
            end_case;
          end_if;
          bk
        end_proc:
```

Das folgende Programm, bei dem die for-Anweisung durch Verwendung des Sequenzoperators vermieden wurde, ist kürzer und hat außerdem den Vorteil, daß es auch für beliebige reelle Zahlen n gültig ist:

```
>>binom2 := proc(n, k) local i;
        begin
          if k = 0 then return(1) end_if;
          if k>n div 2 then binom2(n, n-k) end_if;
          _mult(n+1-i$i=1..k);
          %/fact(k)
        end_proc:
```

Es führt aber nur zu Laufzeiteinsparungen von etwa zehn Prozent gegenüber dem ersten Programm. Der Grund für die geringe Verbesserung ist darin zu sehen, daß man es hier weitgehend mit Zahlen zu tun hat, die wenige Evaluierungen und nur wenige Vereinfachungen erfordern.

Es soll noch auf den Nutzen der Funktion `val` verwiesen werden. Es wird dazu eine Prozedur zur Berechnung von Taylor-Polynomen betrachtet. Das folgende Programm ist schon recht ausgefeilt und schlägt die entsprechenden Kernfunktionen mancher Computeralgebra-Systeme:

```
>>taylor := proc(f, eqn, n)
            local a, k, x;
          begin
            x := op(eqn, 1);
            a := op(eqn, 2);
            _plus(subs(f, eqn),
            subs(diff(f, x $ k ), eqn) / fact(k) \
                    * (x-a)^k $ k = 1..n)
          end_proc:

>>taylor(sin(x^2), x=0, 20);

x^2+x^6*(-1/6)+x^10*1/120+x^14*(-1/5040)+x^18*1/362880
```

Es wurden dabei fast alle der bisher besprochenen Tricks verwendet: wenige Zuweisungen, Verwendung des Sequenzoperators und der entsprechenden Underline-Funktion. Trotzdem wird die Prozedur vom folgenden Programm in bezug auf die Laufzeit im allgemeinen um den Faktor 3 geschlagen:

```
>>taylor_fast := proc(f, eqn, n) local x, y, a, i, xi;
              begin
                x := op(eqn, 1);
                y := op(eqn, 2);
                a:=f; xi:=NIL;
                (a:=diff(val(a), x)/i*xi) $ i=1..n;
                _plus(subs((f, level(%, 1)), [x=y, xi=x-y]));
              end_proc:

>>taylor_fast(sin(x^2), x=0, 20);

x^2+x^6*(-1/6)+x^10*1/120+x^14*(-1/5040)+x^18*1/362880
```

Dies liegt unter anderem daran, daß unnötige Auswertungen durch die Verwendung der Funktion `val` vermieden wurden.

Zum Ende dieser Laufzeitbetrachtungen sei noch darauf hingewiesen, daß MuPAD ein assoziatives Gedächtnis hat. Das heißt, daß alle Zwischenergebnisse bis zur nächsten Zuweisung gespeichert werden. Am besten sieht man den Effekt des assoziativen Gedächtnisses, wenn man zweimal hintereinander eine einfache, aber kostspielige Rechnung ausführen läßt:

```
>>time(fact(10000));
```

33183

```
>>time(fact(10000));
```

0

So schnell ist MuPAD nun wirklich nicht, es hat sich nur das Ergebnis der ersten Rechnung gemerkt. Schon aus diesem Grund sollte man keine unnötigen Zuweisungen vornehmen, weil damit die Daten, auf die das System besonders schnell zugreifen kann, gelöscht werden.

Wenn die Betrachtung der Underline-Funktionen schon erlaubte, tiefer in das Innere des System hineinzusehen, so kann man bei den sogenannten Funktionsumgebungen noch tiefer in die Interna von MuPAD hereinschauen. Alle Systemfunktionen, also auch die Underline-Funktionen sind intern als Funktionsumgebung realisiert. Diese erhält man durch Aufruf des Bezeichners für den Funktionsnamen:

```
>>_plus;
```

```
func_env(built_in(33, NIL, "_plus", NIL), \
         built_in(17, 12, "+", "_plus"))
```

```
>>op;
```

```
func_env(built_in(102, NIL, "op", NIL), \
         built_in(42, 0, NIL, "op"))
```

Eine solche Funktionsumgebung hat den Datentyp *CAT_FUNC_ENV*,

```
>>cattype(func_env(built_in(33, NIL, "_plus", NIL), \
                   built_in(17, 12, "+", "_plus")));
```

```
"CAT_FUNC_ENV"
```

und besitzt zwei Operanden,

```
>>op(func_env(built_in(33, NIL, "_plus", NIL), \
          built_in(17, 12, "+", "_plus")));
```

```
built_in ( 33, NIL, "_plus", NIL ), \
built_in ( 17, 12, "+", "_plus" )
```

vom Datentyp *CAT_EXEC*,

```
>>cattype( built_in ( 33, NIL, "_plus", NIL ));
```

```
"CAT_EXEC"
```

die ihrerseits je vier Operanden besitzen:

```
>>op( built_in ( 33, NIL, "_plus", NIL ));
```

```
33, NIL, "_plus", NIL
```

Der erste Exec-Knoten (Datentyp *CAT_EXEC*) ist für die Evaluierung des Funktionsaufrufs zuständig. Sein erster Operand ist die Nummer der für die Evaluierung zuständigen internen C-Routine, der zweite Operand, der häufig fehlt, kann eine weitere Evaluierungsroutine enthalten, der dritte gibt durch eine Zeichenkette den Namen der MuPAD-Prozedur an, und der vierte enthält, sofern vorhanden, die Remember-Tabelle der entsprechenden Systemfunktion. Fehlende Operanden werden durch ein NIL gekennzeichnet.

Beim zweiten EXEC-Knoten, der für die Ausgabe zuständig ist, gibt der erste Operand wieder die Nummer einer internen C-Routine an, der zweite kennzeichnet die Bindungspriorität, der dritte ein eventuell vorhandenes Operatorsymbol (als Zeichenkette), und als letzter Operand wird der Funktionsname angegeben.

 Man kann mit den Funktionsumgebungen, die gültige MuPAD-Daten sind, wieder wie üblich umgehen, insbesondere kann man sie zur Programmierung benutzen, wovon aber dem weniger erfahrenen MuPAD-Nutzer nur dringend abgeraten werden kann: Eine Vielzahl von Systemabstürzen ist die zwangsläufige Folge eines sorglosen oder unkorrekten Umgangs mit diesen MuPAD-Daten. Aber sofern man keine syntaktischen oder logischen Fehler macht, kann man mit den Funktionsumgebungen der Systemfunktionen genauso umgehen wie mit diesen selbst. Eine Addition der Zahlen 123 und 3454 unter Verwendung der Funktionsumgebung für _plus sieht dann so aus:

```
>>func_env(built_in(33, NIL, "_plus", NIL), \
          built_in(17, 12, "+", "_plus"))(123, 3454);
```

```
3577
```

Natürlich kann man die Operanden einer Funktionsumgebung auch verändern. Wen es zum Beispiel stört, daß die Glieder von Ausdruckssequenzen bei der Ausgabe mit Kommata und nicht mit dem Wort Trenner getrennt werden, der kann sich das schnell umdefinieren:

```
>>_exprseq := func_env(built_in(18, NIL, "_exprseq", NIL), \
                built_in(17, 2, " Trenner ", "_exprseq")):

>>(a, b, c, (d, k));


a Trenner b Trenner c Trenner d Trenner k
```

Wenn man jetzt noch bedenkt, daß man solche Vereinbarungen lokal vornehmen kann, so wird klar, welch mächtige, aber auch gefährliche Flexibilität in dieser Offenheit des MuPAD-Systems liegt.

In einer künftigen MuPAD-Version wird man statt der Nummerneinträge, die auf C-Funktionen verweisen, bei Funktionsumgebungen auch Namen von MuPAD-Prozeduren verwenden können. Es wird dann auch eine umfangreichere Dokumentation der Funktionsumgebungen zur Verfügung stehen.

Um abschließend zu demonstrieren, daß die Schaffung der Funktionsumgebungen keine wertlose Spielerei ist, sei noch ein überzeugendes, aber leider nicht ganz einfaches Beispiel gegeben.

Es soll ein Symbol, etwa &t, für ein nichtkommutatives Produkt in einer algebraischen Struktur bereitgestellt werden. Die Produktbildung soll automatisch die Vereinfachungen gemäß den Regeln der Assoziativität und der Distributivität vornehmen. Außerdem soll das Produktzeichen höhere Bindungspriorität als das Pluszeichen + haben. Außerdem sollen die Produkte auf dem Bildschirm in der Form A &t B erscheinen.

Die letzte Forderung erscheint besonders problematisch, da MuPAD außer den print-Funktionen und den beiden Environment-Variablen PRETTY_PRINT und -TEXTWIDTH keine Möglichkeit hat, die Ausgabe zu beeinflussen.

Bevor zur Realisierung geschritten wird, sollte noch erwähnt werden, daß MuPAD für binäre Operatoren eine besondere Schreibweise bereitstellt. Hat man nämlich eine Funktion F definiert, so ist es erlaubt a &F (g, k); zu schreiben, denn der MuPAD-Parser wandelt dies automatisch in den Funktionsaufruf F(a, g, k) um:

```
>>a &F (g, k);


F(a, g, k)
```

```
>>2 &_plus 23;
```

25

```
>>2 &_mult (23, 4, 6);
```

1104

Dies hilft noch nicht, denn MuPAD versteht diese Schreibweise zwar, gibt aber die Ausgabe nicht in dieser Schreibweise zurück.

Trotzdem ist das Problem lösbar, die entsprechenden Routinen werden in der Datei "tutorial" bereitgestellt. Bevor der Zusammenhang mit den soeben besprochenen Funktionsumgebungen erläutert wird, soll die Prozedur ausprobiert werden:

```
>>a &t h;
```

a &t h

```
>>a &t (h+pp);
```

a &t h+a &t pp

```
>>(a +hh) &t (h+pp);
```

a &t h+hh &t h+a &t pp+hh &t pp

```
>>(a +hh) &t (h+pp)  +kk;
```

kk+a &t h+hh &t h+a &t pp+hh &t pp

Man ist bei der Konstruktion dieser Prozedur folgendermaßen vorgegangen: Es wurde in einer Kopie der Funktionsumgebung von _exprseq, also der Funktionsumgebung für Ausdruckssequenzen, die Priorität heraufgesetzt, das Ausgabekomma in das Zeichen &t umdefiniert und außerdem der Funktionsname _exprseq in den einer Hilfsprozedur _schreib umgeändert. Diese Hilfsprozedur

```
_schreib:=func_env(built_in(18, NIL, "_schreib", NIL), \
        built_in(17, 15, " &t ", "_schreib")):
```

hat dann die gewünschte Ausgabeform und erfüllt außerdem das Assoziativgesetz, da dieses ja auch für Ausdruckssequenzen gilt (dort wurde diese Regel als „Ausgleichen" bezeichnet). Um nun nicht nur auf die Eingabe von _schreib, sondern auch bei Eingaben der Form a &t b die gewünschte Ausgabe zu erhalten, wurde dem Bezeichner t eine Prozedur zugewiesen,

```
t:= proc()
    local a, b, i;
  begin
    if args(0) > 2 then
      t(args(1), t(op(args(), 2..args(0))))
    else
      case args(0)
        of 1 do args(1);
               break
        of 2 do a:=args(1);
               b:= args(2);
               if testtype(a, "PLUS") then
                 _plus(t(op(a, i), b) $ i=1..nops(a))
               elif testtype(b, "PLUS") then
                 _plus(t(a, op(b, i)) $ i=1..nops(b))
               else
                 _schreib(a, b)
               end_if;
               break
      end_case;
    end_if
  end_proc:
```

welche die Vereinfachung nach dem Distributivgesetz vornimmt und danach das Ergebnis an die Hilfsprozedur _schreib übergibt.

2.1.15 Programmierbeispiele

In dieser Sektion sollen die in der Datei "tutorial" enthaltenen Programme vorgestellt werden. Manche dieser Programme sind recht kompliziert; mit diesen sollen in erster Linie erfahrene Nutzer angesprochen werden. Sofern an manchen Stellen die Funktionalität einzelner Programmschritte nicht verstanden werden kann, sei geraten, Probeläufe entweder mit dem Debugger oder mit einer heraufgesetzten PRINTLEVEL-Variablen vorzunehmen.

Als erstes Beispielprogramm soll die Prozedur eines Differenzierers betrachtet werden. MuPAD stellt zwar mit der Funktion diff einen internen Differenzierer zur Verfügung, trotzdem soll gezeigt werden, wie leicht ein solches Programm durch Verwendung der MuPAD-Programmiersprache zu schreiben ist.

Zuerst verschafft man sich eine kleine Hilfsprozedur, die einem den nullten Operanden des ersten Arguments liefert oder, falls dieser nicht existiert, dieses Argument unverändert zurückgibt:

```
>>owntype := proc()
            begin
              cattype(args(1));
              if bool(%="CAT_EXPR") then
                op(args(1), 0)
              else
                args(1)
              end_if
            end_proc:

>>owntype(a*b);

_mult

>>owntype(sin(x));

sin

>>owntype(b);

b
```

Nun ist der Differenzierer schnell geschrieben:

```
>>der := proc()
            local d, n;
            option remember;
          begin
            d:=owntype(args(1));
            case d
                of args(1) do
                  if args(1)=args(2) then 1 else 0 end_if;
                  break
                of hold(_mult) do
                  _plus(der(op(args(1), n), args(2))*\
                    subsop(args(1), n=1) $ n=1..nops(args(1)));
                  break
                of hold(_plus) do
                  _plus(der(op(args(1), n),\
                     args(2)) $ n=1..nops(args(1)));
                     break
                of hold(_power) do op(args(1), 1);
                  op(args(1), 2);
                  args(1)*ln(last(2))*der(last(1),\
```

```
                         args(2))+last(1)*der(last(2),\
                         args(2))*last(2)^(last(1)-1);
                  break
                otherwise
                  _par(d)(op(args(1)))*der(op(args(1), 1), args(2))
          end_case;
          eval(last(1))
      end_proc:
```

```
>>der(x^5, x);
```

```
x^4*5
```

```
>>der(x+x*64, x);
```

```
65
```

Beim Aufruf des Differenzierers sollen als erstes Argument der zu differenzierende
Ausdruck und als zweites Argument die Differentiationsvariable übergeben werden. Beim ersten **case**-Fall, der nur zum Tragen kommt, falls das erste Argument
ein Bezeichner ist, wird abgefragt, ob dieser Bezeichner mit der Differentiations-
variablen übereinstimmt, danach wird ein entsprechendes Ergebnis ausgegeben.
Beim zweiten, dritten und vierten **case**-Fall sind nacheinander die Produktregel,
die Summenregel sowie die Regel für die Ableitung von Potenzen implementiert.

Leider kann der Differenzierer aber noch keine der bekannten Funktionen ableiten:

```
>>der(sin(x), x);
```

```
_par(func_env(built_in(137, 148, "sin", NIL)\
,built_in(42, 0, NIL, "sin")))(x)
```

Dafür gibt er als Ergebnis sogar nur einen schwer verständlichen Ausdruck zurück.
Doch dafür ist im fünften **case**-Fall Sorge getragen. Man muß der dort verwendeten Funktion _par nur noch beibringen, was die Ableitung der Sinus-Funktion
ist,

```
>>_par(sin) := cos:
```

und schon ist die Ableitung von Ausdrücken, die Sinus-Funktionen enthalten, ein
Kinderspiel:

```
>>der(sin(x)*sin(x^(1/2)), x);
```

```
cos(x)*sin(x^(1/2))+x^(-1/2)*sin(x)*cos(x^(1/2))*1/2
```

Mit den anderen Funktionen des MuPAD-Kerns muß man ähnlich verfahren:

```
_par(sinh):=cosh:
_par(cos):=FUNC([x], -sin(x)):
_par(cosh):=sinh:
_par(tan):=FUNC([x], cos(x)^(-2) ):
_par(tanh):=FUNC([x], cosh(x)^(-2)):
_par(asin):=FUNC([x], (1-x^2)^(-1/2)):
_par(asinh):=FUNC([x], (1+x^2)^(-1/2)):
_par(acos):=FUNC([x], -(1-x^2)^(-1/2)):
_par(acosh):=FUNC([x], (x^2-1)^(-1/2)):
_par(atan):=FUNC([x], (1+x^2)^(-1)):
_par(atanh):=FUNC([x], (1-x^2)^(-1)):
_par(exp):=exp:
_par(sqrt):=FUNC([x], (2*(x))^(-1/2)):
_par(ln):=FUNC([x], (x)^(-1)):
```

Jetzt hat man einen vollwertigen Differenzierer:

```
>>der(x*sin(atanh(x+x^5))+x^2, x);

x*2+sin(atanh(x+x^5))+x*cos(atanh(x+x^5))*\
(x^4*5+1)/(-(x+x^5)^2+1)

>>der(%, x);

x^4*cos(atanh(x+x^5))/(-(x+x^5)^2+1)*20+\
cos(atanh(x+x^5))*(x^4*5+1)/(-(x+x^5)^2+1)*2-\
x*sin(atanh(x+x^5))*(x^4*5+1)^2*(-(x+x^5)^2+1)^\
(-2)+x*(x+x^5)*cos(atanh(x+x^5))*(x^4*5+1)^2*\
(-(x+x^5)^2+1)^(-2)*2+2
```

Es wurde nun schon mehrfach die Operation FUNC verwandt, die ja keine Funktion des MuPAD-Kerns ist. Diese nützliche Funktion soll als nächstes konstruiert werden. Zuerst soll deshalb eine Funktion geschrieben werden, die bei jedem Aufruf mit einem Argument der Art f(x), egal ob f besetzt oder unbesetzt ist, dem Bezeichner des nullten Operanden, hier also f, den Wert 1 zuweisen kann. Dies ist insofern ein schwieriges Problem, weil Zuweisungen der Art op(argument, 0):=1 nicht als Zuweisungen an den nullten Operanden verstanden werden, sondern als Zuweisungen an die Remember-Tabelle der Funktion op. Allgemeiner gefordert: Es soll eine Funktion geschrieben werden, die dem Ergebnis der Auswertung eines Arguments left mit der Substitutionstiefe depth einen beliebigen Wert right zuweisen kann:

```
>>evalassign_1 := proc(left, right, depth)
                local EVAL_STMT, stmt, s1, s2, newdepth;
                option hold;                              #a#
              begin
                if  args(0)<>3 then
                  error("needs three arguments")
                end_if;
                newdepth:=level(depth);                   #b#
                EVAL_STMT:=FALSE;                         #c#
                stmt:=(s1:=s2);
                if testtype(args(2), "CAT_NIL") then
                  stmt:=(subsop(stmt, \
                  1=level(left, newdepth+1), 2=NIL))       #d#
                else
                  stmt:=(subsop(stmt, \
                   1=level(left, newdepth+1), \
                   2=level(right)))                        #e#
                end_if;
                eval(%)
              end_proc:
```

In der Zeile **#a#** werden die Argumente eingefroren, um eine vorzeitige Evaluierung zu verhindern. In **#b#** wird das **hold** vom letzten Argument genommen. In **#c#** wird die Evaluation der nächsten Zeile verhindert, um die dort auftauchende Zuweisung als Substitutionsobjekt, gewissermaßen als Dummy-Zuweisung, zu erhalten. Vorher wurde deshalb **EVAL_STMT** als lokale Variable deklariert; damit nimmt sie nach Verlassen der Prozedur wieder ihren üblichen Wert an. In **#d#** und **#e#** wird unterschieden, ob ein **NIL** oder ein anderer Wert an den Bezeichner zugewiesen werden soll; danach richtet sich die notwendige Substitutionstiefe. In der Tat, **evalassign_1** hat die gewünschte Funktionalität:

```
>> f := NIL: evalassign_1(op(f(x), 0), 15, 1): f;
```

15

```
>> evalassign_1(f, NIL, 0): f;
```

f

Eine elgantere und kürzere Lösung ist die folgende:

```
>>evalassign := proc() option hold;
                begin
                  hold(_assign(NIL, NIL));
```

```
            if (args(3) = 0) then
              subsop(%, 1 = args(1), \
                  2 = eval(level(args(2))));
            else
              subsop(%, 1=eval(level(args(1), \
                  level(args(3)))), 2 = eval(level(args(2))));
            end_if;
            eval(%);
          end_proc:
```

Diese Lösung vermeidet das Verändern der Environment-Variablen EVAL_STMT.

Jetzt ist man aber in der Lage, diese Funktion zu benutzen, um die mehrfach verwendete Hilfsfunktion FUNC zu schreiben:

```
>> FUNC := proc(argu)
          local newargu, fct, dummy1, dummy2;
        option hold;
        begin
          if testtype(args(1), "EQUAL") then              #a#
            _exprseq(op(args(1)));
            newargu:=(op(args(1)), NIL, args(i)$i=2..args(0))
          else
            newargu:=args()                                #b#
          end_if;
          fct:=proc(dummy1)                                #c#
          begin
            dummy2
          end_proc;
          fct:=subsop(fct, 1=op(op(newargu, 1)), \
                    4=op(newargu, 2));
          fct:=level(fct);
          cattype(op(newargu, [1]));
          if bool(%="CAT_EXPR" or %="CAT_ARRAY") then      #d#
            op(newargu, [1, 0]);
            if testtype(level(last(1)), "CAT_FUNC_ENV") then #e#
              return("Please, do not redefine \
                    functional environments")
            else
              evalassign(op(newargu, [1, 0]), fct, 1);     #f#
            end_if
          else
            fct
          end_if
        end_proc:
```

Bevor die einzelnen Programmschritte erläutert werden, soll zuerst einmal die Funktionalität studiert werden. Man kann das Argument sowohl in Gleichungs-form wie in Form einer Ausdruckssequenz eingeben:

```
>> FUNC(f(x)=x^7): f;
```

```
proc(x) begin x^7 end_proc
```

```
>> FUNC(g(x), x^9): g;
```

```
proc(x) begin x^9 end_proc
```

Ist bei Übergabe in Ausdruckssequenzform der erste Ausdruck kein Funktionsauf-ruf, dann wird nur die dem zweiten Argument entsprechende Funktion ausgegeben:

```
>> FUNC(x, x^9);
```

```
proc(x) begin x^9 end_proc
```

In Zeile #a# wird abgefragt, ob das Argument eine Gleichung ist. Bei positiver Ant-wort wird die Eingabe in Sequenzform umgewandelt und dem Parameter newargu zugewiesen. Falls die Eingabe in Sequenzform vorliegt, dann werden in Zeile #b# die alten Argumente dem Parameter newargu unverändert zugewiesen. In Zeile #c# wird eine dummy-Prozedur angelegt, in welche nun nacheinander die Ope-randen, in die der Aufruf zerlegt wurde, eingesetzt werden. Dafür mußten vorher natürlich die Argumente mit einem hold an der Auswertung gehindert werden. In Zeile #f# wird nun das evalassign benutzt, um dem Funktionsnamen, der im allgemeinen als nullter Operand der linken Seite des Arguments extrahiert wurde, die neue Funktion zuzuweisen. Zusätzlich eingebaut wurde eine Barriere gegen das Überschreiben von Systemfunktionen.

Bei der Funktion get_ufunc, die benutzt wurde, um die Menge der Underline-Funktionen zu erfragen, wurde Gebrauch von der Konkatenation von Zeichenketten gemacht:

```
>> get_ufunc := proc() local i, ufunc;
            begin
              ufunc := [];
              for i in anames(0) do
                if strmatch(""·i, "_\*") then
                  ufunc := append(ufunc, i)
                end_if
              end_for:
              ufunc
            end_proc:
```

Man erfragt zuerst mit der Funktion **anames** die Menge der internen MuPAD-Funktionen. Diese Menge muß nun an der Auswertung gehindert werden, denn das würde nur zu einer unübersichtlichen Menge von Funktionsumgebungen führen. Zu diesem Zweck wandelt man die Elemente durch Konkatenation in Zeichenketten um, bei denen dann abgefragt wird, ob sie mit einem Underline beginnen. Wenn ja, so wird der entsprechende Bezeichner der Underline-Funktion einer vorher bereitgestellten Liste angehängt.

Die Funktion **_schreib** wurde schon kurz besprochen. In der Funktionsumgebung für Ausdruckssequenzen war die Priorität heraufgesetzt worden und das Ausgabekomma in ein neues Zeichen **&t** umdefiniert worden:

```
>>_schreib := func_env(built_in(18, NIL, "_schreib", NIL), \
        built_in(17, 15, " &t ", "_schreib")):
```

Alles dieses geschah durch direkte Manipulation der entsprechende Funktionsumgebung. Danach mußte dann eine Prozedur **t** bereitgestellt werden, die eine Interpretation der neuen Ausgabe des **_eprseq**-Derivats erlaubte:

```
>> t := proc()
        local a, b, i;
      begin
        if args(0) > 2 then
          t(args(1), t(op(args(), 2..args(0))))         #a#
        else
          case args(0)
            of 1 do args(1);                             #b#
                    break
            of 2 do a:=args(1);
                    b:= args(2);
                    if testtype(a, "PLUS") then          #c#
                      _plus(t(op(a, i), b) $ i=1..nops(a))
                    elif testtype(b, "PLUS") then        #d#
                      _plus(t(a, op(b, i)) $ i=1..nops(b))
                    else
                      _schreib(a, b)                     #e#
                    end_if;
                    break
          end_case;
        end_if
      end_proc:
```

Bei **#a#** wird zuerst abgefragt, ob es sich um mehr als zwei Argumente handelt; wenn ja, wird die Funktion rekursiv so angewandt, daß zuerst ein **t**-Aufruf mit nur zwei Argumenten vorliegt. Bei **#b#** wird sichergestellt, daß bei Vorliegen von nur

einem Argument dieses ungeändert zurückgegeben wird. Es verbleiben also nur
noch die Fälle, in denen zwei Argumente vorliegen. Jetzt prüft man nacheinander
in #c# und #d#, ob eines der beiden Argumente eine Summe ist; wenn ja, so wird
expandiert. Letztendlich wird in #d# dafür Sorge getragen, daß die Ausgabe durch
die vorher bereitgestellte Funktion `_schreib` erfolgt.

Kapitel 3

Sprachelemente und ihre Funktionalität

3.1   Einführung

Um die vielfältigen Aufgaben eines Computeralgebra-Systems erfüllen zu können, sind eine Vielzahl von einfachen und komplexen Datentypen, Operatoren und Anweisungen erforderlich. Wichtige elementare Datentypen sind die verschiedenen numerischen Datentypen wie Gleitkommazahlen, komplexe Zahlen, rationale Zahlen und ganze Zahlen beliebiger Länge sowie Bezeichner und Zeichenketten. Zudem sind indizierte Bezeichner erforderlich, die den Zugriff auf Tabellen, Felder, Listen und Ausdruckssequenzen ermöglichen. Ausdrücke müssen u.a. zur Steuerung von Anweisungsabläufen zu booleschen Werten evaluiert werden können. In diesem Zusammenhang sind die booleschen Konstanten TRUE und FALSE von Bedeutung. Weitere Konstanten stehen in Form der Werte E und PI bereit. Komplexere Datentypen erlauben das Zusammenfassen mehrerer Objekte zu einem neuen Objekt. Zu diesen Datentypen gehören u.a. Listen, Mengen, Tabellen und Felder.

Zur Verknüpfung der verschiedenen Datentypen sind eine Reihe von Operatoren implementiert. Dabei handelt es sich um logische und relationale Operatoren, Mengenoperatoren, die mathematischen Operatoren für die Grundrechenarten und die Exponentiation, den Sequenzoperator, den Bereichsoperator, den Konkatenationsoperator sowie die mathematischen Operatoren mod und div.

Die Menge der Anweisungen enthält unter anderem Schleifen und Strukturen zur Programmierung bedingter Verzweigungen. Zur Implementation paralleler Algorithmen stehen dem Benutzer entsprechende Programmkonstrukte zur Verfügung. Die Einführung von Prozedurdefinitionen ermöglicht das prozedurale Programmieren in MuPAD.

Eine Eingabe an das System besteht aus einer Anweisung oder einem Ausdruck und wird mit einem Semikolon oder Doppelpunkt abgeschlossen. Dabei führt die Benutzung eines Doppelpunktes zur Unterdrückung der Bildschirmausgabe des vom Evaluierer gelieferten Ergebnisses.

Mehrere Anweisungen können in einer Zeile eingegeben werden. Diese müssen dann jeweils wieder mit Semikolon oder Doppelpunkt voneinander getrennt werden. Außerdem können mehrere Zeilen zu einer Eingabe zusammengefaßt werden, so daß sich z.B. Zahlen, Bezeichner oder Zeichenketten über mehrere Zeilen erstrecken dürfen. Das Zeilenende muß dabei mit einem Backslash maskiert werden. Die Eingabe wird erst dann als vollständig angesehen, wenn sie durch ein Semikolon oder einen Doppelpunkt abgeschlossen wird.

Die eingegebenen Anweisungen werden in der Reihenfolge ihrer Eingabe eingelesen und ausgeführt. Eine einzelne Eingabe kann entweder aus einer Anweisung der Programmiersprache oder aus einem einfachen Ausdruck bestehen.
Im ersten Fall wird die Anweisung vom System ausgeführt, im zweiten Fall der Ausdruck evaluiert und das Ergebnis der Auswertung ausgegeben.
Bei der Eingabe werden alle Zeichen, die durch Rauten eingeschlossen sind, vom System ignoriert. Auf diese Weise können Programme kommentiert werden. Kommentare dürfen sich über mehrere Zeilen erstrecken.

Während MuPAD eine Berechnung durchführt, kann diese auf UNIX-Systemen mit <Ctrl-C> abgebrochen werden. Wird dagegen <Ctrl-C> eingegeben, wenn keine Berechnung stattfindet und MuPAD auf eine Eingabe wartet, so wird dieses ignoriert.

3.1.1   Interaktive Eingaben

Um die Eingabe von Betriebssystem-Befehlen sowie Aufrufe der Online-Dokumentation auf der interaktiven Ebene zu vereinfachen, stehen besondere sprachliche Konstrukte zur Verfügung, die ausschließlich interaktiv verwendet werden können. Diese Befehle werden jeweils durch ein spezielles Sonderzeichen eingeleitet, gefolgt von dem jeweiligen Parameter des Aufrufes. Der Rest der jeweiligen Eingabezeile darf keine weiteren Eingaben enthalten.
Für den Aufruf der Online-Dokumentation ist die Eingabe eines Fragezeichens erforderlich, dem ein Bezeichner folgen muß. Dieser Bezeichner wird nicht evaluiert. Stehen zu dem angegebenen Bezeichner Informationen zur Verfügung, so werden diese entweder durch das Informationssystem oder, falls dieses nicht zur Verfügung steht, in Form eines ASCII-Textes ausgegeben.
Befehle an das Betriebssystem beginnen mit einem Ausrufungszeichen. Diesem folgt der eigentliche Befehl.

Beispiel 1 *Die Eingaben*

```
!ls -al
```

und

```
?diff
```

listen unter UNIX den Inhalt des aktuellen Verzeichnisses auf bzw. veranlassen die Ausgabe einer Help-Datei zur Systemfunktion `diff`.

Zusätzlich stehen die Systemfunktionen `system` bzw. `help` zur Verfügung, um Betriebssystembefehle abzusetzen oder die Online-Dokumentation aufzurufen. Diese können selbstverständlich auch innerhalb von komplexeren Ausdrücken und Prozeduren verwendet werden. Sie erwarten als Argument den entsprechenden Betriebssystembefehl bzw. den Bezeichner, zu dem Informationen benötigt werden, in Form eines Strings.

Um innerhalb von MuPAD-Programmen eine Kommunikation mit dem Benutzer zu realisieren, können die Funktionen `input` und `textinput` genutzt werden. Diese Funktionen erlauben es, Text in Form von Strings auf dem Bildschirm auszugeben und erwarten eine oder mehrere Benutzereingaben, die dann innerhalb des Funktionsaufrufes spezifizierten Bezeichnern zugewiesen werden. Diese Eingaben werden je nach Funktion als Ausdruck bzw. als String interpretiert.

3.1.2 Der History-Mechanismus

Das System verfügt über einen internen *History-Mechanismus*, mit dessen Hilfe Ergebnisse gespeichert und wieder abgerufen werden können. Jedes vom Evaluierer berechnete Ergebnis wird hierzu gespeichert und kann mit Hilfe der Systemfunktion `last` angesprochen werden. Hierbei liefert `last(1)` das zuletzt berechnete Ergebnis und allgemein `last(i)` das i-t letzte Resultat. Das Ergebnis wird hierbei nicht noch einmal evaluiert.
Eine kürzere Schreibweise ist mit Hilfe des Prozentzeichens möglich, dem eine positive ganze Zahl folgen muß. So kann durch `%2` auf das vorletzte Ergebnis verwiesen werden. Auch Anweisungen tragen Werte in den History-Mechanismus ein. Eine ausführliche Beschreibung der Vorgehensweise beim Eintrag von Werten befindet sich in Abschnitt 3.10.

3.1.3 System-Initialisierung

Um die Initialisierung des Systems zu beeinflussen, stehen unter UNIX zwei Dateien zur Verfügung, die den Zustand nach dem Systemstart beschreiben. Zunächst wird das File `.mupadsysinit` eingelesen; in ihm befinden sich Anweisungen zum Setzen des Library-Suchpfades `LIB_PATH` und des Pfades zum Einlesen von Dateien `READ_PATH`. Außerdem können an dieser Stelle häufig benutzte Bibliotheksfunktionen mit Hilfe von `loadproc` oder `loadlib` geladen werden. Das File befindet sich standardmäßig im selben Verzeichnis wie MuPAD.
Jeder Benutzer hat die Möglichkeit, durch die Benutzung des `.mupadinit`-Files weitere Voreinstellungen vorzunehmen. Dieses wird als zweites File vom System gelesen und sollte sich, wenn nicht anders angegeben, in Home-Directory des Benutzers befinden. Der genaue Ort dieser beiden Initialisierungsdateien kann durch

Optionen beim Aufruf von MuPAD spezifiziert werden. Weitere Einzelheiten finden sich auf der Manualseite zu MuPAD.

3.1.4 Sprachelemente

Die gültigen Ausdrücke und Anweisungen der Sprache werden aus Bezeichnern, numerischen Konstanten, Schlüsselwörtern und Sonderzeichen gebildet.

Zur Bildung dieser Grundbausteine akzeptiert MuPAD folgende Zeichen:

- die 26 Kleinbuchstaben a bis z

- die 26 Großbuchstaben A bis Z

- die 10 Ziffern 0, 1, 2, 3, 4, 5, 6, 7, 8, 9

- die Sonderzeichen
  ```
  % ; , / _ . ^ + - * $ # ( ) { } [ ] < > = :  & '' ! ? \ %
  ```

Folgende Wörter sind Schlüsselwörter der Sprache und können deshalb nicht als Bezeichner verwendet werden:

```
and        begin      break        case        div         do
downto     elif       else         end_case    end_for     end_if
end_par    end_proc   end_repeat   end_seq     end_while    FALSE
for        from       I            if          in          intersect
local      minus      mod          next        NIL         not
of         option     or           otherwise   parallel    parbegin
private    proc       quit         repeat      seqbegin    step
then       to         TRUE         union       until       while
```

3.2 Evaluierung

Unter *Evaluierung* wird in MuPAD die Auswertung eines Ausdruckes sowie die Ausführung einer Anweisung verstanden. Dieser Vorgang wird vom Interpreter des Systems durchgeführt. Im folgenden Abschnitt sollen einige Konzepte und Methoden zur Beeinflussung der Evaluierung vorgestellt werden. Hierzu ist es selbstverständlich notwendig, sich einen Überblick über die internen Mechanismen der Evaluierung zu verschaffen.

3.2.1 Ausdrücke

Ein Ausdruck ist allgemein ein algebraisches Objekt, das durch den Evaluierer verarbeitet werden kann. Ausdrücke werden in MuPAD mit Hilfe von n-ären Bäumen dargestellt. Die Blätter dieser Bäume werden durch elementare Ausdrücke gebildet, hierbei handelt es sich um Bezeichner, Strings, boolesche Konstanten sowie Zahlen. Bezeichner besitzen die besondere Eigenschaft, daß ihnen Werte zugeordnet werden können. Solche Zuordnungen werden vom Benutzer i.a. durch die Verwendung von Zuweisungen durchgeführt. Eine wichtige Aufgabe der Evaluierung ist es, Bezeichner durch die ihnen zugeordneten Werte zu ersetzen. Dieser Vorgang wird als Substitution bezeichnet. Die inneren Knoten eines Ausdrucksbaumes stellen Funktionsaufrufe oder aber komplexere Datenstrukturen wie Listen, Mengen oder Tabellen dar. Sie dienen zur Verknüpfung von (elementaren) Ausdrücken, mit deren Hilfe neue Ausdrücke gebildet werden.

3.2.2 Evaluierung von Ausdrücken

Im Verlauf der Evaluierung eines MuPAD-Ausdruckes wird dieser von einem Baum in einen anderen überführt. Dieser Prozeß erfolgt rekursiv. Zunächst werden die Söhne eines Knotens evaluiert. Liegt das Ergebnis dieser Evaluierung vor, wird unter Berücksichtigung der Ergebnisse der gesamte Knoten ausgewertet. Die Evaluierung ist dabei abhängig von der konkreten Form des Knotens. Mit Ausnahme von Bezeichnern werden die Blätter eines Ausdrucksbaumes i.a. nicht verändert. Letztere werden gegebenenfalls lediglich durch die bereits beschriebene Substitution ersetzt. Mit Ausnahme von einigen besonderen Objekten wie Listen, Feldern, Tabellen oder Mengen werden innere Knoten als Funktionsaufrufe interpretiert. Bei diesen wird zunächst der erste Sohn, der als nullter Operand verstanden wird, evaluiert. Das Ergebnis spezifiziert i.a. die dargestellte Funktion und liefert weitere Informationen zu ihrer Auswertung.

Mit Hilfe dieser Angaben kann nun die vollständige Evaluierung des Knotens vorgenommen werden. Diese wird bei Ausdrücken normalerweise mit der vollständigen Evaluierung aller Söhne beginnen. Hierbei wird gleichzeitig überprüft, ob die jeweiligen Typen der Operanden für die entsprechende Funktion zulässig sind. Anschließend wird mit der Verarbeitung der Operanden und der Bildung einer

Normalform fortgefahren. Diese Verarbeitung kann z.B. bei der Evaluierung einer Summe aus der Addition der numerischen Konstanten bestehen. Die Normalform wird hier gebildet, indem die Operanden sortiert und gleiche Terme zusammengefaßt werden. Im Zuge der Evaluierung aller Söhne findet in vielen Fällen der in Abschnitt 3.3.9 beschriebene Vorgang des Ausgleichens statt.

Die Sortierung der Operanden beruht auf einer internen Ordnung der Ausdrücke, die i.a. nicht mit der lexikographischen Ordnung übereinstimmt. Hiervon abweichend werden Zahlen bei der Sortierung von Summen und Produkten an das Ende des Ausdrucks verschoben und hier addiert bzw. multipliziert.

Beispiel 2 *Der Ausdruck*

        a+1+2+c+4+b+3+a;

wird zu

        a*2+b+c+10

vereinfacht. Hierbei werden die zunächst 8 Operanden als erstes sortiert. Die Sortierung ermöglicht dann ein schnelles Zusammenfassen der numerischen Werte. Auch kann nun leicht festgestellt werden, daß der Operand a *zweimal auftritt. Diese beiden Operanden werden dann zu einem Operanden der Form* a*2 *zusammengefaßt.*

Der hier beschriebene Mechanismus wird bei einer Vielzahl von Funktionen bzw. Datentypen angewendet. Bei einigen Funktionen findet sich jedoch auch eine andere Vorgehensweise, bei der entweder keine oder nur einige Parameter evaluiert werden.

Liefert die Evaluierung des ersten Sohnes eines Funktionsaufrufes einen Bezeichner, so handelt es sich um einen formalen Funktionsaufruf; die Evaluierung besteht nun aus der Auswertung der verbleibenden Söhne und der Rückgabe des Objektes, nachdem jeder Sohn durch seinen Wert ersetzt worden ist.

Beispiel 3 *Der Funktionsaufruf*

        f(a, 1+b, c+c);

bezieht sich auf eine unbekannte Funktion f. *Nach der Evaluierung der Parameter wird deshalb der Ausdruck*

        f(a, b+1, c*2)

zurückgegeben.

Ergibt die Evaluierung des ersten Sohnes eine Prozedurdefinition, so handelt es sich um den Aufruf einer benutzerdefinierten Prozedur. Diese wird mit den innerhalb des Funktionsaufrufes angegebenen Parametern ausgeführt (vergleiche Abschnitt 3.6).

3.2.3   Evaluierung von Anweisungen

Anweisungen werden innerhalb des Kernes ebenso wie Ausdrücke durch System-funktionen dargestellt. Dies wird in Abschnitt 3.8 eingehend erläutert. Im Ge-gensatz zu gewöhnlichen Operatoren werden hier jedoch zunächst nicht alle Söhne evaluiert. So macht es i.a. keinen Sinn vor der Zuweisung an einen Bezeichner, diesen zunächst zu evaluieren. Vielmehr muß in diesem Fall lediglich der dritte Sohn, der den zuzuweisenden Wert repräsentiert, evaluiert werden.
Im Verlauf der Ausführung einer Anweisung werden gezielt einige Söhne, im Falle von Schleifen auch mehrmals, evaluiert. Andere Söhne bleiben vollständig uneva-luiert, wie z.B. der else-Teil einer if-Anweisung, bei der der then-Teil durchlaufen wird.
Das bei Ausdrücken nahezu immer ausgeführte Ausgleichen der Söhne bzw. Ope-randen entfällt bei Anweisungen vollständig.

3.2.4   Steuerung der Substitution

Einen wichtigen Parameter bei der Evaluierung von Ausdrücken stellt die *Sub-stitutionstiefe* dar. Diese ist wie folgt definiert: Betrachtet man den ursprüng-lichen Ausdruck vor der Evaluierung, so beträgt die Substitutionstiefe 0. Wird nun während der Evaluierung ein Bezeichner durch den ihm zugeordneten Wert ersetzt, so wird die Substitutionstiefe um 1 erhöht und der Wert des Bezeichners mit dieser neuen Substitutionstiefe erneut evaluiert. Nach der vollständigen Eva-luierung dieses Wertes wird die alte Substitutionstiefe wieder angenommen.
Die Substitutionstiefe gibt also die Rekursionstiefe der Evaluierung von Bezeich-nern an. Die Evaluierung kann hierbei durch die Vorgabe der *maximalen Substitu-tionstiefe* gesteuert werden. Ist die maximale Substitutionstiefe erreicht, so bleibt der Bezeichner unevaluiert stehen.
Interaktiv eingegebene Ausdrücke werden vollständig substituiert, wobei vollstän-dig heißen soll, daß der Benutzer die maximale Substitutionstiefe mit Hilfe der Environment-Variablen LEVEL vorgeben kann.

Beispiel 4 *Nach der Ausführung der Zuweisungen*

```
a := b;   b := c;   c := 13;
```

wird die Variable a bei interaktiver Eingabe zu 13 evaluiert. Die Evaluierung hat hierbei die Substitutionstiefe 3 erreicht.

Innerhalb von Prozeduren (vergleiche Abschnitt 3.6) beträgt die Substitutionstiefe 1, um Seiteneffekte bei der Evaluierung, die durch lokale Variable und Prozedur-parameter entstehen können, zu vermeiden. So können Bezeichner, die innerhalb eines Ausdruckes ungebunden auftreten, in einem anderen Kontext plötzlich einen Wert besitzen. Dies würde bei einer tieferen Substitution zu Fehlern führen.

Um die Substitutionstiefe kurzfristig für die Evaluierung eines einzelnen Ausdruckes zu verändern, steht die Funktion `level` zur Verfügung. Die Funktion ist hierzu mit zwei Parametern aufzurufen, von denen der erste den zu evaluierenden Ausdruck und der zweite die hierbei zu verwendende Substitutionstiefe spezifiziert. Die Benutzung von `level` entspricht einer temporären Veränderung der Environment-Variablen `LEVEL`. Fehlt der zweite Parameter, so wird mit maximaler Substitutionstiefe ($2^{31} - 1$) gearbeitet.

Beispiel 5 *Auf interaktiver Ebene wird nach den Anweisungen*

```
a := b;  b := c;  c := 3;
```

der Ausdruck

```
level(a, 1);
```

zu b *und der Ausdruck*

```
level(a, 2);
```

zu c *evaluiert.*

In Verbindung mit der Substitution ist auch die Environment-Variable `MAXLEVEL` von Bedeutung, die zur Erkennung von rekursiven Definitionen innerhalb des Systems dient. So wird vom System davon ausgegangen, daß beim Erreichen einer Substitutionstiefe von `MAXLEVEL` eine rekursive Definition vorliegt. Durch Veränderung dieser Variablen kann der Benutzer auf die Erkennung von Rekursionen Einfluß nehmen. Selbstverständlich muß das Erreichen einer entsprechenden Evaluierungstiefe nicht in allen Fällen hierauf beruhen, i.a. wird dies jedoch der Fall sein. Der Wert von `MAXLEVEL` sollte in jedem Fall kleiner oder gleich der maximalen Substitutionstiefe `LEVEL` sein, da die angegebene Tiefe (außer bei der Verwendung der Systemfunktion `level`) anderenfalls nicht erreicht werden kann.

Beispiel 6 *Die Gleichung*

```
x := x+1;
```

stellt, wenn x *unbesetzt ist, eine rekursive Definition dar. Daher führt die Evaluierung des Datums* x *nach 100 Substitutionen zu dem Laufzeitfehler:*

```
Error: Recursive Definition
```

Durch die Schleife

```
for i from 1 to 100 do a.i := a.(i+1) end_for;
```

werden 100 Zuweisungen erzeugt, die bei der vollständigen Substitution des Be-
zeichners a1 *zu einer Substitutionstiefe von 101 führen. Daher liefert die Eingabe*
von

```
level(a1);
```

nur dann keinen Laufzeitfehler, wenn der Wert von MAXLEVEL *größer als 101 ist.*

Die Substitutionstiefe hat ebenfalls Auswirkungen auf die Evaluierung von Operatoren und Anweisungen. Wie bereits erwähnt, werden diese funktional dargestellt;
der Name einer solchen (Underline-) Funktion muß zum Zweck der Ausführung zu
einer Funktionsumgebung (vergleiche Abschnitt 3.3.14) evaluiert werden. Diese
Substitution wird daher auch durch die vom Benutzer spezifizierte Substitutionstiefe beeinflußt.

Beispiel 7 *Nach den folgenden Zuweisungen*

```
LEVEL := 1;
f := hold(_plus);
a:=1;
b:=2;
```

liefert der Aufruf f(a, b); *das Ergebnis:*

```
1+2
```

Aufgrund der Substitutionstiefe 1 sind zwar die Operanden des Funktionsaufrufes
vollständig evaluiert worden, der Funktionsname konnte jedoch nur bis zu dem
Bezeichner _plus *substituiert werden, so daß die Ausführung der Addition nicht*
möglich war. Die Systemfunktion hold *verhindert die Evaluierung des Bezeichners*
_plus, so daß der Variablen f *wirklich der Bezeichner* _plus *und nicht dessen*
Wert zugewiesen wird (vergleiche hierzu auch die Abschnitte 3.3.14 und 3.2.5).

3.2.5   Beeinflussung der Evaluierung

Zur Beeinflussung der Evaluierung eines Datums durch den Benutzer stehen weitere Funktionen zur Verfügung.
Zur vollständigen Verhinderung der Evaluierung dient die Funktion hold. Diese
kann einen beliebigen Ausdruck als Parameter erhalten und gibt diesen ohne jegliche Evaluierung, d.h. ohne Substitution, Ausführung oder Vereinfachung zurück.

Beispiel 8 *Die Funktion* hold *verhindert die Evaluierung sowohl bei Ausdrücken*
wie auch bei Anweisungen. So liefern die Ausdrücke

```
hold(1+2+a);   hold((a := b));
```

die Werte 1+2+a *und* a := b, *ohne dabei die Zuweisung auszuführen. (Anweisungen innerhalb von Ausdrücken müssen zusätzlich geklammert werden, vergleiche hierzu Abschnitt 3.5.10.)*

Desweiteren steht die Funktion `val` zur Verfügung. Diese Funktion kombiniert eine einstufige Substitution mit den Eigenschaften der Funktion `hold`. Innerhalb des Argumentes der Funktion `val` werden zunächst alle Variablen durch den ihnen zugewiesenen Wert ersetzt, dieser wird dann jedoch nicht nochmals selbst evaluiert. Anschließend wird der so erhaltene Ausdruck, ohne ihn weiter auszuführen oder zu vereinfachen, zurückgegeben.

Beispiel 9 *Nach den Zuweisungen*

```
a := b:  b := 3:
```

wird der Ausdruck

```
val(a+3+0);
```

zu b+3+0 *evaluiert.*

Das Ergebnis eines Aufrufes von `val` befindet sich i.a. nicht in Normalform. Daher können z.B. beim Vergleichen mit anderen Objekten Fehler auftreten.

Die wichtigste Anwendung von `val` ist der schnelle, direkte Zugriff auf den Wert einer Variablen, ohne daß eine zeitaufwendige Evaluierung des Wertes erfolgt. Sie kann immer dann eingesetzt werden, wenn aufgrund der konkreten Situation keine Evaluierung erforderlich ist, z.B. wenn diese zu einem späteren Zeitpunkt sowieso erfolgt.

Eine dritte Möglichkeit, die Evaluierung eines Datums zu beeinflussen, stellt die Funktion `eval` dar. Hierbei handelt es sich um eine Systemfunktion, die im Falle einiger spezieller Funktionen deren Ergebnis nochmals evaluiert. Hierbei handelt es sich um Funktionen, die ein auf gewisse Weise unevaluiertes Ergebnis liefern. Die zusätzliche Evaluierung erfolgt mit der aktuellen Substitutionstiefe. Im einzelnen handelt es sich um die Funktionen

`args`, `hold`, `input`, `finput`, `last` und `text2expr`.

Die Evaluierung aller anderen Datentypen bleibt durch die Funktion `eval` unberührt. Durch `eval` wird also nicht, wie man annehmen könnte, nach einer Evaluierung der Parameter das Resultat nochmals evaluiert, vielmehr wird bereits die Evaluierung dieser Parameter beeinflußt. Insbesondere hat `eval` keine Wirkung auf die Ergebnisse von Aufrufen benutzerdefinierter Funktionen, da hier das Ergebnis innerhalb des Kontextes der Prozedur berechnet, d.h. evaluiert wird. Die Wirkungsweise der Funktion `eval` soll im folgenden an Hand der Funktion `last` exemplarisch erläutert werden:

Beispiel 10 *Die Funktion* last *liefert das Ergebnis einer vorangegangenen Eva-luierung, ohne dieses erneut zu evaluieren (vergleiche hierzu Abschnitt 3.1.2). Durch die Benutzung von* eval *wird das Ergebnis des* last-*Aufrufes jedoch eva-luiert. Nach den Zuweisungen*

```
a := b:  b := c:  c := d:
```

liefert der Ausdruck last(2); *den Wert* c. *Der Ausdruck*

```
eval(last(2));
```

liefert hingegen den Wert d. *Hierbei ist die Variable* c *als Wert des* last-*Aufrufes nochmals evaluiert worden.*

Es ist zu beachten, daß die Funktion eval tatsächlich nur auf die oben beschrie-benen Funktionen wirkt, alle übrigen Objekte innerhalb des Aufrufes bleiben un-berührt.

Beispiel 11 *Man betrachte die Prozedur*

```
f := proc()
    local a;
    begin
            a*2;
    end_proc;
```

die als Ergebnis den Wert a*2 *liefert. Nach der Zuweisung* a:=b; *liefert der Aufruf*

```
eval(f()+text2expr("a+1"));
```

den Wert a*2+b+1, *da das Ergebnis des Aufrufes von* f *im Gegensatz zum Ergebnis des* text2expr-*Aufrufes nicht nachräglich evaluiert wird, obwohl er sich ebenfalls innerhalb des* eval-*Aufrufes befindet.*

In analoger Weise wirkt eval auf die Ergebnisse der Funktionen input, finput, text2expr sowie args. Die Wirkung der Funktion hold wird durch einen umge-benden eval-Aufruf aufgehoben. Im Falle mehrfach geschachtelter hold-Aufrufe wird jedoch lediglich ein hold-Aufruf aufgehoben, unabhängig von der Anzahl der umgebenden eval-Aufrufe.

Beispiel 12 *Der Bezeichner* a *trage den Wert* b. *Dann liefert die Eingabe*

```
eval(hold(hold(a)));
```

das Ergebnis a. *Auch durch einen weiteren* eval-*Aufruf kann die Evaluierung des Bezeichners* a *nicht erreicht werden.*

Ist die Evaluierung von Anweisungen innerhalb von Ausdrücken durch Setzen der Environment-Variablen `EVAL_STMT` (vergleiche Beispiel 68) auf `FALSE` unterdrückt worden, so kann in diesem Modus die `eval`-Funktionen zur Evaluierung solcher Anweisungen verwendet werden.

Beispiel 13 *Hat die Variable* `EVAL_STMT` *den Wert* `FALSE`, *so wird durch die Sequenz*

```
a := (b:=c): a;
```

die Zuweisung `b:=c` *nicht ausgeführt. Wird der Aufruf von* `a` *durch*

```
eval(a);
```

ersetzt, so erfolgt eine Evaluierung der Zuweisung `(b := c)`.

3.3   Datentypen

3.3.1   Typisierung

Obwohl die Deklaration von Variablen und anderen Objekten in MuPAD nicht erforderlich ist, besitzt jedes MuPAD-Datum einen internen Typ, der zur Laufzeit ermittelt wird. Das System unterscheidet dabei die folgenden *Datentypen*:

CAT_ARRAY	*CAT_BOOL*	*CAT_COMPLEX*
CAT_EXEC	*CAT_EXPR*	*CAT_FLOAT*
CAT_FUNC_ENV	*CAT_IDENT*	*CAT_INT*
CAT_NIL	*CAT_NULL*	*CAT_RAT*
CAT_SET_FINITE	*CAT_STAT_LIST*	*CAT_STRING*
CAT_TABLE		

Beispielsweise werden rationale Zahlen intern in einem Objekt des Typs *CAT_RAT* gespeichert, und Mengen tragen den Datentyp *CAT_SET_FINITE*.

Der Datentyp *CAT_EXPR* enthält alle Ausdrücke, die durch Operatoren des Systems gebildet werden können, alle Anweisungen, Prozedurdefinitionen, Funktionsaufrufe sowie indizierten Bezeichner. Um auch diese Objekte genauer untersuchen und manipulieren zu können, ist die obige Klassifizierung selbstverständlich viel zu grob. Aus diesem Grund unterliegen alle MuPAD-Objekte einer zweiten Typisierung. Dieser zweite Typ wird im folgenden mit *Ausdruckstyp* bezeichnet. Für alle Objekte, die nicht den Datentyp *CAT_EXPR* tragen, stimmen Ausdruckstyp und Datentyp überein. Die Ausdruckstypisierung ist also lediglich eine feinere Strukturierung des Typs *CAT_EXPR*. Intern werden im System zusätzlich die folgenden Ausdruckstypen unterschieden:

AND	ASSIGN	BREAK	CASE	CONCAT
DIV	EQUAL	EXPRSEQ	FOR	FOR_DOWN
FOR_IN	FOR_IN_PAR	FOR_PAR	FUNC	IF
INDEX	INTERSECT	LEEQUAL	LESS	MINUS
MOD	MULT	NEXT	NOT	PARBEGIN
PLUS	POWER	PROCDEF	QUIT	RANGE
REPEAT	SEQBEGIN	SEQGEN	STMTSEQ	UNEQUAL
UNION	WHILE			

An dieser Stelle sei noch einmal betont, daß eine Deklaration von Bezeichnern nicht notwendig ist. Soll beispielsweise in einer Variablen ein Objekt vom Datentyp *CAT_TABLE* gespeichert werden, so weist man dieser Variablen einfach eine Tabelle zu. Eine Deklaration als Variable zur Speicherung von Tabellen ist nicht nötig.

Der Typ eines Objektes kann mit Hilfe der Systemfunktionen `cattype` für den Datentyp sowie `type` für den Ausdruckstyp ermittelt werden. Der Typ eines Ausdruckes wird in den meisten Fällen durch den in ihm enthaltenen Operator niedrigster Priorität bestimmt. Im Fall von elementaren Ausdrücken wird dessen Typ durch den entsprechenden Datentyp gekennzeichnet.

Beispiel 14 *Die Ausdrücke*

```
a+b+c;     und     a*b*c;
```

besitzen beide den Datentyp CAT_EXPR. Eine Unterscheidung ist deshalb nur an Hand der Ausdruckstypen PLUS *und* MULT *möglich.*

Die Bezeichnung Typ wird im folgenden sowohl für Datentyp wie auch für Ausdruckstyp verwendet.

In diesem Abschnitt werden die folgenden Typen ausführlich beschrieben:

- numerische Typen

- Bezeichner oder Variable

- Zeichenketten

- NIL

- leere Objekte

- boolesche Konstanten

- numerische Konstanten

- Listen

- Mengen

- Tabellen

- Felder

- Funktionsumgebungen

- Ausdrücke

3.3.2 Numerische Typen

Die numerischen Datentypen dienen zur Darstellung rationaler (*CAT_RAT*) und ganzer Zahlen (*CAT_INT*) sowie zur Darstellung von Gleitkommazahlen und komplexen Zahlen (*CAT_FLOAT* und *CAT_COMPLEX*). Die Länge der Zahlen ist beliebig. Mit Hilfe der Systemfunktion `float` können ganze und rationale Zahlen in Gleitkommazahlen umgewandelt werden. Dies geschieht in Abhängigkeit der Environment-Variablen `DIGITS`, über die die Anzahl der signifikanten Stellen bei Gleitkommazahlen gesteuert wird.

Die imaginäre Einheit i wird mit Hilfe des Schlüsselwortes `I` dargestellt. Daher kann `I` nicht durch eine Zuweisung überschrieben werden.

Komplexe sowie rationale Zahlen können mit Hilfe von `op` in Real- und Imaginärteil bzw. in Zähler und Nenner zerlegt werden. Die Operanden einer komplexen Zahl können hierbei beliebige reelle Zahlen sein. Ihr Typ muß nicht übereinstimmen.

3.3.3 Bezeichner

Bezeichner dürfen nicht mit einer Ziffer beginnen, sind aber bis auf diese Einschränkung beliebige Kombinationen aus Buchstaben, Ziffern und dem Unterstrich. Sie werden in MuPAD durch den Datentyp *CAT_IDENT* repräsentiert. Anders als in manchen anderen Programmiersprachen, bei denen Bezeichner, die nur in den ersten N Stellen übereinstimmen ($N = 8$ ist eine typische Größe in alten Versionen von Pascal, $N = 31$ ist der Mindestwert in ANSI C) und sich dann unterscheiden, als identisch angesehen werden, sind in MuPAD alle Stellen signifikant. MuPAD unterscheidet außerdem zwischen Groß- und Kleinschreibung. Mit Hilfe des Konkatenationsoperators können aus Bezeichnern, Strings und numerischen Werten neue Bezeichner generiert werden, die sich nicht von direkt eingegebenen Variablen unterscheiden.

3.3.4 Zeichenketten

Zeichenketten bestehen aus einer Folge von in Anführungszeichen gesetzten Zeichen. Die Länge einer Zeichenkette ist durch $2^{32} - 1$ nach oben beschränkt, kann also in normalen Anwendungen als beliebig angesehen werden. Der Name dieses MuPAD-Datentyps ist *CAT_STRING*. Zur Manipulation von Zeichenketten stellt das System eine Vielzahl von Funktionen zur Verfügung. So können z.B. mit Hilfe der Systemfunktionen `strmatch` und `strlen` Zeichenketten verglichen bzw. deren Länge ermittelt werden. Um Texte in Listen abzulegen, steht die Systemfunktion `text2list` zur Verfügung. Hierbei werden die Texte, die in Form eines Strings vorliegen müssen, nach vom Benutzer zu spezifizierenden Trennzeichen aufgespalten. Soll der Inhalt einer Zeichenkette in einen Ausdruck umgewandelt werden, so kann hierfür `text2expr` verwendet werden.

Eine besondere Bedeutung innerhalb von Zeichenketten besitzt der Backslash (\).
Er dient zur Darstellung einiger Sonderzeichen, die innerhalb von Zeichenketten
eine besondere Bedeutung besitzen. Daher dürfen einem Backslash nur einige ausgewählte Zeichen folgen. Andere Zeichen führen zu einem Syntax-Fehler.

Zum einen dürfen einem Backslash ein Multiplikationszeichen sowie ein Fragezei-
chen folgen. Diese Kombinationen werden innerhalb der Systemfunktion strmatch
als Wildcards verwendet und haben sonst keine besondere Bedeutung. Sie werden
im String als zwei Zeichen gespeichert.

Weiterhin können mit Hilfe des Backslashes die Zeichen

$$\backslash\backslash, \ \backslash" , \ \backslash t \ \text{und} \ \backslash n$$

dargestellt werden. Hier dient der Backslash zu seiner eigenen Maskierung bzw.
zur Maskierung des Anführungszeichens. Mit den Zeichenfolgen \n und \t können
ein Zeilenumbruch sowie ein Tabulatorzeichen eingegeben werden. Alle diese Zeichenfolgen werden innerhalb des Strings als ein Zeichen dargestellt. Bei eingeschaltetem Pretty-Printer erfolgt die Ausgabe in Form eines Zeichens bzw. beim
Tabulatorzeichen durch die entsprechende Anzahl von Leerzeichen. Diese Ausgabe
kann daher i.a. nicht erneut eingelesen werden. Ohne Pretty-Printer erfolgt die
Ausgabe in der Eingabe-Form, so daß ein erneutes Einlesen möglich ist.

Beispiel 15 *Die Eingabe des Strings*

```
"This is \n a \"special\" Text \t with a \\ ";
```

liefert bei eingeschaltetem Pretty-Printer die Ausgabe:

```
"This is
 a "special" Text        with a \ "
```

Ohne Pretty-Printer entspricht die Ausgabe der Eingabe.

3.3.5   NIL

Das Objekt NIL ist der einzige Vertreter des Datentyps *CAT_NIL*. Es wird dazu
benutzt, Zuweisungen zu löschen, so daß z.B. eine Variable anschließend wieder für
sich selbst steht. Aber auch Elemente innerhalb von Listen, Tabellen und Feldern
können durch Zuweisung von NIL entfernt werden.

Beispiel 16 *(Vergleiche Abschnitte 3.3.9, 3.3.11 und 3.3.12) Durch*

```
L:= [x, y];
```

wird eine Liste mit den Elementen x und y erzeugt. Durch die Zuweisung

```
L[2] := NIL;
```

wird y wieder aus der Liste gelöscht.

3.3.6 Leere Objekte

Einige MuPAD-Funktionen liefern kein Ergebnis. Um diesen Fall logisch zu berücksichtigen, existiert der Datentyp *CAT_NULL*. Dieser Typ erzeugt bei seiner Ausgabe auf dem Bildschirm keine sichtbaren Zeichen. Trotzdem kann mit Objekten dieses Typs normal gearbeitet werden, indem z.B. das Ergebnis einer Rechnung auf den Typ *CAT_NULL* abgefragt wird. Zur expliziten Erzeugung eines Objektes dieses Typs dient die Systemfunktion `null`.

Eine weitere Besonderheit bildet dieser Datentyp bei der Evaluierung von Ausdruckssequenzen, Mengen, Listen, Funktionsaufrufen und indizierten Bezeichnern. Tritt hier *CAT_NULL* im Laufe der Evaluierung als Operand auf, so wird dieser gelöscht. Ein Objekt des Typs *CAT_NULL* hat also auf das Ergebnis keinen Einfluß.

Beispiel 17 *Die Aufrufe*

```
type(op([]));       und       type(op(f()));
```

liefern jeweils das Ergebnis `"CAT_NULL"`, *wenn* `f` *keinen Wert besitzt.*
Die Liste

```
[a, op([]), b];
```

evaluiert sich zu `[a, b]`.

Zur Funktion `op`, mit der man die Operanden eines Ausdrucks erhält, vergleiche man Abschnitt 3.9.3.

Einige MuPAD-Funktionen dienen ausschließlich der Information des Benutzers. Dazu zählen z.B. `history` oder `help`. Diese Funktionen liefern keine weiterverarbeitbaren Ausgaben. Daher ist z.B.

```
type(history());
```

ebenfalls vom Typ *CAT_NULL*.

3.3.7 Boolesche Konstanten

Dem Benutzer des Systems stehen die booleschen Konstanten `TRUE` und `FALSE` vom Typ *CAT_BOOL* zur Verfügung. Sie können mit Hilfe der logischen Operatoren und weiterer Operanden zu neuen logischen Ausdrücken verknüpft werden. Nach der Eingabe eines booleschen Ausdrucks wird nicht versucht, diesen zu einer booleschen Konstante zu evaluieren (vergleiche Abschnitt 3.4.4). Ausnahmen von dieser Regel findet man im Zusammenhang mit der Evaluierung einiger Anweisungen. So wird z.B. der Vergleichsausdruck einer `if`-Anweisung automatisch boolesch evaluiert, um bestimmen zu können, welcher Zweig der Anweisung auszuführen ist. Für die explizite Auswertung eines booleschen Ausdrucks existiert die Systemfunktion `bool`.

3.3.8   Numerische Konstanten

Zu den numerischen Konstanten gehören die Zahlen E (= 2.71828...) und PI
(= 3.14159...). Hierbei handelt es sich im Gegensatz zur komplexen Zahl I um
vordefinierte Bezeichner und nicht um Schlüsselwörter. Daher stellen sie streng
genommen keinen eigenen Datentyp dar. Mit numerischen Konstanten kann symbolisch gerechnet werden. Sie werden daher i.a. nicht durch einen numerischen
Näherungswert ersetzt. Die Substitution durch diesen erfolgt erst durch einen expliziten Aufruf der Systemfunktion float.
Aufgrund des angesprochenen Evaluierungsmechanismus unterscheiden sie sich
aber von anderen Bezeichnern, so daß es Sinn macht, sie gesondert aufzuführen.

3.3.9   Listen

Die Liste ist ein Datentyp, der durch das Zusammenfassen beliebig vieler Ausdrük-
ke unterschiedlichen Typs entsteht. Eine Liste kann als geordnete Folge von
Ausdrücken aufgefaßt werden. Bei der Darstellung der Liste werden die verschiedenen Ausdrücke durch Kommata voneinander getrennt und die gesamte Folge
von eckigen Klammern umschlossen. Eine leere Liste stellt ebenfalls einen gültigen Ausdruck dar. Der Name dieses Datentyps ist *CAT_STAT_LIST*. Dies leitet
sich von *category of static lists* ab. Es sollte erwähnt werden, daß das Adjektiv
static nicht bedeutet, daß die Größe der Liste nicht veränderbar ist; tatsächlich
können Listen beliebig groß werden. Vielmehr weist dies auf die Art der internen
Speicherung hin und deutet an, daß der Zugriff auf Listenelemente in konstanter
Zeit erfolgt. Die Evaluierung einer Liste besteht aus einer Evaluierung aller in
ihr enthaltenen Elemente. Anschließend werden leere Ausdrücke (*CAT_NULL*)
gelöscht und Ausdruckssequenzen ausgeglichen.
Das *Ausgleichen* stellt einen internen Mechanismus dar, der dem Ausnutzen der
Assoziativität vergleichbar ist, wenn a+(b+c) zu a+b+c vereinfacht wird. Hierbei
wird, wenn ein Objekt einer Liste zu einer Ausdruckssequenz evaluiert wird, dieses
Element aus der Liste entfernt und an seiner Stelle jedes Element der Ausdruckssequenz unter Beibehaltung der Reihenfolge in die Liste eingefügt. Die Liste wird
also durch den Vorgang des Ausgleichens vergrößert. Ein analoger Vorgang findet bei der Evaluierung von Mengen, Ausdruckssequenzen, Funktionsaufrufen und
indizierten Bezeichnern statt.

Beispiel 18 *Die Zuweisung*

```
x := a, b, c;
```

ordnet dem Bezeichner x *die Sequenz* a, b, c *zu (vergleiche Abschnitt 3.4.5.1).
Wird nun durch die Zuweisung*

```
L := [x, d];
```

die Liste L *erzeugt, so hat sie nicht 2, sondern 4 Elemente, und zwar* a, b, c *und* d.

Auf einzelne Listenelemente kann der Benutzer mit Hilfe von Indizes zugreifen; das erste Element der Liste erhält dabei den Index 1. Die Zuweisung an Listenelemente geschieht ebenfalls über Indizes. Dabei muß das entsprechende Element allerdings bereits existieren. Das Löschen einzelner Listenelemente erfolgt durch Zuweisung von NIL (siehe dazu Beispiel 16).

Beispiel 19 *Sei* L *wiederum eine Liste der Form*

```
L := [a, b, c, d];
```

Der Zugriff auf das dritte Element der Liste erfolgt durch den indizierten Bezeichner L[3]. *So kann mit der Zuweisung*

```
L[3] := 100;
```

die Liste L *zu* [a, b, 100, d] *geändert werden.*
Analog hätte eine Zuweisung der Form

```
L[3] := NIL;
```

das dritte Element der Liste L *gelöscht und somit als Wert für* L *die Liste* [a, b, d] *ergeben.*

Vor dem Zugriff auf eine Liste mittels eines indizierten Bezeichners erfolgt eine Evaluierung der entsprechenden Liste. Dies steht im Gegensatz zur Vorgehensweise beim Zugriff auf Tabellen und Felder. Kann auf die Evaluierung an dieser Stelle verzichtet werden, so ist es gerade bei größeren Listen sinnvoll, diese beim Zugriff zu unterdrücken. Dies kann mit Hilfe der Funktion val geschehen und erhöht die Geschwindigkeit des Zugriffes beträchtlich (vergleiche Abschnitt 3.2.5).

Beispiel 20 *Es sei* L *eine Liste mit einigen hundert numerischen Einträgen. Durch den Zugriff*

```
L[50];
```

ist es erforderlich, alle Einträge zu evaluieren, was im Falle numerischer Einträge den Wert der Liste nicht ändert. Durch einen Zugriff mittels

```
val(L)[50];
```

kann diese unnötige Evaluierung vermieden und somit der Zugriff erheblich beschleunigt werden.

Mit Hilfe des Konkatenationsoperators (.) können zwei Listen miteinander verbunden werden. Eine weitere Funktion für das Anhängen neuer Elemente an bereits existierende Listen ist `append`.

Beispiel 21 *Die beiden Listen* `L := [a, b]` *und* `M := [c, d]` *können durch die Operation*

```
L . M;
```

zu der Liste `[a, b, c, d]` *verbunden werden.*
Durch die Operation

```
append(L,c,d);
```

wird das gleiche Resultat erzielt. Selbstverständlich wird der Wert von `L` *hierbei nicht verändert, sondern für das Ergebnis eine neue Liste angelegt.*

3.3.10   Mengen

Mengen bestehen wie Listen aus einer endlichen Folge durch Kommata getrennter Ausdrücke. Jedoch ist die Reihenfolge der Ausdrücke in Mengen unerheblich und ein mehrmaliges Auftreten des gleichen Elementes nicht möglich. Die Folge der in der Menge enthaltenen Ausdrücke wird von Mengenklammern ({ und }) umgeben. Die leere Menge stellt ebenfalls ein gültiges Objekt dar. Analog zu Listen werden im Zuge der Evaluierung einer Menge sämtliche Mengenelemente vollständig evaluiert, wodurch sich auch ihre Anzahl verändern kann. Evaluieren sich zunächst unterschiedliche Elemente der Menge zu identischen Werten, so verliert die Menge an Elementen. Analog zu Listen werden Elemente, die sich zu einem Objekt des Typs *CAT_NULL* evaluieren, nicht berücksichtigt und Ausdruckssequenzen ausgeglichen. Zur Bearbeitung von Mengen stehen die Operatoren `union`, `minus` und `intersect` zur Verfügung. Die Systemfunktion `contains` überprüft das Vorhandensein eines Elementes in einer Menge.
Die Reihenfolge der einzelnen Elemente innerhalb der Menge ist bei der Ausgabe rein zufällig (vergleiche Beispiel 22). Der Name des MuPAD-Datentyps für Mengen ist *CAT_SET_FINITE*.

Beispiel 22 *Die Befehle*

```
M := {a, b, c};
```

und

```
N := {b, a, c, a, a, c, b, op([]), a};
```

erzeugen jeweils eine Menge mit den Elementen a, b *und* c.

Da die Ausgabe von Mengen die interne Datenstruktur widerspiegelt, können zwei Mengen mit den gleichen Elementen verschieden dargestellt werden. So liefern etwa

```
M1 := {a, b, 1, 48};      und      M2 := {48, b, 1, a};
```

die Ausgaben M1 = {a,b,48,1} *und* M2 = {a,b,1,48}. *Natürlich werden trotzdem beide Mengen als gleich erkannt, wie der Aufruf von*

```
bool(M1 = M2);
```

zeigt, der das Ergebnis TRUE *liefert.*

3.3.11 Tabellen

Ein weiterer wichtiger Datentyp ist die Tabelle (*CAT_TABLE*). Der Inhalt einer Tabelle besteht aus einer Menge von beliebigen Gleichungen der Form

```
<index>  = <value>
```

Sowohl `<index>` als auch `<value>` repräsentieren beliebige Ausdrücke. Auf die in einer Tabelle gespeicherten Werte kann mit Hilfe des entsprechenden Indexes zugegriffen werden. Es besteht die Möglichkeit, Tabelleneinträge einzufügen, zu verändern und zu löschen.

Beispiel 23 *Enthält die Tabelle* T *die Gleichung* a=5, *so bedeutet dies, daß zum Index* a *der Eintrag* 5 *existiert. Der indizierte Bezeichner*

```
T[a];
```

ermöglicht den Zugriff auf den Wert 5.

Um den Inhalt einer Tabelle T zu verändern oder neue Werte einzutragen, ist eine Zuweisung der Form

```
T[<index>] := <value>
```

erforderlich. `<index>` und `<value>` können in diesem Fall wiederum beliebige Ausdrücke sein. Durch diese Zuweisung wird die Gleichung

```
<index>  = <value>
```

in die Tabelle aufgenommen.

Durch Angabe des Ausdrucks <index> kann nun jederzeit auf den Eintrag <value> zugegriffen werden. Ein eventuell bereits existierender Eintrag mit gleichem Index wird durch die obige Zuweisung überschrieben. Existiert die Tabelle T vor der Zuweisung noch nicht, so wird die Variable T mit einer leeren Tabelle initialisiert und anschließend der entsprechende Eintrag vorgenommen.

Man kann also durch Zuweisung eines einzigen Wertes eine Tabelle erstellen. Eine andere Möglichkeit zur Erzeugung einer beliebigen Tabelle bietet die Systemfunktion table. Sie wird mit beliebig vielen Parametern aufgerufen. Die Parameter stellen wiederum Gleichungen der Form <index> = <value> dar. Durch sie werden die initialen Einträge der Tabelle bestimmt.

Beispiel 24 *Durch die Zuweisung*

```
T1 := table(a=c1, b=c2);
```

wird eine Tabelle angelegt, die zum Index a *den Wert* c1 *und zum Index* b *den Wert* c2 *enthält. Das entsprechende Ergebnis erzielt man auch durch die beiden Zuweisungen*

```
T1[a] := c1;     T1[b] := c2;
```

 Im Gegensatz zu Listen und Mengen bleibt die Evaluierung einer Tabelle ohne Wirkung auf die Einträge der Tabelle, d.h. sowohl die gespeicherten Indizes als auch die zugehörigen Werte bleiben unevaluiert.

Beispiel 25 *Die folgende Tabelle wird durch die Zuweisung der Variablen* a *und* b *nicht verändert:*

```
T[a] := b:
T;
              table(a=b)
a := 1:
b := 2:
T;
              table(a=b)
```

Lediglich beim Zugriff mittels eines indizierten Bezeichners wird der Index evaluiert und dann in der Tabelle nachgeschaut, ob ein entsprechender Eintrag vorhanden ist. Ist dies der Fall, wird der zugehörige Wert aus der Tabelle gelesen, evaluiert und als Ergebnis des Aufrufes zurückgegeben.

Kann ein indizierter Ausdruck nicht weiter bearbeitet werden, da der Bezeichner nicht zu einer Tabelle, Liste, Ausdruckssequenz oder einem Feld evaluiert werden kann, so wird dieser mit evaluiertem Index zurückgegeben.

Beispiel 26 *Nach obiger Beschreibung ergibt sich folgendes Verhalten für Tabellen:*

```
S[1] := b:
S[a];
                S[a]
a := 1:
b := 2:
S[a];
        2
```

Das Kopieren ganzer Tabellen geschieht in MuPAD intern, indem ein Verweis der Kopie auf das Original erzeugt wird; erst im Fall einer Veränderung erfolgt die Duplizierung im Speicher. Dadurch wird der Referenz-Effekt vermieden, bei dem Änderungen an der kopierten Tabelle auf das Original zurückwirken.

Beim Vergleich zweier Tabellen muß beachtet werden, daß in diesem Fall weder die Indizes noch die zugehörigen Werte evaluiert werden (vergleiche Beispiel 25). Schließlich können durch Zuweisung von NIL einzelne Tabelleneinträge oder auch die gesamte Tabelle gelöscht werden.

Beispiel 27 *Um die Vermeidung des Referenz-Effektes zu verdeutlichen, betrachte man folgende Situation:*

```
T := table(a=1);    S := T;    S[b] := 2;
```

Würde S *nur als Verweis auf* T *angelegt, hätte* T[b] *nun ebenfalls den Wert* 2. *In MuPAD bleibt* T[b] *jedoch unbesetzt.*

Betrachtet man die in Beispiel 24 erzeugte Tabelle T1 sowie die durch

```
T2 := table(a=1, b=1);
```

generierte Tabelle, so ergibt sich nach den Zuweisungen

```
c1 := 1;    c2 := 1;
```

der Fall, daß die Aufrufe T1[a] und T2[a] sowie T1[b] und T2[b] jeweils den Wert 1 liefern. Dennoch ergibt der Aufruf

```
bool(T1 = T2);
```

das Ergebnis **FALSE**, da in der Tabelle T1 nach wie vor die Werte c1 und c2 gespeichert sind, und die Tabellen-Elemente innerhalb des bool-Aufrufes nicht evaluiert werden. Eine Evaluierung erfolgt lediglich beim Zugriff mit Hilfe eines indizierten Bezeichners. Jedoch wird auch in diesem Fall nicht die Tabelle selbst evaluiert, sondern der indizierte Ausdruck, bevor mit seiner Hilfe der entsprechende Wert aus der Tabelle entnommen wird. Das Ergebnis wird abschließend ebenfalls evaluiert.

3.3.12   Felder

Felder vom Typ *CAT_ARRAY* sind äußerlich eine besondere Form von Tabellen. Die Indizes eines Feldes müssen ganzzahlige Ausdruckssequenzen fester Länge sein und in angegebenen Grenzen liegen. Ein solches Feld muß explizit deklariert werden. Hierzu steht die Systemfunktion `array` zur Verfügung. In der einfachsten Form wird `array` mit einer Sequenz von Bereichsangaben aufgerufen.

Beispiel 28 *Mit Hilfe der Anweisung*

```
A := array(1..3, 1..3);
```

wird dem Bezeichner `A` *eine 3×3 Matrix zugewiesen. Auf die einzelnen Elemente kann mittels der Ausdrücke* `A[1, 1]`, `A[1, 2]` *etc. zugegriffen werden.*

Die Dimension des Feldes, die im Aufruf von `array` festgelegt wird, unterliegt gewissen Einschränkungen. So sind nur nichtnegative ganze Zahlen zugelassen, die kleiner als $2^{31} - 1$ sind. Ein Zugriff mit Hilfe von Indizes, die außerhalb dieser Bereichsangaben liegen, führt zu einem Fehler. Ist ein indizierter Eintrag nicht mit einem Wert belegt, so wird der indizierte Ausdruck zurückgegeben.
In Analogie zu Tabellen können die Werte des Feldes im Aufruf von `array` mit angegeben werden.

Beispiel 29 *Durch*

```
A := array(1..2);   A[1] := x;   A[2] := y;
```

wird ein Vektor mit den Komponenten `x` *und* `y` *definiert. Bei ausgeschaltetem Pretty-Printer ist die MuPAD-Ausgabe des durch diese Sequenz von Zuweisungen erstellten Feldes* `A`:

```
array(1..2, (1)=x, (2)=y);
```

Diese Ausgabe stellt ebenfalls einen gültigen Aufruf von `array` *dar, bei dem der komplette Vektor mit seinen Einträgen in einem Ausdruck definiert wird.*

Allgemein geschieht der Zugriff auf und das Verändern von Elementen eines Feldes analog zu Tabellen. Auch das Evaluierungsverhalten stimmt mit dem von Tabellen überein. Insbesondere bedeutet dies, daß beim Kopieren ganzer Felder kein Referenz-Effekt auftritt und daß der Vergleich von Feldern mit der in Abschnitt 3.3.11 beschriebenen Problematik behaftet ist, d.h. daß die Feldelemente analog zu Tabellen vor dem Vergleich der Felder nicht evaluiert werden. Das Löschen von Feldelementen ist durch die Zuweisung des Datums `NIL` möglich.

3.3.12.1 Teilfelder

Wenn man mit parallelen Algorithmen effizient auf Feldern arbeiten möchte, muß man in der Lage sein, Blöcke des Feldes getrennt bearbeiten zu können. Dazu ist ein Mechanismus erforderlich, der es erlaubt, auf Teile des Feldes zuzugreifen. Im Prinzip wird dies bereits durch die Funktion op realisiert, mit der man die einzelnen Komponenten des Feldes ansprechen kann.

In MuPAD gibt es darüber hinaus aber die Möglichkeit, das Feld direkt so zu definieren, daß es intern in Blöcken abgespeichert wird. Dies leistet ebenfalls die Funktion **array**.

Beispiel 30 *Der Aufruf*

```
array(1..N, 1..M, [n,m]);
```

erzeugt eine $N \times M$-Matrix, die in folgender Weise in Blöcke zerlegt wird:

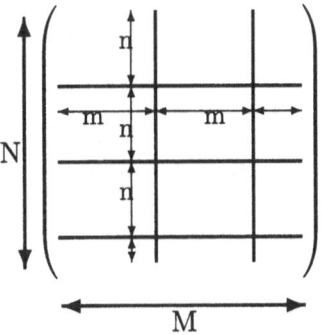

Die in diesem Beispiel konstruierte Matrix besteht aus $\lceil \frac{N}{n} \rceil \cdot \lceil \frac{M}{m} \rceil$ Blöcken, die einzeln angesprochen werden können. Dies geschieht durch Indizierung, wobei der Index die Blöcke zeilenweise durchläuft. Jeder Block stellt wiederum eine eigene Matrix da.

Beispiel 31 *Die Matrix*

```
A := array(1..4, 1..5, [2, 2]);
```

besteht aus sechs Teilfeldern. Dies sind im einzelnen:

```
A[1] = array(1..2, 1..2);        A[2] = array(1..2, 3..4);
A[3] = array(1..2, 5..5);        A[4] = array(3..4, 1..2);
A[5] = array(3..4, 3..4);        A[6] = array(3..4, 5..5);
```

Da die Teilfelder eines Feldes durch die Indizierung wiederum als gewöhnliche Felder zurückgegeben werden, können diese nochmals indiziert werden.

So greift der Ausdruck

```
A[2][1,3]
```

ebenfalls auf das Element A[1,3] *zu.*

3.3.12.2 Operanden eines Feldes

Die Operanden eines Feldes stellen in gewisser Weise eine Ausnahme dar. Zunächst besitzen Felder im Gegensatz zu allen anderen Datentypen mit Ausnahme von *CAT_EXPR* einen nullten Operanden. Dieser besteht aus einer Ausdruckssequenz, in der die Dimension, die Bereiche der einzelnen Dimensionen sowie, falls vorhanden, die Aufteilung in Teilfelder in Form einer Liste gespeichert sind. Diese Informationen entsprechen also, mit Ausnahme der Angabe der Dimension, den ersten Argumenten des **array**-Aufrufes.

Die weiteren Operanden bestehen im Fall eines nicht weiter unterteilten Feldes aus den zeilenweise angeordneten Einträgen des Feldes. Ist ein Eintrag unbesetzt, so wird als Operand ein NIL ausgegeben.

Etwas anders sind die Operanden eines in Teilfelder zerlegten Feldes definiert. Hier werden die Operanden durch die einzelnen Teilfelder gebildet. Die Zählweise ist auch hier wiederum zeilenweise. Enthält ein Teilfeld keinen einzigen Eintrag, so wird wiederum ein NIL ausgegeben. Ist mindestens ein Eintrag vorhanden, so wird das hier gespeicherte Teilfeld in Form einer Liste ausgegeben, die die Elemente des Teilfeldes ebenfalls zeilenweise wiedergibt.

Beispiel 32 *Für das unterteilte Feld aus Beispiel 31 ergibt die* op*-Funktion nach den Zuweisungen*

```
A[1, 1] := 11:
A[1, 2] := 12:
```

folgende Werte:

```
op(A, 0);
                    2, 1..4, 1..5, [ 2, 2 ]
op(A, 1);
                    [ 11, 12, NIL, NIL ]
op(A);
                    [ 11, 12, NIL, NIL ], NIL, NIL, NIL, NIL, NIL
```

3.3.13 Ausdrücke

Der umfangreichste Datentyp in MuPAD ist derjenige des Ausdruckes. Dieser Typ hat den Namen *CAT_EXPR* und beinhaltet alle Formen von Ausdrücken, die aus den im nächsten Kapitel beschriebenen Operatoren gebildet werden, sowie alle Typen von Anweisungen, wie Zuweisungen, Schleifen, Kontrollstrukturen und Prozedurdefinitionen. Hier wird deutlich, daß es sich bei letzteren ebenfalls um gewöhnliche MuPAD-Daten handelt.

Bei den bislang behandelten Datentypen stimmten die Ergebnisse der Aufrufe von `type` und `cattype` jeweils überein. Bei den Ausdrücken ist dies nicht der Fall. Es ist zwar allen Ausdrücken gemeinsam, daß der Aufruf von `cattype` das Ergebnis *CAT_EXPR* liefert; der Aufruf von `type` liefert allerdings noch detailliertere Informationen über die einzelnen Datentypen. Dabei handelt es sich um die Typen, wie sie in Abschnitt 3.3.1 beschrieben sind. Eine weitere Besonderheit von Objekten des Typs *CAT_EXPR* ist die Existenz eines nullten Operanden. Dieser spezifiziert in Form eines Bezeichners den Typ des jeweiligen Ausdruckes. Die unterschiedlichen Typen von Ausdrücken sind im Anhang vermerkt.

Funktionsaufrufe und indizierte Ausdrücke, die mit Hilfe unbesetzer Bezeichner gebildet werden, zählen ebenfalls zur Menge der Ausdrücke. Der jeweilige Bezeichner wird hier als nullter bzw. erster Operand verstanden.

Beispiel 33 *Die Bezeichner* `f` *und* `T` *seien unbesetzt. Der Bezeichner* `a` *habe den Wert* `b`*. Dann evaluieren sich die Ausdrücke*

```
    f(a);   und   T[a];
```

zu `f(b)` *und* `T[b]`*. Die Ausdrücke tragen die Ausdruckstypen* `FUNC` *bzw.* `INDEX`*.*

3.3.14 Funktionsumgebungen

Die folgende Beschreibung der Funktionsumgebungen richtet sich in erster Linie an den fortgeschrittenen Benutzer, der bereits Erfahrungen im Umgang mit dem System gesammelt hat und nun neue Möglichkeiten sucht, die Funktionalität vorhandener Systemfunktionen und Operatoren zu verändern oder sich mit Hilfe dieser neue Funktionen zu erstellen.

Alle Systemfunktionen und somit auch alle Operatoren und Anweisungen werden in MuPAD, wie bereits erwähnt, funktional dargestellt. Zur internen Darstellung dieser Systemfunktionen dienen sogenannte Funktionsumgebungen. Hierbei handelt es sich um den Datentyp *CAT_FUNC_ENV*. Jedes Objekt dieses Datentyps besteht aus zwei Söhnen, die für die Evaluierung der jeweiligen Systemfunktion sowie für deren Ausgabe zuständig sind. Die Ausgabe von Funktionsumgebungen erfolgt funktional als Aufruf der Funktion `func_env`. Die Söhne einer Funktionsumgebung sind Objekte des Datentyps *CAT_EXEC*, der nur in diesem Kontext auftritt.

Objekte des Datentyps *CAT_EXEC* besitzen jeweils 4 Söhne, wobei die Bedeutung dieser Söhne unterschiedlich sein kann, je nach dem ob es sich um ein Objekt zur Beschreibung der Evaluierung oder zur Implementation der Ausgabe handelt.

3.3.14.1 Evaluierung

CAT_EXEC-Objekte, die die Evaluierung einer Systemfunktion beschreiben, besitzen als ersten Operanden eine natürliche Zahl, die als Nummer einer C-Routine innerhalb des Kernes aufzufassen ist. Diese Funktion führt die eigentliche Evaluierung durch. Zu diesem Zweck benötigt sie das zu evaluierende Datum sowie die übrigen Operanden des *CAT_EXEC*-Objektes.

Der zweite Operand ist entweder leer, enthält also ein Objekt des Typs *CAT_NIL* oder besteht ebenfalls aus einer natürlichen Zahl, die eine zusätzliche Evaluierungsroutine in Form einer C-Funktion repräsentiert. Der dritte Operand spezifiziert in Form einer Zeichenkette den Namen der Funktion; der vierte beinhaltet optional eine Remember-Tafel, in die im Falle von Zuweisungen an Systemfunktions-Aufrufe Eintragungen vorgenommen werden. Ist eine Remember-Tafel vorhanden, so wird vor jeder Evaluierung zunächst überprüft, ob bereits ein passender Eintrag vorhanden ist. Eine fehlende Remember-Tafel wird durch ein NIL gekennzeichnet.

3.3.14.2 Ausgabe

Objekte des Typs *CAT_EXEC*, die der Ausgabe dienen, besitzen als ersten Operanden wiederum eine natürliche Zahl, die als Nummer einer C-Routine innerhalb des Kernes aufzufassen ist. Diese C-Funktion führt die eigentliche Ausgabe durch. Auch sie benötigt hierzu weitere Parameter, die sie in den übrigen Operanden des Objektes findet. Beim zweiten Operanden handelt es sich um ein natürliche Zahl, die die Bindungspriorität des jeweiligen Operators beschreibt. Der dritte Operand besteht aus einer Zeichenkette, in dem das Operatorsymbol gespeichert wird. Stellt die Systemfunktion keinen Operator dar, so ist hier ein NIL gespeichert. Der Funktionsname, im Fall von Operatoren der Name der entsprechenden Underline-Funktion, wird im letzten Operanden ebenfalls in Form einer Zeichenkette dargestellt.

Objekte des Typs *CAT_EXEC* werden funktional unter Verwendung der Systemfunktion built_in ausgegeben. Auch die Eingabe bzw. Erzeugung derartiger Objekte ist in dieser Form möglich.

Beispiel 34 *Nach Eingabe des Ausdruckes* _if *liefert dieser die Ausgabe:*

```
func_env(built_in(43,NIL,"_if",NIL),built_in(44,16,NIL,"_if"))
```

Der erste Operand der Funktionsumgebung, der für die Evaluierung zuständig ist, besteht aus einer C-Funktion mit der internen Nummer 43. *Eine zweite Evaluierungsfunktion ist nicht vorhanden, ebenso fehlt die Remember-Tafel. Der Name der zugehörigen Underline-Funktion ist* _if. *Das zweite CAT_EXEC-Objekt besteht aus der C-Funktion mit der Nummer* 44, *die Ausgabepriorität beträgt* 16. *Selbstverständlich besitzt eine if-Anweisung kein Operatorsymbol, eine funktionale Ausgabe würde mit Hilfe des Funktionsnamens* _if *erfolgen.*

Durch die Verwendung der Funktionen `func_env` und `built_in` können neue
Funktionsumgebungen erzeugt werden. Mit Hilfe der Manipulationsfunktionen
können bestehende Definitionen modifiziert werden. Dies beides sollte mit größter
Vorsicht geschehen, da das MuPAD-System zu jedem Zeitpunkt von korrekten
Funktionsumgebungen ausgeht und somit vor ihrer Auswertung bzw. Verwendung
keine Prüfungen durchführt.

Sollen innerhalb von *CAT_EXEC*-Objekten C-Funktionen durch die Verwendung
von `subsop`, `subs` oder `subsex` ausgetauscht bzw. substituiert werden, so führt die
Angabe einer natürlichen Zahl zur Spezifikation der neuen C-Funktion zum Absturz. Lediglich innerhalb der Funktion `built_in` ist die Angabe einer natürlichen
Zahl ausreichend.

Durch die Substitution der Remember-Tafel innerhalb der Funktionsumgebung
bzw. durch eine Zuweisung an den Aufruf der entsprechenden Systemfunktion
kann die Funktionalität der Funktion beeinflußt werden.

Beispiel 35 *Durch die Zuweisung*

```
_plus(a, b, c) := 100;
```

wird das Paar (a, b, c), 100 *in die Remember-Tafel der Funktion* `_plus` *eingetragen. Der Aufruf* a+b+c *liefert anschließend den Wert* 100, *der Aufruf* a+b+c+1
bleibt jedoch weiterhin unevaluiert.
Die gleiche Funktionalität kann durch den Aufruf

```
_plus := subsop(_plus, [1, 4] = table((a, b, c) = 100));
```

*erzielt werden, wobei die Remember-Tafel der Funktionsumgebung direkt ersetzt
wird.*

3.4   Operatoren

Im folgenden werden die unären und binären Operatoren des Systems beschrieben. Mit ihrer Hilfe können Operanden zu einem neuen Ausdruck vom Typ *CAT_EXPR* verknüpft werden. Es stehen die folgenden Operatoren bzw. Gruppen von Operatoren zur Verfügung:

- Mathematische Operatoren

- Die Operatoren `mod` und `div`

- Relationale Operatoren

- Logische Operatoren

- Bereichs- und Sequenzoperatoren

- Selbstdefinierte Operatoren

- Mengenoperatoren

- Der Konkatenationsoperator

Die Evaluierung der Ausdrücke dieses Abschnittes unterliegt einigen festen Regeln. Kann ein Operator aufgrund des Typs seiner Operanden nicht direkt ausgewertet werden, so gibt es zwei unterschiedliche Reaktionen:

- Der Typ eines Operanden ist für den entsprechenden Operator nicht zulässig, so ist z.B. eine Menge kein gültiger Operand einer Summe. In diesen Fällen tritt ein Laufzeitfehler auf, und die Evaluierung wird mit einer entsprechenden Fehlermeldung abgebrochen.

- Der Typ eines Operanden kann durch eine spätere nochmalige Evaluierung zu einem gültigen Operanden werden; dies kann z.B. bei Bezeichnern, unbekannten Funktionsaufrufen oder indizierten Bezeichnern möglich sein. In diesem Fall bleibt der Ausdruck quasi unevaluiert stehen, d.h. ohne ihn weiter auszuführen jedoch mit bereits evaluierten Operanden. Es tritt kein Laufzeitfehler auf.

Wie streng diese Regeln gehandhabt werden, d.h. wann ein Operand als nicht zulässig eingestuft wird, kann durch die Environment-Variable `ERRORLEVEL` beeinflußt werden.

3.4.1 Mathematische Operatoren

An mathematischen Operationen stehen +, -, *, / und ^ für die Addition, Subtraktion, Multiplikation, Division sowie die Exponentiation zur Verfügung. Diese können mit Ausnahme der Exponentiation, die nur binär verwendet werden darf, n-är benutzt werden. Im Gegensatz zur Addition und Subtraktion müssen die Multiplikation sowie die Division mindestens zwei Operanden erhalten. Eine unevaluierte Addition oder Subtraktion hat den Datentyp PLUS, eine unevaluierte Multiplikation oder Division den Typ MULT, eine Exponentiation ist vom Typ POWER. Eine besondere Rolle spielen Subtraktion und Division, da diese nicht als eigenständige Operatoren implementiert sind. Vielmehr wird die Subtraktion eines Datums als Addition des entsprechenden negativen Datums dargestellt. Analog wird die Division als Multiplikation mit dem Inversen verstanden, wobei das Inverse durch die Potenzierung mit -1 dargestellt wird (vergleiche hierzu auch Beispiel 108).

Daneben gibt es in MuPAD noch die beiden Operatoren div und mod, die im nächsten Abschnitt gesondert beschrieben werden.

Beispiel 36 *Die Subtraktion* a - b *wird vom System als*

```
a + (-b)
```

verstanden.
Der Quotient a / b *ist lediglich eine kürzere Ausgabe des Datums*

```
a * b ^ (-1).
```

3.4.2 Die Operatoren mod und div

Bei den Operatoren mod und div handelt es sich um binäre Operatoren zur Verknüpfung zweier mathematischer Ausdrücke. Für ganze Zahlen $m \neq 0$ und a sind $a\,\mathrm{div}\,m$ und $a\,\mathrm{mod}\,m$ die ganzen Zahlen mit

$$a = (a \operatorname{div} m) \cdot m + (a \bmod m)$$

und

$$0 \leq a \bmod m \leq \mid m \mid -1$$

Mit einer Ausnahme müssen a und m zu ganzen Zahlen evaluieren. Andere numerische Typen führen zu einem Laufzeitfehler. Ansonsten wird der Funktionsaufruf mit evaluierten Operanden zurückgegeben. Das Ergebnis ist dann vom Typ DIV bzw. MOD.

Beispiel 37 *Der Ausdruck*

```
-3*7 div 4 ;
```

liefert das Ergebnis -6.

Neben dieser klassischen Definition hat der Operator **mod** in MuPAD eine weitere Funktionalität. Sind a, b und m ganze Zahlen, ist $m \neq 0$ und sind b und m teilerfremd, so berechnet

$$\frac{a}{b} \bmod m$$

die Lösung der Gleichung

$$a = b\,x$$

im Restklassenring $\mathbb{Z}/m\,\mathbb{Z}$.

Beispiel 38 *Die Eingabe*

```
2/3 mod 5;
```

berechnet die Lösung 4 *der Gleichung* $2x = 3$ *im Restklassenring* $\mathbb{Z}/5\,\mathbb{Z}$.

3.4.3   Relationale Operatoren

Relationale Ausdrücke, kurz Relationen, werden durch die Verknüpfung zweier Ausdrücke durch einen der *relationalen Operatoren*

       <   <=   >   >=   =   <>

gebildet. Die relationalen Operatoren dienen zur Beschreibung von Gleichungen und Ungleichungen. Ungleichungen der Form x < y oder x > y haben den Typ **LESS**, Ungleichungen der Form x <= y oder x >= y besitzen den Typ **LEEQUAL**. Ungleichungen werden immer zu einer der Formen x < y oder x <= y umgewandelt. Gleichungen sind vom Datentyp **EQUAL**, und Ungleichungen der Gestalt x <> y haben den Typ **UNEQUAL**.

In einem booleschen Kontext, beispielsweise bei der Auswertung der Bedingung einer **if**-Anweisung oder der expliziten booleschen Evaluierung einer Relation durch die Systemfunktion **bool**, wird versucht, die Relation zu einer der booleschen Konstanten **TRUE** oder **FALSE** auszuwerten. Bei Ungleichungen ist das nur möglich, wenn beide Operanden der Relation einen nicht komplexen numerischen Wert ergeben. Auf Gleichheit können alle Datentypen abgetestet werden.

Beispiel 39 *Durch*

```
expr := a  <   4*5 + 3;
```

wird expr *die Ungleichung* a < 23 *zugewiesen.*

```
type(expr);
```

liefert das Ergebnis LESS. *Nach der Zuweisung* a := 14; *ist der Aufruf von*

```
bool(expr);
```

möglich und ergibt in diesem Fall TRUE.

3.4.4 Logische Operatoren

Als logische Operatoren stehen **and**, **or** und **not** bereit. Sie dienen zur Verknüpfung mehrerer logischer Ausdrücke zu einem neuen logischen Ausdruck. Die Operatoren **and** und **or** sind binär, der Operator **not** ist unär.

Eine Evaluierung ist nur möglich, wenn sich die Operanden zu booleschen Konstanten evaluieren lassen. MuPAD vereinfacht Ausdrücke nach den Regeln von DE MORGAN allerdings auch dann, wenn eine explizite Auswertung nicht möglich ist. Unevaluierte Ausdrücke tragen die Ausdruckstypen OR, AND oder NOT.

Beispiel 40 *Der Ausdruck*

```
TRUE  or  1>2;
```

liefert den Wert TRUE. *Ein Ausdruck der Form*

```
not(a>b);       bzw.       not(c=d);
```

wird zu

```
a <= b       bzw.       c<>d
```

vereinfacht. Daher ergibt

```
not( (a<=b) or (c<>d) );
```

als Ausgabe

```
a>b and c=d
```

Zu beachten ist hier, daß im Fall einer booleschen Auswertung zunächst alle Operanden des vorliegenden logischen Ausdruckes boolesch ausgewertet werden. Erst dann wird das Ergebnis ermittelt. Eine Vorgehensweise, wie sie in anderen Programmiersprachen üblich ist und bei der mit **and** verknüpfte Ausdrücke der Reihe nach von links nach rechts evaluiert werden, bis der erste Ausdruck gefunden wird, der ein FALSE liefert, ist hier nicht implementiert. Daher darf kein Argument eines logischen Ausdruckes einen Laufzeitfehler liefern, auch wenn ein vorheriger Operand bereits das Ergebnis eindeutig bestimmt hat.

3.4.5   Bereiche und Sequenzen

3.4.5.1   Ausdruckssequenzen

Ausdruckssequenzen bestehen aus einer Folge durch Kommata getrennter beliebiger Ausdrücke. Das Komma bildet einen binären Operator, der zwei Ausdrücke miteinander verknüpft. Bei der Evaluierung einer Ausdruckssequenz wird jeder einzelne Operand evaluiert und anschließend wieder in die Sequenz eingereiht. Zusätzlich erfolgt auch bei Ausdruckssequenzen ein Ausgleichen der Operanden, wie es im Abschnitt 3.3.9 beschrieben ist, sowie ein Löschen von Objekten des Typs *CAT_NULL*. Auf die einzelnen Ausdrücke in der Sequenz kann mit Hilfe von Indizierung zugegriffen werden. Im Gegensatz zu Listen können einzelne Elemente von Ausdruckssequenzen jedoch nicht durch Zuweisungen an entsprechende indizierte Bezeichner verändert werden. Der Name dieses Ausdruckstyp lautet EXPRSEQ.

Beispiel 41 *Die Variablen* a, b *und* c *haben die Werte* 3, 4 *und* 5. *Die Ausdruckssequenz*

```
S := a+b, c, c*5, 10, d;
```

wird dann zu der Sequenz

```
7, 5, 25, 10, d
```

ausgewertet. Auf d *kann man als fünftes Element der Sequenz mit* S[5] *zugreifen.*

Ausdruckssequenzen können auch als Parameter eines Funktionsaufrufes oder eines indizierten Bezeichners verwendet werden. In diesem Fall werden sie ebenfalls ausgeglichen.

Beispiel 42 *Nach Zuweisung von*

```
a: = 1, 2, 3;
```

liefert der Aufruf

```
max(a);
```

den Wert 3.

3.4.5.2   Der Bereichsoperator

Der Bereichsoperator (..) ist ein weiterer binärer Operator, der zur Spezifikation von Folgen ganzer Zahlen dient. Neben anderen Anwendungen sind Bereiche zum Beispiel nützlich bei der Definition von Feldern mit Hilfe der Funktion array. In Verbindung mit dem Sequenzoperator ermöglichen Bereiche die explizite Bildung von Ausdruckssequenzen (siehe Beispiel 43). Bereiche tragen den Ausdruckstyp RANGE.

3.4.5.3 Der Sequenzoperator

Der Sequenzoperator (\$) kann sowohl als unärer wie auch als binärer Operator verwendet werden. Eine Auswertung als unärer Operator kann nur dann erfolgen, wenn der Operand einen Bereich darstellt. Bei der Evaluierung eines solchen Ausdrucks wird der Bereich in die korrespondierende Ausdruckssequenz umgewandelt.

Beispiel 43 *Der Ausdruck*

```
$ 1..5;
```

wird zu der Ausdruckssequenz

```
1, 2, 3, 4, 5
```

evaluiert. Dagegen bleibt

```
$ x..y;
```

unausgewertet, wenn x *und* y *noch keine Werte zugewiesen wurden.*

Eine unäre Sequenz bleibt immer dann unevaluiert, wenn sich die Operanden des Bereiches nicht als ganzzahlig erweisen. Ist der erste Operand des Bereiches größer als der zweite, so wird ein Objekt des Typs *CAT_NULL* als Ergebnis geliefert. Der unevaluierte Sequenzoperator stellt ein Objekt vom Typ SEQGEN dar.

Es gibt zwei Möglichkeiten den Sequenzoperator in der Form eines binären Operators zu verwenden. In der ersten Form muß es sich um einen Ausdruck der Form

```
<expr1> $ <ident> = <expr2> .. <expr3>
```

handeln und sich der Bereich `<expr2> .. <expr3>` zu einer ganzzahligen Ausdruckssequenz evaluieren. `<ident>` muß ein vorzeichenloser Bezeichner sein. In diesem Fall führt die Auswertung des Ausdrucks zu einer Sequenz, deren Elemente gebildet werden, indem im Ausdruck `<expr1>` alle Bezeichner der Form `<ident>` eine Ersetzung durch die Werte `<expr2>` bis `<expr3>` erfahren.

In der zweiten Form der Verwendung des binären Sequenzoperators muß der Ausdruck die Form

```
<expr1> $ <expr2>
```

besitzen. Das Ergebnis der Auswertung ist dann eine Ausdruckssequenz, die `<expr1>` genau `<expr2>`-mal enthält. Dies macht natürlich nur dann Sinn, wenn sich `<expr2>` zu einer positiven ganzen Zahl evaluiert.

Beispiel 44 *Der Ausdruck*

```
1/i $ i=1..3;
```

liefert die Ausdruckssequenz

```
1, 1/2, 1/3
```

Durch

```
a $ 10;
```

wird die Sequenz

```
a, a, a, a, a, a, a, a, a, a
```

erzeugt.

 Die erste Form des binären Sequenzoperators führt zu Fehlern, wenn die sogenannte Laufvariable vor Ausführung bereits einen Wert besitzt. Da das zweite Argument des Sequenzoperators vor der Ausführung vollständig evaluiert wird, wird in diesem Fall auch die Laufvariable durch ihren Wert ersetzt und so eine sinnvolle Ausführung des Sequenzoperators verhindert. Diese Evaluation der Laufvariablen kann jedoch durch Verwendung der Systemfunktion `hold` unterbunden werden.

Beispiel 45 *Besitzt der Bezeichner i bereits einen Wert, so kann das Problem der vorzeitigen Evaluation des Bezeichners durch den Aufruf*

```
1/i $ hold(i)=1..3;
```

verhindert werden.

3.4.6   Selbstdefinierte Operatoren

Mit Hilfe des &-Zeichens bietet sich dem Benutzer die Möglichkeit, einen neuen binären Operator zu definieren. Ein Ausdruck der Form

```
<expr1> &<ident> <expr2>
```

wird vom System intern als Funktionsaufruf

```
<ident>(<expr1>,<expr2>)
```

dargestellt. Daher haben unevaluierte Ausdrücke dieser Form i.a. den Ausdruckstyp `FUNC`. Durch Zuweisung einer Prozedurdefinition an den Bezeichner `<ident>` kann der entsprechende binäre Operator definiert werden.

Beispiel 46 *Ein Ausdruck der Form*

```
(a+b) &f (c*d);
```

entspricht dem Funktionsaufruf

```
f(a+b, c*d);
```

Wird die Operatorschreibweise mit Hilfe des &-Zeichens n-är verwendet, so werden die Funkionsaufrufe selbst automatisch ausgeglichen, was bei einer funktionalen Schreibweise nicht der Fall ist. Dieser Vorgang kann jedoch durch explizite Klammerung verhindert werden.

Beispiel 47 *Innerhalb des Aufrufs*

```
a &f b &f c;
```

wird automatisch ausgeglichen, d.h. es wird das Datum f(a, b, c) *erzeugt. Dies kann durch explizite Klammerung verhindert werden, so daß*

```
a &f (b &f c);
```

dem Wert f(a, f(b, c)) *entspricht.*

Selbstverständlich können mit Hilfe des &-Operators auch binäre Systemfunktionen angesprochen werden.

Beispiel 48 *Die Zuweisung*

```
a := b;
```

kann alternativ unter Verwendung der Underline-Funktion _assign *(vergleiche Abschnitt 3.8) auch als*

```
_assign(a, b);    bzw.    a &_assign b;
```

geschrieben werden.

3.4.7   Mengenoperatoren

Zur Bearbeitung von Mengen stellt das System dem Benutzer die binären Mengenoperatoren

```
union, minus und intersect
```

zur Verfügung. Mit ihrer Hilfe können Mengen vereinigt, ihre Differenz gebildet oder ihre Schnittmenge bestimmt werden. Können die Operatoren nicht vollständig evaluiert werden, so werden Objekte der Typen UNION, MINUS oder INTERSECT erzeugt.

Beispiel 49 *Es seien die folgenden Mengen definiert:*

```
M := {a, b, c, d};
N := {c, d, e, f};
O := {g, h};
```

Dann haben die drei Ausdrücke

```
M union N;   M intersect O;   N minus M;
```

die Werte:

```
{a, b, c, d, e, f},   {},   {e, f}
```

3.4.8   Der Konkatenationsoperator

Mit Hilfe des Konkatenationsoperators (.) können je nach Typ der Operanden unterschiedliche Operationen durchgeführt werden. Der Operator ist binär, wirkt also auf zwei Operanden, für deren Typen es sechs verschiedene Kombinationsmöglichkeiten gibt. Die Wirkungsweise des Operators ist in diesen sechs Fällen jeweils unterschiedlich. Nicht vollständig evaluierte Ausdrücke dieser Form tragen den Typ CONCAT.

Die Konkatenation

- `<list1>.<list2>` erzeugt eine neue Liste, in der alle Elemente der beiden Ausgangslisten `<list1>` und `<list2>` enthalten sind (vergleiche Beispiel 19).

- `<string>.<string>` erzeugt eine neue Zeichenkette.

Beispiel 50 *Durch*

```
"hello "."world"
```

werden die beiden Zeichenketten zu

```
"hello world"
```

konkateniert.

- `<string>.<ident>` erzeugt ebenfalls eine Zeichenkette. Man erhält dasselbe Ergebnis, als hätte man die Konkatenation der Zeichenketten `<string>` und `"<ident>"` ausgeführt.

- `<ident>.<string>` ergibt einen neuen Bezeichner. Da dieser im Gegensatz zu Zeichenketten nur aus Kombinationen von Buchstaben, Zahlen und dem Unterstrich bestehen darf, muß `<string>` in diesem Fall denselben Einschränkungen unterliegen, damit dieser Ausdruck einen gültigen MuPAD-Bezeichner liefert.

Beispiel 51 *Die Konkatenation*

```
a."bc" ;
```

erzeugt den neuen Bezeichner **abc**. *Ein Aufruf der Form*

```
a."b c" ;
```

ist allerdings nicht erlaubt, da **ab** **c** *keinen gültigen Bezeichner in MuPAD darstellt.*

- `<ident>.<ident>` liefert einen neuen Bezeichner, z.B. ergibt **a.b** den Bezeichner **ab**.

- `<ident>.<expr>` erzeugt ebenfalls einen Bezeichner, sofern sich der Ausdruck `<expr>` zu einer nichtnegativen ganzen Zahl oder einem Bezeichner evaluiert.

Beispiel 52 *Der Bezeichner* **b** *habe den Wert* **123**. *Dann evaluiert sich*

```
a.b ;
```

zu dem Bezeichner **a123**. *Der Ausdruck*

```
a.i $ i = 0..3;
```

ergibt die Ausdruckssequenz **a0, a1, a2, a3**.

Es ist zu beachten, daß der Konkatenationsoperator genauso wie alle übrigen Operatoren zunächst seine Argumente evaluiert. Dies kann bei der Konkatenation von Bezeichnern zu ungewollten Fehlern führen, wenn diese vor der eigentlichen Konkatenation durch ihren Wert ersetzt werden. Hier schafft eine Schachtelung des Bezeichners in einen `hold`-Aufruf Abhilfe.

Um die `hold`-Funktion auch auf der linken Seite einer Zuweisung benutzen zu können, ist hier aus syntaktischen Gründen eine Klammerung des gesamten Konkatenationsausdruckes nötig.

Beispiel 53 *Trägt die Variable* a *bereits den Wert* 10 *und soll durch Konkatenation der Bezeichner* a1 *erzeugt werden, so kann dies durch den Ausdruck*

```
hold(a).1;
```

mit Hilfe der `hold`*-Funktion geschehen.*
Soll dem so erzeugten Bezeichner ein Wert zugeweisen werden, so kann dies durch

```
(hold(a).1) := value;
```

geschehen.

3.4.9   Priorität der unären und binären Operatoren

Die Priorität der unären und binären Operatoren ist in der folgenden Tabelle angegeben. Die Operatoren sind hier von oben nach unten mit fallender Priorität dargestellt.

```
              not
              .
              &<ident>
              ^
              *   /
              +   -
              intersect
              minus
              union
              mod   div
              ..
              <   <=   >   >=   =   <>
              $
              and
              or
              ,
              ;  :
```

3.5   Anweisungen

MuPAD stellt eine Vielzahl verschiedener *Anweisungen* zur Verfügung. Diese gliedern sich grob in

- Zuweisungen

- Kontrollstrukturen zur bedingten Ausführung von Anweisungsblöcken

- Schleifen

- Anweisungen zur Steuerung paralleler und sequentieller Abläufe

In diesem Abschnitt werden die Anweisungen der Programmiersprache im einzelnen vorgestellt. Hierbei handelt es sich um gewöhnliche MuPAD-Objekte des Datentyps *CAT_EXPR*. Wie bei den übrigen Objekten dieses Typs kann auch hier durch die Funktion `type` eine genauere Unterscheidung vorgenommen werden. Anweisungen können sowohl interaktiv als auch im Rumpf einer Prozedur verwendet werden.

Anweisungen liefern ebenso wie gewöhnliche Ausdrücke ein Ergebnis, das bei interaktiver Eingabe auf dem Bildschirm ausgegeben wird. Das Ergebnis einer Zuweisung ist hierbei durch die evaluierte rechte Seite derselben, das Ergebnis einer Anweisungssequenz durch das Resultat der letzten in ihr enthaltenen und evaluierten Anweisung bestimmt. Besteht das letzte Element einer Anweisungssequenz aus einen gewöhnlichen Ausdruck, so wird das Ergebnis seiner Evaluierung als Wert der Anweisungssequenz angesehen.

Bei allen übrigen sequentiellen Anweisungen wird das Ergebnis durch die Evaluierung des Rumpfes der Anweisung gebildet. Dieser Rumpf wird i.a. durch eine Anweisungssequenz bestimmt, die unter gewissen Bedingungen eventuell mehrfach auszuführen ist. Das Ergebnis der letzten Ausführung dieser Anweisungssequenz bestimmt damit das Ergebnis der gesamten Anweisung. Ist der Anweisungsteil leer, so wird ein Objekt des Typs *CAT_NULL* als Ergebnis zurückgegeben.
Die Befehle `next` und `break` beeinflussen das Ergebnis einer Anweisung nicht, so daß das Ergebnis der Sequenz in diesem Fall durch den dem `next` oder `break` vorausgehenden Eintrag bestimmt wird. Das Ergebnis paralleler Anweisungen wird durch einen anderen Mechanismus bestimmt (vergleiche Abschnitt 3.7.1.1).

Mit Hilfe der Environment-Variablen `PRINTLEVEL` ist es möglich, sich die im Verlauf der Evaluierung einer Anweisung oder Prozedur berechneten Teilergebnisse ausgeben zu lassen.

3.5.1   Anweisungssequenzen

Die in den folgenden Abschnitten näher beschriebenen Anweisungen können sowohl einzeln verwendet als auch zu *Anweisungssequenzen* zusammengefaßt werden.

Diese haben den Typ STMTSEQ. Dadurch können aneinandergereihte Anweisungen als Objekt eines Ausdruckstyps angesprochen werden.

Syntax:

$$
\begin{aligned}
<stmtseq> \ &::= \ <stmt> \\
&\ \ | \ \ <stmtseq><sep><stmt> \ . \\
<sep> \ \ \ &::= \ \ ; \ | \ : \ .
\end{aligned}
$$

Sofern Anweisungssequenzen nicht in einem parallelen Kontext benutzt werden, erfolgt die Abarbeitung in der Reihenfolge der Eingabe.

Beispiel 54 *Durch die Zuweisung einer Anweisungssequenz an einen Bezeichner ist es möglich, eine Art primitiver Programme zu schreiben. So kann durch*

```
c := hold((a:=1; b:=2));
```

der Variablen c eine Anweisungssequenz zugeordnet werden, ohne daß diese evaluiert wird. Erst der erneute Aufruf von c führt zur Ausführung der beiden Zuweisungen.

3.5.2 Zuweisungen

Die am häufigsten auftretende Anweisung ist die Zuweisung.

Syntax:

$$
<stmt> \ ::= \ <name> \ := \ <expr> \ .
$$

3.5.2.1 Zuweisungen an Bezeichner

In der einfachsten Form einer Zuweisung ist $<name>$ ein Bezeichner. Bei der Auswertung einer solchen Anweisung wird $<expr>$ vollständig evaluiert und dann an $<name>$ zugewiesen, indem das Ergebnis der Evaluierung in der Variablenliste unter dem entsprechenden Bezeichner gespeichert wird. Diese Variablenliste enthält alle dem System bekannten Bezeichner zusammen mit den diesen Bezeichnern zugeordneten Werten.

Eine Besonderheit bildet die Zuweisung von NIL an einen Bezeichner. Durch sie wird der Bezeichner wieder zurückgesetzt, d.h. aus der Variablenliste gelöscht. Der Bezeichner steht anschließend für sich selbst. Eine Ausnahme stellen hierbei Environment-Variable dar, die bei einer Zuweisung von NIL auf ihren Default-Wert zurückgesetzt werden (vergleiche hierzu Abschnitt 3.6.4). Der Ausdruckstyp einer Zuweisung lautet ASSIGN.

Beispiel 55 *Durch die Zuweisung*

        a := 100;

wird der Bezeichner a *mit dem Wert* 100 *in die Variablenliste eingetragen. Nach*

        a := NIL;

wird a *aus der Variablenliste gelöscht, und der Bezeichner* a *steht nun wieder für sich selbst. Die Zuweisungen*

        a := 50;   a := b;   b := c;   c := d;   d := 80;

bilden eine Anweisungssequenz. Nach ihrer Ausführung ergibt ein Aufruf von a *den Wert* 80. *Dies ist jedoch nicht der Wert, der für* a *in der Variablenliste eingetragen ist. Dort steht als Wert für* a *der Bezeichner* b, *da* b *der letzte Wert ist, der an* a *zugewiesen wurde. Die Ausgabe* 80 *entsteht durch die vollständige Evaluierung und Substitution des Wertes von* a. *Durch diesen Mechanismus ist garantiert, daß eine Änderung des Wertes von* b, *also eine erneute Zuweisung an den Bezeichner* b, *ebenfalls Auswirkungen auf* a *hat.*

Bei dieser Art der Zuweisung wird also nur die rechte Seite evaluiert. Die linke Seite der Zuweisung bleibt unevaluiert. Dies ändert sich, wenn sich auf der linken Seite ein komplexerer Ausdruck befindet.

3.5.2.2 Zuweisungen an zusammengesetzte oder indizierte Bezeichner

Auf der linken Seite einer Zuweisung ist außer einem einfachen Bezeichner auch ein Bezeichner, der mit Hilfe des Konkatenationsoperators gebildet wurde, erlaubt. In diesem Fall wird die linke Seite zunächst zu einem Bezeichner evaluiert. Ist dies nicht möglich, so tritt ein Laufzeitfehler auf. Anschließend verläuft der Zuweisungsmechanismus wie im letzten Abschnitt beschrieben. Man beachte in diesem Zusammenhang die in Abschnitt 3.4.8 beschriebenen Besonderheiten bei der Benutzung des Konkatenationsoperators auf der linken Seite einer Zuweisung.

Mit Hilfe der Zuweisung ist es außerdem möglich, den Inhalt von Tabellen, Feldern und Listen zu verändern. Zu diesem Zweck werden indizierte Bezeichner auf der linken Seite der Zuweisung eingesetzt. Diese indizierten Bezeichner beschreiben auf gewohnte Weise das zu überschreibende Element. Hierzu wird die linke Seite der Zuweisung vollständig evaluiert und anschließend das angegebene Element durch die rechte Seite der Zuweisung ersetzt. Verbirgt sich hinter dem Bezeichner eines indizierten Ausdruckes keiner der angegebenen Typen, so wird eine leere Tabelle erzeugt und der Eintrag in diese vorgenommen.

Beispiel 56 *Bei Ausführung der Zuweisung*

```
T[2] := e*f;
```

wird zunächst überprüft, ob sich hinter der Variablen T ein Feld, eine Liste oder eine Tabelle verbirgt.
*Ist T ein Feld, so wird überprüft, ob der Wert 2 ein gültiger Index des Feldes ist. In Abhängigkeit des Ergebnisses wird dann eine Fehlermeldung ausgegeben oder der Wert e*f wird an der dem Index 2 entsprechenden Stelle in das Feld eingetragen. Handelt es sich bei der Variablen T um eine Tabelle, so kann der Wert direkt eingefügt werden. Ein evtl. vorhandener alter Wert zum Index 2 wird überschrieben. Ist T weder eine Tabelle noch ein Feld, so wird sein Wert gelöscht und ihm eine neue Tabelle zugewiesen. In diese wird der Wert e*f zum Index 2 eingetragen.*

Der Fall, daß es sich bei der linken Seite der Zuweisung um einen Funktionsaufruf handelt, wird in Abschnitt 3.6 ausführlich erläutert.
Außerdem ist eine Kombination aus dem Konkatenationsoperator, indizierten Bezeichnern und Funktionsaufrufen auf der linken Seite der Zuweisung möglich.

3.5.3 Die `if`-Anweisung

Mit Hilfe der `if`-Anweisung besteht die Möglichkeit, Anweisungssequenzen bedingt auszuführen.

Syntax:

```
<stmt>     ::=  if <expr> then <stmtseq> end_if
            |  if <expr> then <stmtseq> <elsepart> end_if .

<elsepart> ::=  else <stmtseq>
            |  elif <expr> then <stmtseq>
            |  elif <expr> then <stmtseq> <elsepart> .
```

Bei der Evaluierung der `if`-Anweisung wird zunächst der dem `if` folgende Ausdruck boolesch evaluiert. Liefert diese Evaluierung einen booleschen Wert, so wird in Abhängigkeit des Ergebnisses der erste Anweisungsblock, bzw. falls vorhanden, der zweite Anweisungsblock, ausgeführt.
Ist keine boolesche Evaluierung möglich, so wird eine entsprechende Fehlermeldung ausgegeben. Der `if`-Anweisung ist der Typ IF zugeordnet.
Um die Programmierung geschachtelter `if`-Anweisungen zu vereinfachen, steht das `elif`-Konstrukt zur Verfügung. Wird `elif` im `else`-Teil verwendet, so wird der alternative Teil der Anweisung nur unter einer zusätzlichen Bedingung ausgeführt, die nach dem Schlüsselwort `elif` anzugeben ist und ebenfalls boolesch evaluiert wird.

Beispiel 57 *Die Bezeichner* a, b *und* c *haben die Werte* 1, 2 *und* 3.
Die Ausführung der Anweisung

```
if a>b then
    c := 1;
elif b<c then
    c := 2;
else
    c := 3;
end_if
```

hat dann die Evaluierung der Zuweisung c := 2 *zur Folge.*
Die obige Anweisung ist äquivalent zu

```
if a>b then
    c := 1;
else
    if b<c then
        c := 2;
    else
        c := 3;
    end_if
end_if;
```

3.5.4 Die case-Anweisung

Bei der case-Anweisung handelt es sich um eine Kontrollstruktur, die das Konzept der if-Anweisung erweitert. Auch hier wird ein Ausdruck evaluiert, dann jedoch mit einer Anzahl von vorgegebenen Werten verglichen, um anschließend einen oder mehrere Anweisungsblöcke auszuführen. Die case-Anweisung trägt den Ausdruckstyp CASE.

Syntax:

```
<stmt> ::= case <expr> <ofpart> <otherpart> end_case .

<ofpart> ::= of <expr> do <stmtseq>
           | of <expr> do <stmtseq> <ofpart> .

<otherpart> ::= otherwise <stmtseq>
              | .
```

Bei der Evaluierung dieser Anweisung wird zunächst der dem Schlüsselwort case folgende Ausdruck evaluiert und dann, in der Reihenfolge ihres Auftretens, mit den Werten der Ausdrücke der of-Items verglichen. Sind beide Ausdrücke gleich, so wird der entsprechende Anweisungsteil ausgeführt. Wird ein solcher Anweisungsteil nicht mit einer break-Anweisung abgeschlossen, so werden die Anweisungsblöcke der folgenden Items ebenfalls ausgeführt, auch dann, wenn die Auswertung der zugehörigen Bedingung nicht den Wert TRUE ergeben würde. Dieser Prozeß wird erst durch die Ausführung einer break-Anweisung oder das Ende der case-Anweisung unterbrochen. Diese Verhaltensweise ermöglicht es dem Benutzer, ein und dieselbe Anweisungssequenz für mehrere Vergleichsausdrücke zu benutzen, indem diese hintereinander mit leeren Anweisungsteilen angegeben werden und lediglich der letzte Eintrag die in allen Fällen auszuführende Anweisungssequenz enthält.

Optional kann die case-Anweisung einen otherwise-Teil enthalten. Dieser bildet die Alternative zu den vorher abgeprüften Fällen und wird immer dann am Ende der Anweisung ausgeführt, wenn die case-Anweisung nicht vorher durch break beendet worden ist.

Wenn eine der in der case-Anweisung zu prüfenden Bedingungen zu einem TRUE führt, so werden die nachfolgenden Anweisungen ausgeführt, ohne daß die korrespondierenden Bedingungen abgeprüft werden.

Dies unterscheidet die case-Anweisung in MuPAD von der Funktionalität der case-Anweisung in Pascal, wo nur die Anweisungen ausgeführt werden, die der ersten als wahr evaluierten Bedingung folgen. Die Pascal-Funktionalität ist allerdings leicht hergestellt, indem man jede of-do Sequenz durch ein break abschließt.

Die Funktionalität des case-statement in MuPAD entspricht somit der switch-Anweisung der Programmiersprache C. Es stellt ein sehr mächtiges Programmkonstrukt der MuPAD-Programmiersprache dar. Im Vergleich zur if-Anweisung zeichnet sich die case-Anweisung durch ihre wesentlich höhere Verarbeitungsgeschwindigkeit aus.

Beispiel 58 *Die Variablen* a, b, c *und* d *haben die Werte* 1, 2, 3 *und* 4. *Die* case-*Anweisung*

```
case d
  of a   do s := 1;
  of a+c do s := 2;
  of b   do s := 3; break;
  of d   do s := 4;
end_case;
```

führt dann zur Evaluierung der Zuweisungen s := 2 *und* s := 3.

Die case-Anweisung in MuPAD umfaßt somit sowohl die Funktionalität der case-Anweisung in Pascal wie auch die Möglichkeiten der switch-Anweisung in C.

MuPAD stellt jedoch noch eine weitere Möglichkeit zur Beeinflussung der case-Anweisung zur Verfügung. Ist das Ergebnis einer Auswertung der of-Items einmal

TRUE gewesen, so werden sämtliche weiteren Anweisungen der nachfolgenden Items ebenfalls ausgeführt, sofern nicht mit break die case-Anweisung vorzeitig abgebrochen wird. In MuPAD ist es nun möglich, nach dem ersten TRUE gezielt nur noch diejenigen Anweisungen auszuführen, für die die Bedingung der Items erfüllt ist. Dies geschieht mit Hilfe des Befehls next, der wie break die Ausführung einer Anweisungssequenz innerhalb einer case-Anweisung abbricht, dann aber diese nicht vollständig verläßt, sondern den nächsten übereinstimmenden Ausdruck sucht.

Beispiel 59 *Die Variable i habe den Wert 4. Wird nun folgende case-Anweisung eingegeben:*

```
case i
  of 1 do s := 1;
  of 2 do s := 2;
  of 4 do s := 4; next;
  of 5 do s := 5;
  of 4 do s := s*2;
  of 5 do s := s^2; break;
  of 4 do s := s*2;
end_case;
```

so hat dies zur Folge, daß die Zuweisungen s := 4, s := s*2 *und* s := s^2 *ausgeführt werden.*

3.5.5 Die for-Schleife

Die for-Schleife dient zur wiederholten Ausführung einer Anweisungssequenz. Zu diesem Zweck stellt MuPAD dem Benutzer zwei verschiedene Arten der Schleife zur Verfügung.

3.5.5.1 Durchlaufen eines Wertebereiches

In der ersten Form der for-Schleife wird die Ausführung durch einen Zähler kontrolliert, der mit fester Schrittweite einen definierten Wertebereich durchläuft. Diese Form der for-Schleife hat je nach Laufrichtung einen der Typen FOR oder FOR_DOWN.

Syntax:

```
<stmt>  ::=  for <ident> from <expr> to <expr>
                <steppart> do <stmtseq> end_for
           | for <ident> from <expr> downto <expr>
                <steppart> do <stmtseq> end_for .

<steppart>  ::=  step <expr>
             |  .
```

Bei der Evaluierung der for-Schleife wird zunächst der Wertebereich der Laufvariablen bestimmt. Dazu sind die beiden Ausdrücke, die diesen Bereich spezifizieren, sowie, falls vorhanden, der die Schrittweite bestimmende Ausdruck auszuwerten. Ist eine Schrittweite nicht angegeben, wird der Default-Wert 1 benutzt. Nach der Zuweisung des Startwertes an die Laufvariable erfolgt die Ausführung der Anweisungssequenz.

Im nächsten Schritt wird die Laufvariable durch Addition oder Subtraktion der Schrittweite, je nachdem ob es sich um die to- oder downto-Form der Schleife handelt, neu besetzt und wiederum die Anweisungssequenz ausgeführt. Überschreitet bzw. unterschreitet die Laufvariable ihren Endwert, so terminiert die Schleife.

Beispiel 60 *Die Schleife*

```
for i from 1 to 5 step 2 do A[i] := i^2 end_for;
```

nimmt in der Tabelle A *die Einträge*

```
(1=1),  (3=9),  (5=25)
```

vor.

Bei der Evaluierung der for-Schleife treten Fehler auf, wenn sich die Ausdrücke, die den Wertebereich der Schleifenvariablen spezifizieren, nicht zu numerischen Werten evaluieren lassen oder im Schleifenrumpf der Laufvariablen ein nicht-numerischer Wert zugewiesen wird.

Der Wertebereich der Schleifenvariablen sowie die Schrittweite werden lediglich einmal zu Beginn der Ausführung der Schleife evaluiert. Spätere Änderungen dieser Werte haben also keinen Einfluß auf die Evaluierung der Schleife.

Die Schleifenvariable selbst darf hingegen im Schleifenrumpf verändert werden und beeinflußt die Evaluierung der Schleife auch entsprechend. Nach der Beendigung der Schleife trägt die Schleifenvariable den Wert, den sie im letzten Durchlauf des Schleifenrumpfes besessen hat.

Beispiel 61 *Die folgenden Anweisungen*

```
for i from 1 to 5 do
    A[i] := i^2;
    i := i+1;
end_for;
```

fügen dieselben Werte in die Tabelle A *ein, wie die Schleife in Beispiel 60. Jedoch trägt die Schleifenvariable* i *hier anschließend den Wert* 6, *während der Endwert in Beispiel 60 den Wert* 5 *besitzt.*

3.5.5.2 Durchlaufen der Operandenliste

Häufig soll eine bestimmte Anweisung für jeden Operanden eines Ausdrucks ausgeführt werden. Mit Hilfe der Funktionen op und nops ist dies unter Verwendung der im letzten Abschnitt eingeführten for-Schleife möglich.

Beispiel 62 *Gegeben sei die Liste* L = [1, 3, 5]. *Dann führt die Schleife*

```
for i from 1 to nops(L) do
  A[op(L, i)] := op(L, i)^2
end_for;
```

zum gleichen Ergebnis wie das Beispiel 60.

Allerdings ist die Ausführung dieser Schleife sehr aufwendig, da die Extraktion eines einzelnen Operanden mit Hilfe der Systemfunktion op in jedem Durchlauf der Schleife mehrmals ausgeführt werden muß. Eine elegantere Lösung ist die folgende: Man bestimmt zunächst alle Operanden eines Ausdrucks, speichert diese in eine Liste und führt dann für jedes Element der Liste den Schleifenrumpf aus. Auf die Elemente der Liste kann direkt zugegriffen werden, so daß die explizite Bestimmung der einzelnen Operanden entfällt. Da diese Anwendung in der Praxis recht häufig vorkommt, stellt MuPAD dem Benutzer hierfür ein Konstrukt zur Verfügung, die zweite Form der for-Schleife, die den Typ FOR_IN trägt.

Syntax:

```
<stmt> ::= for <ident> in <expr> do <stmtseq> end_for .
```

Die Zahl und Art dieser Operanden ist abhängig vom Ergebnis der Evaluierung des Ausdrucks <expr>.

Beispiel 63 *Das Ergebnis aus Beispiel 60 kann man ebenfalls durch die Schleife*

```
for i in L do A[i] := i^2 end_for;
```

erzielen.

3.5.6   Die while-Schleife

Eine while-Schleife hat in MuPAD folgende
Syntax:

> $<stmt> ::=$ while $<expr>$ do $<stmtseq>$ end_while.

Sie dient dazu, eine Anweisungssequenz solange wiederholt auszuführen, bis die
durch den Ausdruck angegebene Bedingung nicht mehr erfüllt ist.
Bei der Ausführung der while-Schleife wird zunächst der zu testende Ausdruck
ausgewertet. Ist eine boolesche Evaluierung nicht möglich, tritt ein Laufzeitfehler
auf. Hat das Ergebnis den Wert TRUE, so ist der Schleifenrumpf solange auszuführen, bis die Evaluierung des Ausdruckes den booleschen Wert FALSE ergibt.
Der Ausdruckstyp der while-Schleife ist WHILE.

Beispiel 64 *Die Variable* i *habe den Wert* 2. *Die Evaluierung der Schleife*

```
while i<5 do i := i+1 end_while;
```

bewirkt ein dreimaliges Durchlaufen des Schleifenrumpfes i := i+1. *Nach Ausführung der Schleife trägt die Variable* i *somit den Wert* 5.

3.5.7   Die repeat-Schleife

Die **repeat**-Schleife bildet eine weitere Möglichkeit, eine Anweisungssequenz in
Abhängigkeit einer Bedingung wiederholt auszuführen, sie trägt den Typ REPEAT.
Syntax:

> $<stmt> ::=$ repeat $<stmtseq>$ until $<expr>$ end_repeat.

Hier wird die Anweisungssequenz solange ausgeführt, bis die Abbruchbedingung
erfüllt ist, d.h. den Wert TRUE liefert. Da die Bedingung erst am Ende der Schleife
geprüft wird, wird der Rumpf einer **repeat**-Schleife im Gegensatz zur **while**-
Schleife immer mindestens einmal durchlaufen. Ist eine boolesche Evaluierung
nicht möglich, wird die Evaluierung mit einem Fehler abgebrochen.

Beispiel 65 *Die Variable* i *habe den Wert* 2. *Die Evaluierung der Schleife*

```
repeat i:=i+1 until i=5 end_repeat;
```

bewirkt ebenfalls ein dreimaliges Durchlaufen des Schleifenrumpfes i := i+1. *Somit ergibt sich auch in diesem Beispiel der Wert* 5 *für die Variable* i *nach Ausführung der Schleife.*

3.5.8 Die Befehle next und break

Zur Beeinflussung der Ausführung einer Schleife oder einer case-Anweisung stehen zwei weitere Befehle zur Verfügung. Innerhalb eines Schleifendurchlaufes hat der Befehl next zur Folge, daß der gegenwärtige Schleifendurchlauf unterbrochen und gegebenenfalls mit dem nächsten Durchlauf der Schleife fortgefahren wird. Mit Hilfe des Befehles break kann die gesamte Evaluierung einer Schleife oder einer case-Anweisung abgebrochen werden.

Werden die Befehle next oder break innerhalb von Prozeduren benutzt, führt dies zum Verlassen der Prozedur (vergleiche Abschnitt 3.6). Diese beiden Anweisungen tragen die Typen BREAK und NEXT.

Beispiel 66 *Die Ausführung der Anweisungen*

```
i:=1;
while i<5 do
  if i=3 then
     break;
  else
     i := i+1;
  end_if;
end_while ;
```

ergibt für den Bezeichner i *den Wert* 3.

3.5.9 Der quit-Befehl

Der Befehl quit dient zum Verlassen von MuPAD, d.h. die aktuelle Sitzung wird beendet. Wird der quit-Befehl innerhalb eines Programmes gegeben, so bewirkt dies lediglich einen Rücksprung auf die interaktive Ebene des Systems, ohne Mu-PAD jedoch zu verlassen. Der quit-Befehl besitzt den Typ QUIT.

3.5.10 Anweisungen als Ausdrücke

Da Anweisungen zu einem beliebigen Datum (vergleiche Seite 143) evaluiert werden können, ist ihre Verwendung in jedem Kontext zulässig. Konsequenterweise können Anweisungen daher auch als Ausdrücke verwendet werden. In diesem Fall muß die entsprechende Anweisung in zusätzliche Klammern gesetzt werden. Abhängig vom Wert der Environment-Variable EVAL_STMT werden Anweisungen evaluiert oder nicht. Der Default-Wert ist TRUE. Falls EVAL_STMT gleich FALSE gesetzt ist, werden Anweisungen nur dann ausgeführt, wenn eine der folgenden Bedingungen erfüllt ist:

- Die Anweisung ist interaktiv als vollständiges Datum eingegeben worden.

- Die Anweisung ist ein Operand einer Anweisungssequenz, die den Rumpf einer anderen Anweisung oder einer Prozedurdefinition bildet.

Durch die Verhinderung der automatischen Evaluierung von Anweisungen ist der Benutzer in der Lage, auf Teile der Anweisung zuzugreifen und sie zu manipulieren.

Beispiel 67 *Wird der Environment-Variablen* EVAL_STMT *der Wert* FALSE *zugewiesen, bleibt die* if-*Anweisung*

```
stmt := (if a then b else c end_if);
```

unevaluiert stehen. Mit op(%) *erhält man dann die Operanden* a, b *und* c *der* if-*Anweisung.*

Beispiel 68 *Die folgenden Anweisungen liefern bei* EVAL_STMT := TRUE *die angegebenen Ergebnisse:*

```
c   :=  (a := b);
                                        b
f((a := b));
                                        f(b)
x   := (if TRUE then
           1; a := 2;
        else
           100;
        end_if);
                                        2
(a := b) + (n := m);
                                        b+m
```

Es wird deutlich, daß Anweisungen in jedem Kontext evaluiert werden und mit den von ihnen zurückgelieferten Werten weitergearbeitet wird. Im Fall EVAL_STMT := FALSE *wären in den obigen Beispielen keine der inneren Anweisungen evaluiert worden, da sie alle innerhalb von Ausdrücken auftreten.*

Neben der Möglichkeit, die Auswertung von Anweisungen durch die globale Variable EVAL_STMT zu steuern, gibt es in MuPAD zusätzlich zwei Funktionen, eval und hold, die die Ausführung von Anweisungen steuern. Mit eval kann der Benutzer die Auswertung einer Anweisung explizit herbeiführen, wenn EVAL_STMT auf FALSE gesetzt ist. Mit hold kann man die Evaluierung einer Anweisung unterbinden.

Beispiel 69 *Obwohl* `EVAL_STMT := TRUE` *gesetzt ist, wird der Variablen* `a` *durch*

```
a := hold((b := c));
```

die Zuweisung `b:=c` *zugewiesen. Diese wird erst bei Benutzung bzw. Aufruf von* `a`
ausgeführt, wie in folgendem Beispiel dargestellt ist:

```
S := 1 + hold((x := y));
```
$$1 + (x := y)$$
```
x;
```
$$x$$
```
S;
```
$$1 + y$$
```
x;
```
$$y$$

Entsprechend kann der Benutzer trotz der Zuweisung `EVAL_STMT := FALSE` *die*
Evaluierung einer Anweisung veranlassen:

```
a := (b := c);
```
$$b := c$$
```
a;
```
$$b := c$$
```
b;
```
$$b$$
```
eval(a);
```
$$c$$
```
b;
```
$$c$$

3.6   Prozeduren

Eine Prozedurdefinition bildet einen weiteren möglichen Ausdruck der Sprache und ist ein Grundelement für strukturiertes Programmieren in MuPAD. Prozedurdefinitionen tragen den Datentyp *CAT_EXPR* sowie den Ausdruckstyp PROCDEF.

Eine Prozedurdefinition besteht aus den folgenden Teilen:

- Formale Parameter

- Lokale Variable

- Optionen

- Prozedurrumpf

- Remember-Tafel

Außer dem Prozedurrumpf ist jeder dieser Teile optional, muß also nicht in einer Prozedurdefinition auftreten. Durch die Zuweisung der Prozedurdefinition an einen Bezeichner erhält die Prozedur indirekt ihren Namen, der später innerhalb der Prozedur über die Variable procname zugänglich ist.

Beispiel 70 *Durch die Zuweisung*

```
f := proc(n, m)
local s;
begin
  s := n+m;
  s/2
end_proc;
```

wird dem Bezeichner f *eine Prozedur zugewiesen, die das arithmetische Mittel der beiden Argumente berechnet. Die Variable* s *ist innerhalb der Prozedur lokal (vergleiche Abschnitt 3.6.3) und beeinflußt den Wert von* s *in der Aufrufumgebung nicht. Durch den Aufruf*

```
f(a*b, c);
```

erfolgt die Ausführung der Prozedur mit den aktuellen Parametern a*b *und* c*.*

Prozeduren genügen der folgenden

Syntax:

```
<stmt>         ::=  proc(<identseq>) <localpart> <optionpart>
                         <procbody> .

<localpart>    ::=  local <identseq> ;
               |    .

<optionpart>   ::=  option <identseq> ;
               |    .

<procbody>     ::=  begin <stmtseq> end_proc .

<identseq>     ::=  <idseq>
               |    .

<idseq>        ::=  <ident>, <idseq>
               |    <ident> .
```

MuPAD unterscheidet nicht zwischen der Zuweisung einer Prozedurdefinition oder eines beliebigen anderen algebraischen Datums an einen Bezeichner. Dies legt die Gültigkeit von Prozedurdefinitionen fest. Eine Prozedur ist i.a. erst dann verfügbar, wenn die entsprechende Zuweisung an einen Bezeichner explizit ausgeführt wurde (vergleiche hierzu auch Beispiel 78). Prozeduren können jedoch auch direkt aufgerufen werden. Hierzu wird anstelle des Prozedurnamens die Definition selbst verwendet.

Beispiel 71 *Die Zuweisung*

```
T[a] := proc(b) begin b^2 end_proc;
```

fügt eine Prozedurdefinition direkt in eine Tabelle ein. Durch den Aufruf

```
T[a](5);
```

kann die so definierte Prozedur nun direkt mit dem Argument 5 aufgerufen werden, ohne einen Prozedurnamen zu benutzen.

Die Evaluierung der eigentlichen Prozedurdefinition verändert diese nicht, d.h. es findet auch keine Vereinfachung von Ausdrücken innerhalb der Prozedurdefinition statt. Erst im Fall des Aufrufes der Prozedur erfolgt eine Evaluierung des Prozedurrumpfes.

Beispiel 72 *Es sei die Prozedur f wie folgt definiert:*

```
f := proc(x)
begin
  g := proc(x) begin x^2 end_proc;
  x*2
end_proc;
```

Dann liefern die Prozeduraufrufe

```
g(5);    f(3);    g(5);
```

nacheinander die Ergebnisse g(5), 6 *und* 25, *da erst durch den Aufruf von* f *der globalen Variablen* g *eine Prozedurdefinition zugewiesen wird.*

3.6.1   Der Prozedurrumpf

Der Rumpf einer Prozedur besteht aus einer Anweisungssequenz, die durch die Schlüsselwörter `begin` und `end_proc` eingeschlossen wird. Diese Anweisungssequenz wird im Zuge der Prozedurausführung sequentiell abgearbeitet (vergleiche Abschnitt 3.7) und kann auch leer sein.

Das Ergebnis des zuletzt ausgewerteten Ausdrucks bildet den Rückgabewert der Prozedur, wenn diese nicht vorzeitig verlassen wird. Dazu steht neben den in Abschnitt 3.5.8 beschriebenen Möglichkeiten die Funktion `return` zur Verfügung. Der Aufruf von `return` innerhalb einer Prozedur bewirkt das sofortige Verlassen der Prozedur. Das Argument der Funktion wird evaluiert und bildet den Rückgabewert der Prozedur.

Beispiel 73 *Die Systemfunktion* `sqrt` *dient zur Berechnung der Quadratwurzel. Da diese Berechnung nur für numerische Argumente durchgeführt werden soll, prüft die folgende Prozedur zunächst den Datentyp des aktuellen Parameters und bricht die Bearbeitung bei einem nicht-numerischen Argument mit der Meldung "argument not numeric" ab.*

```
g := proc(x)
begin
  if not(testtype(x, "NUMERIC"))  then
    return("argument not numeric")
  else  float(sqrt(x))
  end_if;
end_proc;
```

Besonders zu beachten bei der Evaluierung des Prozedurrumpfes ist der folgende Punkt: Innerhalb des Prozedurrumpfes findet keine vollständige Substitution von

Bezeichnern statt, sofern dies nicht explizit durch den Aufruf von `level` verlangt wird oder die Substitutionstiefe (vergleiche Abschnitt 3.2.4) mit Hilfe der Environment-Variablen `LEVEL` verändert wird. Die Tiefe der Substitution ist auf 1 beschränkt, wie man an folgendem Beispiel sieht.

Beispiel 74 *Es seien die Zuweisungen*

```
a := b;    b := c;    c := d;
```

sowie

```
f := proc() begin a end_proc;
g := proc() begin level(a) end_proc;
```

durchgeführt worden. Dann liefern die Eingaben

```
a;    f();    g();
```

nacheinander die Ergebnisse d, b *und* d, *da der Bezeichner* a *nur innerhalb einer interaktiven Eingabe oder durch die explizite Verwendung der Funktion* level *vollständig substituiert werden kann. Innerhalb der Prozedur* f *findet die angesprochene einstufige Substitution statt.*

Welchen Sinn hat dieser Mechanismus der Evaluierung in Prozeduren? Die vollständige Substitution kann zu einer ungewollten rekursiven Definition der Variablen führen. Diese Gefahr besteht immer dann, wenn innerhalb eines aktuellen Parameters Bezeichner vorkommen, die innerhalb der Prozedur als lokale Variablen oder formale Parameter mit einem neuen Wert verwendet werden.

Beispiel 75 *Sei die Funktion* f *wie folgt definiert:*

```
f := proc(x)
begin
  sqrt(x);
end_proc;
```

Nun wird die Funktion f *mit dem Wert* x^2 *aufgerufen. Im Falle einer vollständigen Substitution würde dies zu einer rekursiven Definition führen. Denn im Zuge der Parameterübergabe wird, wie im folgenden Abschnitt beschrieben, unter dem Bezeichner* x *der Wert* x^2 *gespeichert. Eine mehrstufige Substitution hätte nun zur Folge, daß der Wert* x *wiederholt substituiert würde, was zu der beschriebenen rekursiven Definition führt. Dieser Effekt wird bei einer einstufigen Substitution vermieden.*

3.6.2   Parameterübergabe

Unter formalen Parametern sind diejenigen Variablen zu verstehen, die innerhalb
der Definition einer Prozedur als Parameter spezifiziert werden. Die aktuellen Parameter sind diejenigen Werte, die beim späteren Aufruf der Prozedur tatsächlich
eingesetzt werden.
In Beispiel 70 sind als formale Parameter die Bezeichner n und m vorhanden. Die
aktuellen Parameter werden hier durch die Ausdrücke a*b und c gebildet.

3.6.2.1   Auswertung der aktuellen Parameter

Die Parameterübergabe in MuPAD geschieht durch *call by value*. Hierbei werden
alle aktuellen Parameter zunächst vollständig evaluiert. Anschließend wird für jeden in der Prozedurdefinition benutzten formalen Parameter eine lokale Variable
erzeugt und dieser der Wert des jeweiligen aktuellen Parameters zugewiesen. Mit
dieser lokalen Kopie des aktuellen Parameters wird dann innerhalb der Prozedur
gearbeitet. Eine Rückwirkung auf den aktuellen Parameter hat dies nicht, d.h.
Zuweisungen an einen formalen Parameter innerhalb des Prozedurrumpfes haben
keinen Effekt auf den Wert dieser Variablen außerhalb der Prozedur. Dies bedeutet konkret, daß der Wert der aktuellen Parameter durch die Ausführung einer
Prozedur nicht verändert werden kann. Wird als aktueller Parameter NIL angegeben, so verhält sich der zugehörige formale Parameter wie eine nichtinitialisierte
lokale Variable.

3.6.2.2   Zugriff auf die Übergabeparameter

Viele Programmiersprachen lassen bei Definition und Aufruf von Prozeduren nur
den Fall zu, daß die Anzahl der aktuellen und formalen Parameter übereinstimmt.
Dadurch entsteht eine durch die Reihenfolge festgelegte eindeutige Zuordnung zwischen aktuellen und formalen Parametern. Im Prozedurrumpf ist daher jeder Parameter über den bei der Definition benutzten formalen Namen ansprechbar.
In MuPAD ist es möglich, eine Prozedur mit einer von der Anzahl der formalen
Parameter abweichenden Anzahl von Argumenten aufzurufen. Ist die Zahl der
aktuellen Parameter kleiner als die Anzahl der formalen Parameter, so werden
die überschüssigen formalen Parameter als nichtinitialisierte lokale Variablen behandelt. Gibt es mehr aktuelle Parameter als formale, so ist ein Mechanismus
erforderlich, der den Zugriff auf diese Parameter ermöglicht. Innerhalb einer Prozedur — und nur hier — steht zu diesem Zweck die Systemfunktion args zur
Verfügung. Der Aufruf args() liefert eine Ausdruckssequenz, die die aktuellen
Parameter in der Reihenfolge ihrer Eingabe beinhaltet. Der Aufruf args(0) liefert die Anzahl der aktuellen Übergabeparameter. Darüber hinaus kann auf den
n-ten Parameter mit args(n) zugegriffen werden, wobei n aus dem Bereich zwischen 1 und args(0) sein muß. Selbstverständlich kann args auch grundsätzlich

an Stelle der formalen Parameter benutzt werden. Wird dann auf die Deklaration von formalen Parametern vollständig verzichtet, können Namenskonflike, z.B. bei Verwendung der option hold, häufig umgangen werden (vergleiche Beispiel 75).

Vor Ausführung des Prozedurrumpfes wird die lokale Variable procname angelegt, in der der Name der Prozedur gespeichert wird, sofern dieser durch die Zuweisung der Prozedurdefinition an einen Bezeichner bekannt ist.

Beispiel 76 *Die folgende Prozedur berechnet unabhängig von der Anzahl der Parameter deren Summe.*

```
sum := proc()
local i, S;
begin
  if args(0) = 0 then
    return(procname())
  else
    S := 0;
    for i from 1 to args(0) do
      S := S + args(i);
    end_for;
  end_if;
end_proc;
```

Bei Aufruf der Prozedur ohne Parameter wird dieser Aufruf unter Verwendung von procname *zurückgegeben.*

3.6.3 Lokale Variable – Scope-Regeln

Die Deklaration von Bezeichnern ist in MuPAD nicht erforderlich. Es besteht jedoch die Möglichkeit, Bezeichner innerhalb einer Prozedur mit dem Schlüsselwort local als lokal zu vereinbaren, um somit den Gültigkeitsbereich des entsprechenden Bezeichners auf diese Prozedur und eventuell hieraus aufgerufene Prozeduren zu beschränken. Auf diese Art und Weise können z.B. auch lokale Prozeduren definiert werden.

Ein Bezeichner ist in derjenigen Prozedur, in der er als lokal vereinbart worden ist, sowie in allen aus dieser Prozedur direkt oder indirekt heraus aufgerufenen Prozeduren, sichtbar. Dies gilt, solange keine dieser Prozeduren eine erneute local-Vereinbarung des Bezeichners enthält. Erfolgt eine local-Deklaration innerhalb einer dieser Prozeduren, so wird ein neuer Repräsentant des Bezeichners angelegt. Dessen Gültigkeitsbereich erstreckt sich dann wiederum auf alle Prozeduraufrufe, die aus dieser Prozedur heraus erfolgen.

Zu beachten ist hier, daß der Sichtbarkeitsbereich einer Variablen, im Gegensatz zu Programmiersprachen wie Pascal oder C, nicht statisch, sondern dynamisch bestimmt wird.

Fehlt die Deklaration eines Bezeichners vollständig, so ist dieser global; konsequenterweise kann man den Bezeichner dann als lokal auf der obersten Ebene des Systems verstehen.

Die folgenden Beispiele sollen die Sichtbarkeitsregeln verdeutlichen.

Beispiel 77 *Haben die Bezeichner* a *und* b *die Werte 2 bzw. 3, und wird die Prozedur* f *wie folgt definiert,*

```
f := proc(c)
local a;
begin
  a := 7+c;
  b := a
end_proc;
```

so liefert der Aufruf von f(4) *das Ergebnis 11. Die in* f *durchgeführten Zuweisungen an die Variablen* a *und* b *haben aber in der Aufrufumgebung von* f *nur eine Auswirkung auf* b, *da* a *in der Prozedur lokal definiert wurde. Das heißt, daß* a *nach Aufruf von* f *weiterhin den Wert 2 hat, wogegen* b *global den Wert 11 zugewiesen bekommen hat.*

Beispiel 78 *Die Bezeichner* a *und* b *haben die Werte 2 bzw. 15. Wird die Prozedur* f, *definiert durch*

```
f := proc(a)
begin
  g := proc()
  local b;
  begin
    h := proc() begin a := 5*b end_proc;
    b := a;                                    #(1)#
    h() + a;                                   #(2)#
  end_proc;
  a*h()*g()*h()*a*b;                           #(3)#
end_proc;
```

nun mit dem aktuellen Parameter a *aufgerufen, so besteht die Auswertung von* f(a) *in der Evaluierung des Ausdruckes in Schritt (3). Dieser wird wie folgt evaluiert: Der Bezeichner* a *ergibt sich durch den Aufruf der Prozedur mit dem aktuellen Parameter 2 ebenfalls zu 2. Da die Prozedur* g *zu diesem Zeitpunkt noch nicht ausgeführt wurde, ist die Prozedur* h *noch nicht bekannt und somit bleibt der Funktionsaufruf* h() *unevaluiert. Die Ausführung der Prozedur* g *führt dazu, daß das in* g *lokale* b *in Schritt (1) auf 2 gesetzt wird und anschließend, durch den*

Aufruf der jetzt bekannten Prozedur h, a *den Wert* 10 *erhält. Somit liefert die Prozedur* g *in Schritt (2) den Wert* 20. *Der anschließende nochmalige Aufruf von* h *liefert den Wert* 10. *Die Variablen* a *und* b *tragen nun die Werte* 10 *und* 15 *und somit ergibt sich in Schritt(3) das Ergebnis* 2*h()*20*10*10*15.

Zu bemerken ist an dieser Stelle noch, daß die in f *definierten Prozeduren* g *und* h *nach dem Aufruf von* f *globale Variablen sind, also in der Aufrufumgebung von* f *angesprochen werden können.*

3.6.4   Environment-Variablen

Neben globalen und lokalen Variablen gibt es in MuPAD eine weitere Form von Variablen, die sogenannten *Environment-Variablen*. Dies sind Systemvariable, die innerhalb einer Prozedur durch eine local-Deklaration wie lokale Variable benutzt werden können. Dadurch ist der Gültigkeitsbereich der Variablen auf diese Prozedur bzw. auf alle von dieser Prozedur aus aufgerufenen Prozeduren beschränkt. Im Unterschied zu gewöhnlichen lokalen Variablen werden Environment-Variablen jedoch mit ihrem aktuellen Wert aus der Aufrufumgebung der Prozedur initialisiert.

Da der Gültigkeitsbereich der Variablen auf diese Prozedur beschränkt ist, haben Zuweisungen an die Variable auch keine Auswirkung auf den Wert der Variablen außerhalb der Prozedur. Außerdem findet bei den meisten Environment-Variablen im Falle einer Zuweisung eine besondere Überprüfung des zuzuweisenden Datums statt, da der Wertebereich dieser Variablen in vielen Fällen stark eingeschränkt ist.

Beispiel 79 *Innerhalb der Prozedur* f *werde die Environment-Variable* DIGITS *als lokale Variable definiert:*

```
f   :=   proc()
         local DIGITS;
         begin
             print(float(PI));
             DIGITS := 20;
             print(float(PI));
             return();
         end_proc;
```

Wird nun vor dem Aufruf von f *der Wert von* DIGITS *auf 5 gesetzt, so liefert die Prozedur die Ausgaben:*

```
3.1415
```

```
3.1415926535897932384
```

Die anschließende Eingabe von `float(PI)` *liefert ebenfalls den Wert*

        3.1415

Als Environment-Variablen können die folgenden Systemvariablen benutzt werden, die mit ihrem Default-Wert angegeben sind:

Systemvariable	Wert
DIGITS	10
LEVEL	100
ERRORLEVEL	0
PRINTLEVEL	0
MAXLEVEL	100
HISTORY	[20, 3]
TEXTWIDTH	75
LIB_PATH	
READ_PATH	
WRITE_PATH	
EVAL_STMT	TRUE
PRETTY_PRINT	TRUE

Die initialen Werte der Pfadvariablen `LIB_PATH`, `READ_PATH` und `WRITE_PATH` sind in dieser Aufstellung nicht angegeben, da diese von der lokalen MuPAD-Installation abhängen.

Eine Sonderrolle spielt die Environment-Variable `LEVEL`, da diese in jeder Prozedur automatisch auf den Wert 1 gesetzt wird, um die Substitutionstiefe 1 innerhalb von Prozeduren zu gewährleisten.

3.6.5   Optionen

Durch die Angabe von vordefinierten Bezeichnern nach dem Schlüsselwort `option` können weitere Eigenschaften einer Prozedur festgelegt werden. Bislang stellt MuPAD dem Anwender zwei Optionen zur Verfügung.

3.6.5.1   Option `hold`

Für gewöhnlich werden vor Auswertung des Prozedurrumpfes zunächst alle aktuellen Parameter eines Prozeduraufrufes vollständig evaluiert. Dann wird die Prozedur mit diesen ausgewerteten Übergabeparametern ausgeführt. Dies ist in der Regel die Art der Parameterübergabe, die gewünscht wird. In einigen Fällen ist diese vorzeitige Evaluierung jedoch auch hinderlich. Durch das Setzen der Option `hold` kann die Evaluierung der Parameter verhindert werden. Eine nachträgliche Evaluierung innerhalb der Prozedur kann dann mit Hilfe der Systemfunktion level erfolgen, wenn dies erforderlich sein sollte. Jedoch ist auch hier wieder zu beachten, daß eventuell vorhandene lokale Variable und formale Parameter einen Einfluß auf diese nachträgliche Evaluierung haben können, wenn sie innerhalb des zu evaluierenden Datums auftreten.

Beispiel 80 *Die folgende Prozedur* newassign *ermöglicht es dem Benutzer, eine Zuweisung zu definieren, bei der vor der eigentlichen Zuweisung die linke Seite mit der Substitutionstiefe 1 evaluiert wird. Die Prozedur benutzt zu diesem Zweck die Option* hold. *Diese ist erforderlich, um eine vorzeitige vollständige Evaluierung der linken Seite zu verhindern.*

An die Prozedur newassign *werden die linke sowie die rechte Seite der Zuweisung übergeben. Zunächst wird dann eine einfache Zuweisung erzeugt und mit* hold *geschachtelt, um eine sofortige Ausführung zu verhindern. Im folgenden* subsop-*Aufruf werden die Argumente der Zuweisung dann durch die aktuellen Parameter ersetzt. Der Wert für die linke Seite wird hierbei zweistufig substituiert, was einer einstufigen Substitution des ursprünglichen Argumentes entspricht. Der Wert für die rechte Seite wird nachträglich vollständig evaluiert. Innerhalb von* subsop *findet ebenfalls keine Evaluierung der Zuweisung statt, da die Evaluierung eines* last-*Aufrufes keine nochmalige Evaluierung des entsprechenden Wertes beinhaltet. Eine nachträgliche Evaluierung kann jedoch durch die Funktion* eval *erreicht werden und wird im dritten Schritt durchgeführt.*

```
newassign := proc(left, right)
            option hold;
            begin
                  hold((a:=b));
                  subsop(%1, 1=level(left, 2), 2=level(right));
                  eval(%);
            end_proc;
```

Es habe nun die Variable a *den Wert* b, *und es sei* b *unbesetzt. Dann weist der Prozeduraufruf*

        newassign(a, 2);

der Variablen b *den Wert 2 zu.* a *bleibt hierbei unbesetzt, evaluiert sich beim Aufruf jedoch über* b *ebenfalls zu 2.*

3.6.5.2 Option remember

In Anwendungen kommt es häufig vor, daß Funktionsauswertungen mit denselben Argumenten mehrmals durchgeführt werden müssen. Daher ist es in diesen Fällen sinnvoll, die Ergebnisse zu speichern und so erneute Berechnungen zu vermeiden. In MuPAD wird dies durch den Remember-Mechanismus bewerkstelligt.

Mit jeder Prozedur in MuPAD ist potentiell eine *Remember-Tafel* verbunden. Dies ist eine Tabelle, in der das Argument der Prozedur den Index und das Ergebnis des Funktionsaufrufes den zugeordneten Wert darstellt. Bei einem Prozeduraufruf wird nun, unabhängig von einer gesetzten Option **remember**, zunächst in der Remember-Tafel nachgesehen, ob zu diesem Argument bereits ein Eintrag existiert. Ist dies der Fall, so wird das Ergebnis direkt dort entnommen. Andernfalls wird das Ergebnis berechnet und, wenn die Option **remember** gesetzt ist, die Remember-Tafel um diesen Eintrag erweitert. Somit können teilweise langwierige Funktionsauswertungen durch das schnelle Suchen in einer Tabelle ersetzt werden. Ein Eintrag in die Remember-Tafel bei nicht gesetzter Option **remember** kann direkt durch eine Zuweisung an den entsprechenden Funktionsaufruf durchgeführt werden, wie im nächsten Abschnitt beschrieben wird.

Besonders bei rekursiven Prozeduren vermindert sich die Anzahl der Funktionsauswertungen dadurch drastisch.

Beispiel 81 *Die Berechnung der n-ten Fibonacci-Zahl* `fib(n)` *benötigt exponentiell viele Aufrufe, wenn die Berechnung rekursiv mit Hilfe der folgenden Prozedur erfolgt:*

```
f:= proc(n)
    begin
        if n<2 then
            n;
        else
            fib(n-1)+fib(n-2);
        end_if;
    end_proc;
```

Mit der Option **remember** *verhält sich die Anzahl der Funktionsauswertungen dagegen linear in* n. *Im günstigsten Fall gilt dies auch für das Laufzeitverhalten. Dies hängt jedoch noch von der Zugriffszeit auf die Remember-Tafel ab. So erfolgen im Beispiel der Berechnung von* `fib(n)` *zusätzlich zu den* $n+1$ *Funktionsauswertungen noch* $n+1$ *schreibende und* $n-2$ *lesende Zugriffe auf die Tabelle.*

Die Remember-Tafel wird innerhalb der Prozedurdefinition durch eine MuPAD-Tabelle dargestellt. Diese Tabelle ist der fünfte Operand der Prozedurdefinition und so kann auf sie mittels **op** zugegriffen werden. Vorsicht ist bei der Verwendung der Option **remember** geboten, wenn die zugehörige Prozedur Seiteneffekte auf globale Variable hat oder der Wert von globalen Variablen in das Prozedurergebnis eingeht. Beide Fälle werden von MuPAD nicht erkannt und können somit zu Fehlern führen.

Beispiel 82 *Die Prozedur*

```
f:= proc(n)
    option remember;
    begin
        w*n;
    end_proc;
```

multipliziert die Eingabe mit der globalen Variablen w. *Verändert sich der Wert von* w, *so sind Funktionswerte, die aus der Remember-Tafel entnommen werden, i.a. falsch:*

```
w := 10:
f(5);
                    50

w := 20:
f(5);
                    50
```

3.6.6 Operanden einer Prozedurdefinition

Eine Prozedurdefinition enthält 5 Operanden — den nullten Operanden _procdef nicht mitgezählt. Dies sind die formalen Parameter, die lokalen Variablen, die Optionen sowie der Prozedurrumpf und die Remember-Tafel. Ist ein Operand nicht spezifiziert, z.B. da keine lokalen Variablen vorhanden sind, so wird als Operand ein NIL ausgegeben.

Beispiel 83 *Die Operanden der Prozedur*

```
f := proc(a, b)
    local c;
    option remember;
    begin
        c := a+b;
    end_proc;
```

bestehen nach dem einmaligen Aufruf der Funktion mit den Parametern 2 und 3 aus der folgenden Ausdruckssequenz:

```
(a, b), _exprseq( c ), remember, c := a + b, table((2, 3) = 5)
```

Vergleiche hierzu auch die am Ende von Abschnitt 3.8 beschrieben Besonderheiten bei der Verwendung von _procdef.

3.6.7   Zuweisungen an Prozedurdefinitionen

Wie die in Abschnitt 3.5.2.2 beschriebenen Zuweisungen an indizierte Bezeichner,
müssen auch Zuweisungen an Funktionsaufrufe ebenfalls behandelt werden. Wird
einem Funktionsaufruf ein Wert zugewiesen, so wird zunächst überprüft, ob der
Funktionsname bereits eine Prozedurdefinition enthält. Ist dies der Fall, so wird,
falls noch nicht vorhanden, eine Remember-Tafel in der Prozedurdefinition angelegt und in diese ein entsprechender Eintrag vorgenommen. Enthält der Funktionsname keine Prozedurdefinition, so wird diesem eine formale Prozedurdefinition der
Form

```
proc() option remember; begin procname(args()) end_proc;
```

zugewiesen.

Beispiel 84 *Bei der Ausführung der Zuweisung*

```
f(1) :=  {c, d};
```

wird zunächst überprüft, ob der Bezeichner f *eine Prozedurdefinition enthält. Ist
dies der Fall, so wird, falls noch nicht vorhanden, eine Remember-Tafel für* f
angelegt und in diese zum Index 1 *die Menge* {c,d} *eingetragen. Ein bereits vorhandener Eintrag zu diesem Index wird dadurch überschrieben. Enthält der Bezeichner* f *keine Prozedurdefinition, so wird* f *eine formale Prozedurdefinition mit
der Option* remember *zugewiesen und ebenfalls zum Index* 1 *die Menge* {c,d} *in
die Remember-Tafel von* f *eingetragen.*

Man kann also in Analogie zur Erzeugung von Tabellen eine Funktion durch die
Zuweisung eines einzigen Wertes erzeugen.

Beispiel 85 *Um ein weiteres, etwas komplexeres Beispiel zu behandeln, das einen
Funktionsaufruf und Indizierung auf der linken Seite einer Zuweisung kombiniert,
betrachten wir die Zuweisung*

```
f(a)[b] := z;
```

Der Bezeichner f *sei vor der Zuweisung unbesetzt. Dann wird durch diese Anweisung* f *eine formale Prozedurdefinition zugewiesen und eine Remember-Tafel für*
f *erzeugt. Da* f(a) *ein indizierter Bezeichner ist, wird, wie in Abschnitt 3.5.2.2
beschrieben, eine Tabelle erzeugt, in die zum Index* b *der Wert* z *eingetragen wird.
Diese Tabelle ist der Wert, der in der Remember-Tafel von* f *zum Index* a *abgelegt
wird.*
Nach obiger Zuweisung ergibt also der Aufruf von op(f) *die Ausdruckssequenz:*

```
NIL, NIL, remember, procname(args()), table(a=table(b=z))
```

3.7   Parallelität

Ein wesentliches Entwurfsziel von MuPAD ist die effiziente Verarbeitung sehr
großer Datenmengen. Dieses Ziel soll u.a. durch die Verwendung von Parallelrech-
nern erreicht werden, da der Verarbeitung großer Datenmengen auf einem sequentiellen System die zu geringe Verarbeitungsgeschwindigkeit sowie der zu kleine Speicher entgegenstehen. Die Verarbeitungsgeschwindigkeit ist leicht durch die Verwendung einer Shared Memory Maschine zu steigern, während sich der Speicher
durch Verwendung eines Netzwerkes von Rechnern beinahe beliebig vergrößern
läßt.

MuPAD bietet zwei verschiedene Formen der Parallelität an, die *Mikro-* und die
Makroparallelität. Während die Mikroparallelität sehr einfach zu benutzen ist,
da MuPAD die meisten der beim parallelen Programmieren auftretenden Probleme selbständig löst, kann ein paralleles Programm mit Hilfe der Makroparallelität optimal an die zugrundeliegende Hardware angepaßt werden, so daß auch auf
Netzwerken mit großen Kommunikationszeiten eine gute Geschwindigkeit erzielt
werden kann.

Bei der Benutzung der Mikroparallelität muß sich der Benutzer weder um die
Verteilung der auftretenden Aufgaben auf die zur Verfügung stehenden Prozesse
noch um die Kommunikation der Prozesse untereinander kümmern. Er hat nur
die Aufgabe, bestimmte Bereiche eines Programmes als parallel ausführbar zu
kennzeichnen, die wirkliche Parallelisierung dieses Abschnittes übernimmt dann
MuPAD.

Allerdings kann MuPAD dieses selbständige Verteilen der Aufgaben nicht mehr
zufriedenstellend lösen, wenn die Kommunikationszeit zwischen den Prozessen zu
groß wird. Um MuPAD auch auf solchen Systemen sinnvoll nutzen zu können,
wird die Makroparallelität angeboten. Hierbei wird MuPAD als ein Verbund von
Clustern aufgefaßt, die völlig unabhängig voneinander arbeiten. Jeder Cluster ist
selbst wieder ein Verbund von Prozessen. Bei den zu einem Cluster gehörenden
Prozessen werden die Kommunikationszeiten der Prozesse untereinander als so gering angenommen, daß die Mikroparallelität, die auf jedem Cluster zur Verfügung
steht, effizient arbeiten kann. Für den Benutzer stellt sich ein Cluster wie ein
einzelner Prozeß dar, auf dem die Mikroparallelität verwendet werden kann.

Die Makroparallelität stellt Hilfsmittel zur Verfügung, durch die die einzelnen Cluster miteinander kommunizieren und sich somit beeinflussen können. Als Hilfsmittel werden dabei sowohl Variablen, die auf allen Clustern denselben Wert haben,
also einen gemeinsamen Speicher bilden, als auch Message-Passing-Mechanismen
angeboten.

Durch die vielfältigen Möglichkeiten der Parallelisierung kann der Benutzer sein
Programm optimal an die Hardware anpassen und somit auf allen Architekturen
effizient lauffähige Programme schreiben.

3.7.1   Mikroparallelität

Die von MuPAD angebotene Mikroparallelität zeichnet sich durch ihre einfache
Anwendbarkeit aus. Es existieren parallele Anweisungen, mit deren Hilfe Programmteile explizit parallel ausgeführt werden können. Die Aufgabe des Benutzers besteht hier lediglich darin, mit Hilfe dieser Anweisungen Programmteile als
parallel ausführbar zu kennzeichnen. Lastbalancierung und Prozeßkommunikation
werden vom System selbständig durchgeführt, ohne daß sich der Benutzer hierum
zu kümmern hat. Diese Form der Parallelität ermöglicht es auch Benutzern ohne
umfangreiche Kenntnisse der Parallelverarbeitung, parallele Algorithmen in Mu-
PAD zu implementieren.

An mikroparallelen Anweisungen stellt MuPAD zwei parallele for-Schleifen sowie jeweils eine Anweisung zur Bildung paralleler und sequentieller Blöcke zur
Verfügung.

Die Verwaltung der parallel zu verarbeitenden Programmteile erfolgt in allen Fällen mit Hilfe des sogenannten *Problem-Heaps*. In diesen werden *Tasks* eingetragen,
die im Zuge der Evaluierung eines parallelen Konstruktes gebildet werden. Eine
Task stellt eine Aufforderung zur Evaluierung eines Datums dar und enthält das zu
evaluierende Datum und zusätzliche Informationen über den für die Evaluierung
notwendigen Kontext. Dazu gehören u.a. Informationen über den Vater sowie über
die vorhandenen Geschwister. Der Kontext wird für den Zugriff auf die globalen
Variablen der Task benötigt. Auch die Rückgabe des Wertes einer parallelen Sequenz wird mit Hilfe der Kontextinformationen realisiert. Weitere in der Task
gespeicherte Informationen beschreiben die privaten Variablen der Task. Hierbei
handelt es sich um eine spezielle Form lokaler Variablen.

Die Auswertung einer parallelen Anweisung geschieht nun wie folgt: Zunächst
werden von der Anweisung entsprechende Tasks mit den dazugehörenden Informationen erzeugt und auf den Problem-Heap geschrieben. Sobald sich Tasks auf
dem Heap befinden, beginnen arbeitslose Prozesse des jeweiligen Clusters, dem
Problem-Heap Tasks zu entnehmen und zu bearbeiten. Zu diesem Zweck lesen sie
die Informationen der Task aus, stellen den beschriebenen Kontext her und evaluieren das angegebene Datum. Auch der Prozeß, der die Tasks auf den Problem-
Heap geschrieben hat, beteiligt sich an dieser Abarbeitung des Heaps. Erst wenn
alle von ihm erzeugten Tasks bearbeitet worden sind, fährt er in seinem ursprünglichen Kontext fort. Durch dieses Warten auf die Beendigung der Tasks entsteht
ein Synchronisationspunkt innerhalb der Ausführung.

Im folgenden werden nun die einzelnen Konstrukte zur Steuerung der Mikroparallelität genauer beschrieben. Dabei wird auch auf die Möglichkeiten eingegangen,
Tasks vorzeitig zu beenden.

3.7.1.1 Die parallele for-Schleife

MuPAD stellt zwei Versionen der parallelen for-Schleife zur Verfügung. Wie auch im sequentiellen Fall (vergleiche Abschnitt 3.5.5) unterscheiden sich diese Versionen durch den Laufbereich der Schleifenindizes. Es existiert je eine parallele Form der for-to-Schleife sowie der for-in-Schleife. Eine Unterscheidung der Laufrichtung der Schleifenvariable macht im parallelen Fall natürlich keinen Sinn. Zur syntaktischen Unterscheidung wird in beiden Fällen lediglich das Schlüsselwort do durch parallel ersetzt. Diese beiden Schleifen tragen die Typen FOR_PAR und FOR_IN_PAR.

Syntax:

```
<stmt>     ::=  for <ident> from <expr> to <expr>
                    <steppart> parallel <prvt>
                    <stmtseq> end_for.
             |  for <ident> in <expr> parallel  <prvt>
                    <stmtseq> end_for.

<steppart>  ::=  step <expr>
             |  .
```

Im Verlauf der Evaluierung einer parallelen for-Schleife werden in der ersten Form zunächst Start- und Endwert der Laufvariablen sowie deren Schrittweite bestimmt. Für die zweite Form der Schleife wird der zu behandelnde Ausdruck evaluiert und dessen Operanden bestimmt. Anschließend wird für jeden sich hieraus ergebenden Wert der Schleifenvariable eine eigene Task erzeugt, die unter anderem aus dem Rumpf der Schleife und dem jeweiligen Wert der Schleifenvariable besteht. Diese Tasks werden dann auf den Problem-Heap geschrieben. Sind alle Tasks abgearbeitet, so wird mit der Evaluierung der der Schleife folgenden Anweisung fortgefahren.

Das Ergebnis der parallelen Schleife besteht im Gegensatz zur sequentiellen Form, bei der die zuletzt ausgeführte Anweisung den Wert der gesamten Anweisung ergibt, aus einer Ausdruckssequenz, die die Resultate der einzelnen Tasks enthält. Die Reihenfolge der Werte innerhalb dieser Sequenz entspricht dabei der Anordnung der Operanden bzw. der natürlichen Reihenfolge, wie sie durch den Wertebereich der Schleifenvariable vorgegeben ist.

Die Deklaration von privaten Variablen, die auch in for-Schleifen möglich ist, wird in Abschnitt 3.7.1.3 beschrieben.

Beispiel 86 *Die Elemente einer Liste sollen quadriert und anschließend in Form einer Menge zurückgegeben werden. Dies leistet folgende sequentielle Schleife:*

```
for i in L do M := M union {i^2} end_for;
```

wobei M *zu Beginn eine leere Menge und* L *die zu bearbeitende Liste sein sollen. Offensichtlich sind hier alle Schleifendurchläufe voneinander unabhängig, so daß man statt obiger sequentieller Form auch die parallele Form der* for-*Schleife verwenden kann. Ein einfaches Ersetzen der sequentiellen durch die parallele Form der* for-in-*Schleife ist hier jedoch nicht möglich, da dies aufgrund der Zuweisung*

```
M := M union {i^2};
```

zu Fehlern führen würde, wenn mehrere Tasks gleichzeitig auf M *zugreifen. Denn führen zwei Tasks diesen Befehl parallel mit unterschiedlichem i aus, so lesen beide zunächst den Inhalt von M und führen dann die Vereinigung aus. Die Tasks berechnen nun unterschiedliche Mengen, die sie dann als Wert der Variablen* M *zuweisen. Das Ergebnis der Tasks, die zuerst ihr Ergebnis an* M *zuweist, geht verloren, da die andere Task dieses Ergebnis löscht, wenn sie ihr Ergebnis an* M *zuweist.*

Daher muß an dieser Stelle explizit mit dem Ergebnis der for-*Schleife gearbeitet werden. Die folgende Anweisung liefert das gewünschte Ergebnis:*

```
M := {(for i in L parallel i^2 end_for)};
```

Hierbei liefert die for-*Schleife im Falle der Liste* L := [1, 2, 3, 4] *die Ausdruckssequenz* 1, 4, 9, 16 *als Ergebnis zurück. Durch die Mengenklammern wird diese Ausdruckssequenz dann in eine Menge umgewandelt.*

3.7.1.2   Parallele und sequentielle Blöcke

Um beliebige Anweisungen oder Anweisungssequenzen parallel ausführen zu können, bietet MuPAD die parbegin- sowie die seqbegin-Anweisung an.

Syntax:

```
parbegin  <prvt>  <stmt_seq>  end_par .
```

Syntax:

```
seqbegin  <stmt_seq>  end_seq .
```

Wird eine Anweisungssequenz von den Schlüsselwörtern parbegin und end_par eingeschlossen, so bedeutet dies, daß die einzelnen Anweisungen der Sequenz parallel abgearbeitet werden können. Auch hier werden im Zuge der Evaluierung der Blöcke entsprechende Tasks gebildet und auf den Problem-Heap geschrieben. Die Deklaration von privaten Variablen ist ebenfalls möglich.

Durch `seqbegin` und `end_seq` umgebene Anweisungen werden in jedem Fall sequentiell ausgeführt. Somit besteht innerhalb der `parbegin`-Anweisung die Möglichkeit, sequentielle Blöcke zu definieren. Die beiden Anweisungen besitzen die Ausdruckstypen `PARBEGIN` und `SEQBEGIN`.

Beispiel 87 *Die Ausführung der Anweisung*

```
parbegin
  a := 1;
  b := 2;
  seqbegin
    c := 3;
    d := 2*c;
  end_seq;
  e := 4
end_par;
a + b + c + d + e;
```

hat zur Folge, daß vier Tasks parallel ausgeführt werden. Jeweils eine Task führt eine der Zuweisungen a := 1, b := 2 und e := 4 aus, die vierte Task führt sequentiell die Anweisungen c := 3 und d := 2*c aus. Der Ausdruck a + b + c + d + e wird erst ausgewertet, nachdem diese vier Tasks beendet sind. Das Ende des parallelen Blocks bildet also einen Synchronisationspunkt.

3.7.1.3 Private-Variable

Greifen parallele Tasks gleichzeitig schreibend auf gemeinsame globale Variable zu, so hängen diese Werte von der zufälligen Reihenfolge der Abarbeitung der Tasks ab. Selbst bei einem ausschließlich lesenden Zugriff kann außerdem eine Sequentialisierung der Tasks erfolgen, da das Lesen globaler Variablen von mehreren Tasks innerhalb des internen Laufzeitkellers nur nacheinander durchgeführt werden kann. Da das Lesen aus dem Laufzeitkeller schnell geht, wird die Sequentialisierung allerdings erst spürbar, wenn die Anzahl der Prozesse eines Clusters sehr groß ist oder wenn sehr häufig auf diese globale Variable zugegriffen wird. Werden Variablen nur lokal innerhalb einer Task benötigt, so ist es aber sinnvoll, sie von vornherein als lokal zu definieren. Die `private`-Deklaration von Variablen ermöglicht es dem Benutzer, lokale Variablen gleichen Namens für jede Task einer parallelen Anweisung anzulegen. Diese können sich nicht gegenseitig beeinflussen oder blockieren.

Syntax:

```
<prvt> ::= private <identseq>
```

Wird eine Variable als `private` deklariert, so wird sie als lokal bzgl. einer jeden Task innerhalb der zugehörigen parallelen Anweisung aufgefaßt und deshalb mehrfach im Speicher angelegt. Auf diese Weise wird ein blockierendes Zugreifen der Tasks auf diese Variable verhindert. Auch die Laufvariable einer parallelen Schleife ist eine `private`-Variable, die allerdings automatisch erzeugt und initialisiert wird.

Beispiel 88 *Die folgende Prozedur berechnet die Zeilensummen-Norm einer Matrix* A. *Die Prozedur geht dabei davon aus, daß die Matrix in Blöcke unterteilt ist, die durch einen Aufruf der Form*

```
A := array(1..n, 1..m, [1,m]);
```

erzeugt wurden. Dadurch ist es möglich, direkt auf den Teilfeldern, die in diesem Fall gerade die Zeilen sind, zu arbeiten. Dadurch wird ein unnötig häufiges Zugreifen auf die Matrix A und somit eine mögliche Sequentialisierung vermieden.

```
proc(A)
   local i;
begin
   for i in A parallel
   #i durchlaeuft alle Zeilen von A#
      private sum, j;
      sum:=0;
      for j in i do
      #j durchlaeuft alle Elemente der Zeile i#
         sum:=sum+abs(j);
      end_for;
   end_for;
   max(last(1));
end_proc;
```

Die Berechnung jeder einzelnen Zeilensumme wird sequentiell durchgeführt, die Summierung der Zeilen erfolgt jedoch parallel. Wäre die Variable sum *nicht als* `private`-*Variable deklariert, würden sich die Berechnungen der einzelnen Zeilen gegenseitig beeinflussen. So ist dies nicht möglich, da die Variable* sum *für jede Zeile lokal existiert. Dasselbe gilt für die Variable* j.
Die parallele for-*Schleife liefert eine Ausdruckssequenz mit der Summen der Absolutbeträge der Elemente der einzelnen Zeilen. Durch den Aufruf von* max *mit* last(1) *als Argument wird die Zeilensummennorm zurückgegeben.*

3.7.1.4   Abbruch paralleler Anweisungen

Um parallele Anweisungen bzw. die hiervon erzeugten Tasks zu beenden, stehen die bereits bekannten Befehle **break** und **next** zur Verfügung. Diese haben innerhalb von parallelen Konstrukten eine zur sequentiellen Verwendung analoge Bedeutung:

Wird der **break**-Befehl innerhalb einer parallelen Anweisung verwendet, so werden die aktuelle Task sowie alle Geschwister dieser Task abgebrochen. Als Ergebnis der Anweisung wird für die mit **break** abgebrochene Task der zuletzt von dieser Task berechnete Wert, für die übrigen abgebrochenen Tasks ein NIL in die resultierende Ausdruckssequenz eingesetzt. Tasks, die terminiert sind, bevor der Abbruch erfolgte, tragen ihren normalen Rückgabewert in die Ausdruckssequenz ein.

Der **next**-Befehl, der in sequentiellen Schleifen den aktuellen Schleifendurchlauf abbricht und mit dem folgenden fortfährt, hat auf parallele Konstrukte eine analoge Wirkung — die aktuelle Task wird abgebrochen, die Geschwister-Tasks bleiben jedoch unberührt. Als Ergebnis der abgebrochenen Task wird der letzte von ihr evaluierte Wert in die resultierende Ausdruckssequenz eingefügt.

Eine weitere Möglichkeit, parallele Anweisungen abzubrechen, bietet die Funktion **return**. Ihre Wirkung auf parallele Konstrukte unterscheidet sich nicht von ihrem Verhalten im sequentiellen Fall. Es werden lediglich zusätzlich die Geschwister-Tasks der abgebrochenen Task und deren Nachfolger beendet bzw. vom Problem-Heap gelöscht, da ihre Ergebnisse nicht mehr relevant sind.

Während der **next**-Befehl nur dazu dient, dem Benutzer das Abbrechen einer Task zu erleichtern, ist es mit dem **break**- und **return**-Befehl möglich, Oder-Parallelität zu erzeugen, da sämtliche Geschwister-Tasks abgebrochen werden können, wenn das gewünschte Ergebnis erzielt wurde.

Beispiel 89 *Es soll eine Funktion geschrieben werden, die überprüft, ob sich in einer übergebenen Liste L eine Primzahl befindet. Falls dies der Fall ist, so soll die Funktion TRUE liefern, ansonsten FALSE. Diese Funktion kann folgendermaßen realisiert werden:*

```
proc(L)
begin
  for i in L parallel
    if isprime(i) then
       return (TRUE);
    end_if;
  end_for;
  return (FALSE);
end_proc;
```

Dieses Programm testet parallel, ob die Listenelemente Primzahlen sind. Sobald eine Primzahl unter den Listenelementen gefunden worden ist, werden alle Tasks abgebrochen und das Ergebnis TRUE zurückgegeben.

3.7.1.5 Parallele Konstrukte in der sequentiellen MuPAD-Version

Auch auf einem sequentiellen Rechner ist es möglich, die parallelen Konstrukte der MuPAD-Sprache zu verwenden. Somit kann man Programme, die für eine parallele

Version geschrieben sind, auch auf einem sequentiellen Rechner auf syntaktische Korrektheit überprüfen. Darüber hinaus ist es bedingt möglich, Programme auf ihre logische Korrektheit zu überprüfen. Dies wird dadurch ermöglicht, daß Anweisungssequenzen innerhalb eines parallelen Konstruktes nicht in der Reihenfolge der Eingabe, sondern in zufälliger Reihenfolge abgearbeitet werden. Auf diese Weise können eventuell vorhandene Datenabhängigkeiten zum Vorschein kommen.

Beispiel 90 *Man sieht diesen Effekt, wenn man etwa die folgende* `for`*-Schleife betrachtet:*

```
for i from 1 to 4 parallel print(i) end_for;
```

Mehrere Durchläufe dieser Schleife erzeugen ständig wechselnde Ausgaben, etwa

```
1  2  3  4
3  1  2  4
3  4  1  2
```

usw., da die Reihenfolge der Evaluierung der `print`*-Anweisungen zufällig ist.*

3.7.2   Makroparallelität

Da die von MuPAD angebotene Mikroparallelität nur dann zufriedenstellend funktioniert, wenn die Kommunikationszeit zwischen den Prozessen gering ist, bietet MuPAD die Makroparallelität an. Diese Form der Parallelität hat den Vorteil, daß sie auch auf Netzen mit großen Kommunikationszeiten effizient einsetzbar ist und daß jegliche Form von Parallelität mit ihr emuliert werden kann. Sie hat dafür den Nachteil, daß sie schwieriger zu handhaben ist und vom Benutzer einige Kenntnisse aus dem Bereich der Parallelverarbeitung voraussetzt. Z.B. muß der Benutzer bei dieser Form der Parallelität für die Verteilung der Aufgaben selbst sorgen. Er hat sich also mit Problemen wie Lastbalancierung oder Kommunikation auseinanderzusetzen.

Aus der Sicht der Makroparallelität ist MuPAD ein Verbund von unabhängigen Clustern, die von 1 bis n durchnumeriert sind. Diese Numerierung dient der Spezifikation jedes einzelnen Clusters. Jeder Cluster selbst kann wieder aus mehreren Prozessen gebildet werden. Allerdings sind die Prozesse eines Clusters in der Regel so eng miteinander verbunden, daß die automatische Lastbalancierung, die bei der Verwendung der Mikroparallelität durchgeführt wird, gute Ergebnisse liefert.

Die einzelnen Cluster können mit Hilfe von Nachrichten miteinander kommunizieren. Weiterhin gibt es eine besondere Art von Variablen, die *Netz-Variablen*, die auf allen Clustern den gleichen Wert haben und somit als gemeinsamer Speicher benutzt werden können.

Die meisten der im folgenden aufgeführten Beispiele sind nur dann lauffähig, wenn mehrere Cluster vorhanden sind. Dies ist bei einem sequentiellen System nie der

Fall. Bei einem parallelen System kann der Benutzer beim Hochfahren bestimmen, aus wievielen Clustern MuPAD bestehen soll und von wievielen Prozessen die jeweiligen Cluster gebildet werden. Genauere Informationen hierüber werden der parallelen Version beigefügt.

3.7.2.1 Netz-Variable

Neben den üblichen Variablen eines Clusters gibt es in MuPAD *Netz-Variablen*, die auf allen Clustern denselben Wert haben, so daß man sich diese Variablen als den gemeinsamen Speicher einer Shared-Memory-Maschine vorstellen kann.

Der Inhalt einer Netz-Variablen a kann mittels `global(a)` ausgelesen werden, wobei der ausgelesene Wert genau wie bei einer normalen Variablen evaluiert wird. Diese Funktion wertet ihr Argument nicht aus, sondern faßt es sofort als Name der Netz-Variablen, die ausgelesen werden soll, auf.

Mit Hilfe des Funktionsaufrufes `global(a,b)` kann der Netz-Variablen a der Wert b zugewiesen werden. Bei diesem Aufruf evaluiert die Funktion ihr erstes Argument nicht, sondern faßt es sofort als den Namen der Netz-Variablen auf, während das zweite Argument der Funktion normal evaluiert wird.

Die Netz-Variablen haben nichts mit den normalen Variablen eines Clusters zu tun, außer daß die Variablen eines Clusters als Namen für die Netz-Variablen dienen. D.h., der Wert der lokalen Variablen eines Clusters ist völlig unabhängig vom Wert der Netz-Variablen des gleichen Namens.

Beispiel 91 *In der Netz-Variablen* sum *sollen die Zahlen 1 bis 10 aufaddiert werden. Dies leistet folgende Befehlsfolge:*

```
global(sum, 0);
for i from 1 to 10 do
   global(sum, global(sum)+i);
end_for;
```

3.7.2.2 Queues

Jeder Cluster kann eine beliebige Anzahl von Queues haben. Zur Unterscheidung der Queues hat jede Queue einen Namen, der ein beliebiges MuPAD-Datum sein kann. Eine solche Queue ist als Schlange organisiert. Jeder Cluster hat nun die Möglichkeit, mit Hilfe des Befehls `writequeue(a, i, value)` das Datum value in die Queue des Clusters i mit dem Namen a zu schreiben. Diese Funktion liefert value als Funktionsergebnis zurück.

Mittels des Funktionsaufrufs `readqueue(a)` kann ein Cluster das erste Element aus seiner Queue a lesen. Sollte kein Datum in dieser Queue gestanden haben, so liefert `readqueue` ein Objekt des Typs *CAT_NULL* zurück.

Beim Funktionsaufruf `readqueue(a, Block)` dagegen wartet die Funktion, bis ein Wert in der Queue steht und liefert diesen zurück.

Eine Queue muß vor der Benutzung nicht deklariert werden, sondern es kann sofort in sie hineingeschrieben oder aus ihr herausgelesen werden.

Beispiel 92 *Ein Cluster soll fortwährend die Queue "in" abfragen, das aus dieser Queue gelesene Datum quadrieren und in die Queue "out" des Clusters 1 schreiben. Dies leistet folgende Schleife:*

```
while TRUE do
    writequeue("out", 1, readqueue("in", Block)^2);
end_while
```

3.7.2.3 Die "work"-Queues

Bei der Initialisierung des Systems hat keiner der Cluster eine Aufgabe. Der Cluster mit der Nummer 1 kann Aufgaben durch Eingaben des Benutzers erhalten.

Damit auch den anderen Clustern Aufgaben zugeteilt werden können, versuchen diese, wenn sie keine Aufgabe haben, ein Datum aus ihrer Queue mit dem Namen "work" zu lesen. Liest ein Cluster ein Datum aus, so evaluiert er es und überprüft danach wieder die Schlange mit dem Namen "work".

Beispiel 93 *Der Cluster 2 soll die Quadrate der Zahlen von 1 bis 100 aufaddieren und in die Netz-Variable* `global(a)` *schreiben. Dies leistet folgender Befehl:*

```
writequeue("work", 2, hold(global(a, (sum := 0;
                            for i from 1 to 100 do
                                sum := sum + i^2;
                            end_for
                            )))
        );
```

Da die Funktion `writequeue` *ihre Argumente vor dem Verschicken evaluiert, muß die zu verschickende Anweisung mit der Funktion* `hold` *geschützt werden. Die Anweisung wird an den Cluster 2 geschickt, der sie aus seiner "work"-Queue liest und abarbeitet, sobald er seine vorherigen Aufgaben abgearbeitet hat.*

3.7.2.4 Pipes

Mit Hilfe der Queues können zwar Nachrichten zu einem bestimmten Cluster geschickt werden, die ungestörte Kommunikation zwischen genau zwei Clustern ist aber nicht unbedingt zu gewährleisten, da verschiedene Cluster in die gleiche Queue schreiben können. In diesem Fall kann dann der Cluster, der aus dieser Queue liest, nicht sicher sein, daß das gelesene Datum von dem Cluster kommt, von dem er eine Nachricht lesen möchte.

Aus diesem Grund gibt es eine weitere Datenstruktur, die Pipe, die ebenfalls als Schlange organisiert ist. Zu zwei Clustern i und j und einem Datum a, gibt es genau eine Pipe mit Namen a, die vom Knoten i zum Knoten j verläuft. Pipes, die zwar den gleichen Namen haben, aber von verschiedenen Clustern kommen, sind wirklich verschieden, so daß Daten, die von verschiedenen Clustern kommen, nicht durcheinander geraten.

Ein Cluster kann mittels `writepipe(a, j, value)` das Datum `value` in die Pipe zum Cluster j mit Namen a schreiben.

Mit Hilfe der Funktion `readpipe(a, i)` kann ein Cluster ein Datum aus der Pipe vom Cluster i mit dem Namen a lesen. Sollte kein Datum in dieser Pipe stehen, so liefert die Funktion ein Objekt des Typs *CAT_NULL*.

Beim Funktionsaufruf `readpipe(a, i, Block)` dagegen wartet die Funktion, falls kein Wert in der Schlange steht, bis ein Wert hineingeschrieben wird und liefert diesen als Funktionsergebnis zurück.

Ebenso wie Queues können Pipes benutzt werden, ohne sie vorher zu deklarieren.

Beispiel 94 *Ein Cluster soll fortwährend die vom Cluster 2 kommende Pipe mit Namen "in" nach Daten abfragen. Die ausgelesenen Daten sollen quadriert und in die Pipe zum Cluster 1 mit dem Namen "out" geschrieben werden. Dies leistet folgende Schleife:*

```
while TRUE do
    writepipe("out", 1, readpipe("in", 2, Block)^2);
end_while;
```

Der Unterschied zwischen diesem Beispiel und dem analogen Beispiel mit Queues ist, daß dieses Programm nur noch Daten liest, die vom Cluster 2 kommen, d.h. die Daten, die andere Cluster schicken, werden nicht berücksichtigt.

Bei der Wahl der Namen von Pipes und Queues sollte der Benutzer beachten, daß die Funktionen, die auf diese Daten zugreifen, zuerst ihre Argumente evaluieren. Deshalb können unerwartete Fehler auftreten, wenn Namen gewählt werden, die nicht zu sich selbst evaluieren.

3.7.2.5 Die Funktion `topology`

Die Systemfunktion `topology` dient dazu, dem Benutzer Informationen über die Organisation der MuPAD-Prozesse zu liefern.

Wird diese Funktion ohne Parameter aufgerufen, so liefert sie die Anzahl der Cluster, die im Moment zum System gehören.

Hat die Funktion das Argument 0, so liefert sie die Anzahl der zu MuPAD gehörenden Prozesse.

Wird die Funktion mit einer ganzen Zahl zwischen 1 und topology() aufgerufen, so gibt sie die Anzahl der Prozesse zurück, die zu dem Cluster mit dieser Nummer gehören.

Mit dem Argument Cluster aufgerufen liefert die Funktion die Nummer des ausführenden Clusters zurück.

Beispiel 95 *Im sequentiellen Fall liefern die Aufrufe*

```
topology();
topology(0)
topology(1);
topology(Cluster);
```

alle den Wert 1.

Beispiel 96 *Es soll eine Funktion geschrieben werden, die die Werte f(1) bis f(n) aufaddiert und die Summe als Ergebnis zurückliefert, wenn f eine Funktion ist, die nur von den beim Hochfahren des Systems definierten Variablen und ihren Parametern abhängt. Dabei soll die Funktion alle zur Verfügung stehenden Prozesse nutzen. Diese Funktion kann folgendermaßen definiert werden:*

```
proc(n, f)
local l, i, sum;
begin
   l := n div topology();
   global(l, l);
   global(f, f);
   #Die Werte von l und f werden in gleichnamige
    Netz-Variablen geschrieben, damit die anderen
    Cluster deren Werte lesen koennen#

   for i from 2 to topology() do
       #Cluster i liest Wert aus Netz-Variablen f#
       writequeue("work", i, hold((f:=global(f)))) ;

       #Cluster i liest Wert aus Netz-Variablen l#
       writequeue("work", i, hold((l:=global(l))));

       #Cluster i berechnet f((i-2)*l+1)+...+f((i-1)*l) und
        schreibt die Summe in die Queue "value" des Clusters 1#
```

```
         writequeue("work", i,
            hold(writequeue("value", 1,
               (num := topology(Cluster) ;
                _plus((for i from (num-2)*1+1 to (num-1)*1 parallel
                                  f(i);
                          end_for))))))) ;
       end_for;
       #Cluster 1 addiert die Summanden, die von keinem anderen
        Cluster addiert werden#
       sum := _plus((for i from (topology()-1)*1+1 to n parallel
                          f(i)
                     end_for));

       #Cluster 1 addiert die Summen der anderen Cluster auf#
       for i from 2 to topology() do
          sum := sum + readqueue("value", Block);
       end_for;

          sum;
     end_proc;
```

Die mit der Funktion writequeue *übertragenen Befehle werden in ein* hold *geschachtelt, da die Funktion ihre Argumente vor dem Verschicken evaluiert. Ohne die Funktion* hold *würden die Befehle demnach schon vor dem Verschicken ausgeführt.*

Diese Prozedur kann nur auf dem Cluster 1 aufgerufen werden.

Das Programmieren mit den von der Makroparallelität zur Verfügung gestellten Hilfsmitteln ist relativ aufwendig und kompliziert. Mit der parallelen Version von MuPAD wird allerdings eine Library mitgeliefert, die eine wesentlich komfortabelere Bedienung der Makroparallelität ermöglicht.

Bei der Benutzung der Makroparallelität muß immer berücksichtigt werden, daß der Cluster 1 eine Sonderrolle spielt, da dieser als einziger Cluster nicht seine "work"-Queue überprüft, wenn er keine Arbeit hat, sondern auf Eingaben des Benutzers wartet.

3.8   Direkte Verwendung interner Systemfunktionen

Eine besondere Eigenschaft des MuPAD-Systems besteht darin, daß zu jedem Systemoperator sowie zu jeder Anweisung ein entsprechendes funktionales Äquivalent zur Verfügung steht. Die Bezeichner dieser sogenannten *Underline-Funktionen* werden aus dem Namen des jeweiligen Operators bzw. der jeweiligen Anweisung sowie einem vorangestellten Unterstrich (_) gebildet. Außerdem ist mit jeder Systemfunktion ein Ausdruckstyp assoziiert, der den Typ eines unevaluierten Funktionsaufrufes beschreibt.

Beispiel 97 *Der Systemoperator* + *zur Addition numerischer Werte kann auch mit Hilfe der Funktion* _plus *angesprochen werden. So erzeugen die Eingaben*

```
a+b+1+2;        _plus(a, b, 1, 2);
```

ein identisches Datum. Das Ergebnis a+b+3 *stellt eine nicht weiter evaluierbare Summe dar und trägt den Ausdruckstyp* PLUS.

Die Argumente der Underline-Funktionen entsprechen im Falle der Systemoperatoren gerade den Operanden. Handelt es sich um das funktionale Äquivalent einer Anweisung, so werden die Argumente aus den vom Benutzer zu spezifizierenden Teilen der Anweisung gebildet. Dies sind i.a. die Teile der Anweisung, die nicht aus Schlüsselwörtern bestehen. Die Argumente der Anweisung sind in der Reihenfolge ihres Auftretens anzugeben. Eine genaue Beschreibung der Operanden der einzelnen Systemfunktionen befindet sich in der Tabelle A.2 im Anhang. Dort ist der zu jeder Underline-Funktion gehörige Ausdruckstyp beschrieben.

 Im Gegensatz zur gewöhnlichen Behandlung von Operatoren und Anweisung erfolgt bei der Benutzung der funktionalen Äquivalente nur eine eingeschränkte Überprüfung der Operanden. Dies ergibt sich daraus, daß die Syntax für Ausdrücke und Anweisungen bereits implizit eine Reglementierung der Anzahl der Operanden sowie deren Typen enthält. Diese Bedingungen an die Operanden der Underline-Funktionen müssen daher von diesen nicht nochmals abgeprüft werden. So muß z.B. aufgrund der Syntax eine Zuweisung zwei Operanden enthalten, von denen der erste außerdem eine bestimmte Form besitzen sollte. In der entsprechenden Funktion _assign werden diese Bedingungen daher als bereits erfüllt vorausgesetzt und nicht nochmals übergeprüft. Eine mit der gewöhnlichen Schreibweise nicht konforme Benutzung kann deshalb zu Programmabstürzen führen. Der Benutzer ist somit für eine korrekte Verwendung der Underline-Funktionen selbst verantwortlich.

Die funktionale Schreibweise ist ansonsten lediglich eine andere Form der Eingabe. Die Ausgabe erfolgt unabhängig von der Eingabeform immer unter Verwendung der Operatorschreibweise sowie der sprachlichen Konstrukte für Anweisungen.

Durch die Zuweisung einer Prozedurdefinition an einen der beschriebenen Underline-Bezeichner ist es dem Benutzer möglich, die Funktionalität der entsprechenden

Funktion sowie des zugehörigen Operators bzw. der zugehörigen Anweisung zu verändern. Auch dies sollte mit größter Vorsicht geschehen, damit ungewollte Seiteneffekte vermieden werden.

Der Systemkern umfaßt die folgenden Underline-Funktionen:

```
_and        _assign      _break     _case    _concat
_div        _equal       _exprseq   _for     _for_down
_for_in     _for_in_par  _for_par   _if      _index
_intersect  _leequal     _less      _minus   _mod
_mult       _next        _not       _or      _parbegin
_plus       _power       _procdef   _quit    _range
_repeat     _seqbegin    _seqgen    _stmtseq _unequal
_union      _while
```

Beispiel 98 *Das Produkt* a*b*c *kann äquivalent dargestellt werden durch*

```
_mult(a, b, c).
```

Die Erzeugung großer Summen mit Hilfe von Ausdruckssequenzen kann effizient mit Hilfe der Underline-Funktion _plus *durchgeführt werden. Sei*

```
S := i $ i = 1..100;
```

die Ausdruckssequenz der ersten hundert natürlichen Zahlen. Die Aufsummierung dieser Ausdruckssequenz erfolgt durch

```
_plus(S);
```

Die Underline-Funktion _assign *bildet das Äquivalent zu einer gewöhnlichen Zuweisung. Die Funktion wird mit zwei Parametern aufgerufen. Der erste spezifiziert dasjenige Datum, dem ein Wert zugewiesen werden soll. Der zweite Parameter gibt den zuzuweisenden Wert an. So kann die Zuweisung*

```
f(a) := b;
```

auch geschrieben werden als

```
_assign(f(a), b);
```

Auch komplexere Anweisungen können in funktionaler Notation eingegeben werden. So entspricht die for-*Schleife*

```
for i from 1 to 5 step 2 do s := s+i end_for;
```

dem Funktionsaufruf

```
_for(i, 1, 5, 2, (s:=s+i));
```

Eine konsequente Anwendung der funktionalen Schreibweise würde

```
_for(i, 1, 5, 2, _assign(s, _plus(s ,i)));
```

ergeben.

Ist die Angabe eines Parameters innerhalb einer Anweisung optional, so kann dieser bei Verwendung des funktionalen Äquivalentes nicht einfach ausgelassen werden, sondern muß durch ein NIL ersetzt werden. Optionale Parameter dieser Art sind z.B. der Step-Eintrag innerhalb der sequentiellen for-Schleife sowie die Deklaration von privaten Variablen innerhalb von parallelen Konstrukten. Bei der Verwendung der _procdef-Funktion zur Erzeugung von Prozedurdefinitionen ist ebenfalls darauf zu achten, daß ein NIL eingesetzt wird, wenn formale Parameter oder lokale Variablen nicht vorhanden sind oder keine Optionen gesetzt werden sollen. Auch der letzte Parameter einer Prozedurdefinition, die zugehörige Remember-Tafel, muß gegebenenfalls durch ein NIL ersetzt werden.

Mit Hilfe der Funktion op besteht die Möglichkeit, die genaue Struktur der Operanden einer Anweisung zu analysieren. Die Parameter der Underline-Funktionen müssen in ihrer Reihenfolge und ihrem Typ exakt diesen Operanden entsprechen.

Beispiel 99 *Die Prozedurdefinition*

```
proc(a,b) local c; begin c := a*b; end_proc;
```

kann äquivalent als

```
_procdef((a, b),_exprseq(c), NIL,_assign(c,_mult(a, b)), NIL);
```

geschrieben werden.

Eine weitere Besonderheit tritt bei Prozedurdefinitionen mit Hilfe der Funktion _procdef auf. Formale Parameter sowie lokale Variablen und die Optionen müssen in jedem Fall in Form einer Ausdruckssequenz eingegeben werden, auch wenn es sich lediglich um ein Element handelt. Dies kann durch die Verwendung der Funktion _exprseq erreicht werden. So ist die Prozedur

```
f := proc(a)
    local c;
    begin
        c := a^2;
    end_proc;
```

als

```
_procdef(_exprseq(a), _exprseq(c), NIL, (c:=a^2), NIL);
```

einzugeben.

3.9   Manipulation von Objekten beliebiger Datentypen

Eines'der wichtigsten Konzepte des MuPAD-Systems stellt die vollständige Verschmelzung von Ausdrücken und Anweisungen dar. Das bedeutet, daß, abgesehen von der natürlich unterschiedlichen Funktionalität, kein prinzipieller Unterschied zwischen Anweisungen und Ausdrücken besteht. Dies wird erreicht durch die Verwendung identischer Datenstrukturen für Ausdrücke und Anweisungen.

Somit können sowohl Ausdrücke und Anweisungen als auch Prozeduren interaktiv oder im Batch-Betrieb erzeugt oder verändert werden. Zu diesem Zweck stehen die Systemfunktionen `type`, `cattype` und `testtype` zur Bestimmung des Ausdrucks- bzw. Datentypen, die Funktionen `nops` und `op` zur Analyse eines beliebigen Datums sowie die Funktionen `subsop`, `subs` und `subsex` zur Manipulation von Ausdrücken und Anweisungen zur Verfügung.

 Bei der Evaluierung der Argumente aller in diesem Abschnitt beschriebenen Funktionen wird das erste Argument nicht ausgeglichen. Dies wird durch folgendes Beispiel deutlich.

Beispiel 100 *Die Funktion* `nops` *darf lediglich mit einem Argument aufgerufen werden. Der Aufruf*

```
x := a, b, c;
nops(x);
```

liefert aber keinen Fehler, da das Argument `a, b, c` *als ein Parameter aufgefaßt wird.*

3.9.1   Ausdruckstypen und Datentypen

Wie bereits in Abschnitt 3.3.1 beschrieben, unterliegen alle MuPAD-Objekte einer internen Typisierung. Dabei wird unterschieden zwischen Ausdruckstypen und Datentypen. Die Ausdruckstypisierung ist lediglich eine feinere Strukturierung des Datentyps *CAT_EXPR*. Dieser umfaßt alle Ausdrücke, die durch Operatoren des Systems gebildet werden können, alle Anweisungen, Prozedurdefinitionen, unbekannte Funktionen sowie indizierte Bezeichner. Für alle Objekte, die nicht dem Datentyp *CAT_EXPR* angehören, stimmen Ausdruckstyp und Datentyp überein.

An dieser Stelle sei noch einmal darauf hingewiesen, daß eine Deklaration von Bezeichnern nicht notwendig ist. Man kann also einer Variablen einfach das gewünschte Objekt zuweisen, ohne zuvor die Variable als eine Variable eines speziellen Datentyps oder Ausdruckstyps zu deklarieren.

3.9.2   Die Funktionen type, cattype und testtype

Die Systemfunktionen type und cattype ermöglichen es dem Benutzer, den Ausdruckstyp bzw. Datentyp eines beliebigen Datums zu ermitteln. Die Funktionen erwarten jeweils ein Argument, evaluieren dieses und geben den Typ des resultierenden Datums in Form eines Strings zurück. Die Angabe keines oder mehrerer Parameter führt zu einem Fehler.

Beispiel 101 *Der Typ eines numerischen Objektes wird von den beiden Funktionen* type *und* cattype *nicht unterschieden. So liefern die beiden Funktionsaufrufe*

```
type(1/2);
cattype(1/2);
```

beide den Wert "CAT_RAT". *Im Gegensatz hierzu sind der Datentyp und der Ausdruckstyp der Summe* a+b *verschieden. So liefert*

```
cattype(a+b);
```

den Wert "CAT_EXPR", *während*

```
type(a+b);
```

den Wert "PLUS" *liefert.*

In den Tabellen A.1, A.2 und A.3 im Anhang sind alle Daten- und Ausdruckstypen des Systems aufgelistet.

Die Funktion testtype erlaubt es, den Typ eines Datums mit einem vorgegebenen Typ zu vergleichen. Zu diesem Zweck sind der Funktion zwei Parameter zu übergeben, die beide vor dem eigentlichen Vergleich evaluiert werden. Der erste Parameter spezifiziert das zu untersuchende Datum, der zweite Parameter sollte zu einem String evaluieren, der einen der Ausdruckstypen darstellt. Besitzt das Datum den angegebenen Typ, so wird der boolesche Wert TRUE, andernfalls FALSE zurückgeliefert.

Beispiel 102 *Der Funktionsaufruf*

```
testtype(a+b, "PLUS");
```

liefert den Wert TRUE.

Zusätzlich zu den bereits aufgelisteten Typen kann an testtype noch der Typ *NUMERIC* übergeben werden. Dieser Typ steht nur innerhalb von testtype zur Verfügung. Er bildet jedoch keinen echten Ausdruckstyp des Systems, sondern stellt eine Zusammenfassung der numerischen Datentypen dar. *NUMERIC* umfaßt also die Typen *CAT_INT*, *CAT_RAT*, *CAT_FLOAT* sowie *CAT_COMPLEX*.

Beispiel 103 *Die numerischen Werte* 123 *und* 1.23 *besitzen unterschiedliche Typen. Die beiden Aufrufe*

```
testtype(123, "NUMERIC");
testtype(1.23, "NUMERIC");
```

liefern dennoch den Wert TRUE, *da es sich in beiden Fällen um einen numerischen Wert, nämlich CAT_INT bzw. CAT_FLOAT, handelt.*

3.9.3   Die Funktionen nops und op

Die beiden Systemfunktionen **nops** und **op** dienen zur Analyse eines beliebigen Datums. Mit Hilfe von **nops** kann die Anzahl der Operanden eines Datums ermittelt werden. Hierbei sind nicht nur die Operanden eines durch einen Operator gebildeten Ausdruckes gemeint, also beispielsweise eine Summe a+b+c mit den drei Operanden a, b, c, sondern unter Operanden werden z.B. auch die Einträge einer Tabelle, die Elemente einer Menge etc. verstanden. Eine genaue Auflistung liefern die Tabellen A.1, A.2 und A.3 im Anhang. Darin ist für jeden Ausdruckstyp angegeben, was **nops**, angewandt auf ein Objekt dieses Typs, als Ergebnis liefert. Die Funktion **nops** ist mit einem Argument aufzurufen. Dieses wird evaluiert, und anschließend wird die Anzahl der vorhandenen Operanden ermittelt. Das Ergebnis wird als ganze Zahl ausgegeben.

Beispiel 104 *Mit Hilfe der* **nops**-*Funktion kann die Anzahl der Operanden eines Datums ermittelt werden. So liefern die Funktionsaufrufe*

```
nops(a+b);
nops({a, b});
nops(a..b);
```

alle den Wert 2.

Mit der Funktion **op** können Operanden aus einem Datum extrahiert werden. In Analogie zur Funktion **nops** sind hier die Operanden nicht nur die Operanden eines durch einen Operator gebildeten Ausdruckes. Was konkret unter den Operanden eines beliebigen Datums zu verstehen ist, kann den im Anhang aufgeführten Tabellen A.1, A.2 und A.3 entnommen werden. Weitere Informationen finden sich in den Beschreibungen der einzelnen Daten- und Ausdruckstypen. Wird nur ein Operand eines Datums angefordert, so besitzt das Ergebnis den Typ des Operanden. Werden mehrere Operanden verlangt, so ist das Ergebnis eine Ausdruckssequenz.

Beispiel 105 *Die Operanden einer Menge oder Liste sind die Elemente der entsprechenden Struktur. So liefern die beiden Aufrufe der* **op**-*Funktion*

```
op({a, b, c, d});
op([a, b, c, d]);
```

jeweils 4 Operanden in Form der Ausdruckssequenz

```
a, b, c, d
```

Eine leere Menge oder Liste besitzt keine Operanden. Wendet man op auf ein derartiges Datum an, so ist das Ergebnis vom Typ CAT_NULL.

Objekte der Datentypen *CAT_EXPR* und *CAT_ARRAY* stellen einen Sonderfall dar. Bei ersteren wird der Funktionsname bzw. der Operatorname als 0-ter Operand aufgefaßt. Er wird bei dem einfachen Aufruf von op, also dem Aufruf von op mit nur einem Argument, jedoch nicht mit ausgegeben. Konsistent hierzu ist nops implementiert. Der 0-te Operand wird nicht mitgezählt.

Beispiel 106 *Die Summe* a+b+c *besteht aus vier Operanden, dem Bezeichner* _plus *sowie den Argumenten* a, b *und* c. *Dennoch liefert der Funktionsaufruf*

```
op(a+b+c);
```

lediglich die Ausdruckssequenz

```
a, b, c,
```

da es sich um einen Ausdruck des Datentypen CAT_EXPR handelt und _plus *als 0-ter Operand verstanden wird. Ebenso ergibt die* nops*-Funktion auf diesen Ausdruck angewendet den Wert* 3.

Bei Objekten vom Typ *CAT_ARRAY* besteht der 0-te Operand aus einer Ausdruckssequenz, die die Dimension, die Bereiche der einzelnen Dimensionen und gegebenenfalls die Aufteilung in Teilfelder enthält (vergleiche hierzu auch Abschnitt 3.3.12.2). Auch was die Evaluierung betrifft, unterscheidet sich der 0-te Operand eines Ausdruckes von den übrigen. Er wird im Gegensatz zu allen anderen Operanden nicht vollständig substituiert ausgegeben.

Beispiel 107 *Der Aufruf von*

```
op(a+b, 0..2);
```

liefert als Ergebnis

```
_plus, a, b
```

_plus *läßt sich als Objekt vom Typ CAT_FUNC_ENV aber noch weiter zerlegen, wie der Aufruf*

```
op(_plus);
```

der

```
built_in(33,NIL,"_plus",NIL), built_in(17,12,"+","_plus")
```

liefert, zeigt. Jedoch ist _plus *für den Benuzter aussagekräftiger als obige Ausgabe.*

Bei allen anderen Datentypen beginnt die Numerierung der Operanden mit 1, und durch den op-Aufruf werden alle vorhandenen Operanden ausgegeben. Auf die Bedeutung der Numerierung der Operanden in Verbindung mit den Manipulationsfunktionen wird im folgenden ausführlich eingegangen.

Eine weitere Besonderheit stellen mit einem negativen Vorzeichen behaftete Ausdrücke dar. Bei diesen ist zu beachten, daß ein Ausdruck der Form -<expr> durch die op-Funktion wie <expr>*(-1) behandelt wird und die Operanden entsprechend bestimmt werden. Ein vielleicht ebenso unerwartetes Ergebnis liefert die op-Funktion bei ihrer Anwendung auf Quotienten. So wird der Ausdruck a/b als a*(1/b) interpretiert. Aufgrund dieser Tatsachen liefert selbstverständlich auch die type-Funktion entsprechende Werte.

Beispiel 108 *Die Aufrufe*

```
op(-a);
op(a/b);
```

liefern die Werte a, -1 *und* a, 1/b*. Das Ergebnis der* type*-Funktion ist hiermit konsistent. Die Eingaben*

```
type(-a);
type(a/b);
```

liefern beide das Resultat "MULT"*.*

Eine Besonderheit stellt in diesem Zusammenhang der Datentyp *CAT_RAT* dar. Obwohl Daten dieses Typs intern als atomare Objekte behandelt werden, liefert op, angewandt auf eine rationale Zahl, dennoch eine Ausdruckssequenz, bestehend aus Zähler und Nenner des Argumentes. Somit ist also die Behandlung symbolischer Quotienten und rationaler Zahlen durch op unterschiedlich.

Beispiel 109 *Mit Hilfe von* op *können Zähler und Nenner einer rationalen Zahl bestimmt werden. Der Aufruf*

```
op(3/4);
```

liefert als Ergebnis die Sequenz

```
3, 4
```

Um spezielle Operanden aus einem Datum zu extrahieren, kann man die gewünschten Operanden durch Angabe eines zweiten Argumentes spezifizieren. Gibt man als zweiten Parameter eine nicht-negative ganze Zahl i an, so gibt der Aufruf op(expr, i) den i-ten Operanden von expr aus. Der 0-te Operand ist, wie bereits oben erwähnt, ausschließlich bei Objekten der Datentypen *CAT_EXPR* und *CAT_ARRAY* definiert.

Existiert ein durch einen op-Aufruf spezifizierter Operand nicht, so bricht die Funktion mit einem Fehler ab.

Beispiel 110 *Da es sich bei dem Produkt* a*b*c *um ein Datum des Datentypen CAT_EXPR handelt, ist in diesem Fall der 0-te Operand definiert. Die beiden Funktionsaufrufe*

```
op(a*b*c, 0);
op(a*b*c, 1);
```

liefern deshalb die Werte _mult *und* a. *Ebenso ist ein Funktionsaufruf einer nicht definierten Funktion* f *ein Datum des Datentypen CAT_EXPR, und es kann somit auf den 0-ten Operanden zugegriffen werden. Hier liefern die Eingaben*

```
op(f(a, b, c), 0);
op(f(a, b, c), 1);
```

die Werte f *und* a.

Um mehrere Operanden aus einem Datum zu extrahieren, kann op mit einem Bereich als zweitem Argument aufgerufen werden. Der Bereich bestimmt dann die Nummern der gewünschten Operanden. Diese werden in Form einer Ausdruckssequenz ausgegeben.

Beispiel 111 *Um den zweiten bis vierten Operanden der Summe* a+b+c+d+e *zu erhalten, ist die folgende Eingabe erforderlich:*

```
op(a+b+c+d+e, 2..4);
```

Als Ergebnis wird die Sequenz b, c, d *ausgegeben.*

Eine Besonderheit im Bezug auf die Numerierung der Operanden stellen Mengen dar. Aufgrund der internen Darstellung von Mengen ist die Numerierung ihrer Elemente rein zufällig, so daß die i-ten Operanden zweier äußerlich gleicher Mengen trotzdem unterschiedlich sein können. Es gilt jedoch die folgende Invariante: Solange eine Menge nicht verändert wird, bleibt auch die Reihenfolge ihrer Elemente unverändert. Somit ist auch der i-te Operand eines Datums vom Typ CAT_SET_FINITE bei mehrmaligen Aufrufen von op identisch.

Durch die Eingabe einer Liste als zweitem Argument kann der Benutzer einen rekursiv geschachtelten op-Aufruf umgehen. Dies ist erforderlich, wenn die Operanden eines Ausdruckes weiter zerlegt werden sollen. Hierzu können die Einträge der Liste aus nicht-negativen ganzen Zahlen sowie aus Bereichen bestehen, deren Grenzen ebenfalls nicht-negativ und ganzzahlig sein müssen. Bei der Abarbeitung eines solchen Aufrufes wird zunächst das erste Element der Liste gelesen und ein op-Aufruf mit diesem Wert als zweitem Argument durchgeführt. Nun werden alle Elemente des Ergebnisses einzeln bearbeitet, indem ein entsprechender op-Aufruf mit dem zweiten Element der Liste als zweitem Argument durchgeführt wird. Mit jedem Operanden des Ergebnisses wird also ein weiterer Aufruf von op ausgeführt, bei dem das zweite Listenelement jeweils als zweites Argument verwendet wird. Diese Strategie setzt sich bis zur vollständigen Abarbeitung der Liste fort. Damit ergibt sich, daß ein Aufruf der Form op(op(op(expr, s1), s2), s3) äquivalent zu op(expr, [s1, s2, s3]) ist, wobei die si beliebige nicht-negative ganze Zahlen sein dürfen. Im Falle von Bereichen gilt diese Äquivalenz nicht, da durch die Angabe einer Liste die Operationen rekursiv auf jedes in einem Schritt entstandene Objekt angewendet werden.

Beispiel 112 *Um den jeweils ersten Faktor der beiden Produkte in der Summe* f+c*d+a*b*c *zu erhalten, ist der Aufruf*

```
op(f+c*d+a*b*c, [2..3, 1]);
```

vorzunehmen. Er liefert als Ergebnis die Ausdruckssequenz c, a.

Beispiel 113 *Die Eingabe*

```
op(a*b*c+g*f(d,e), [2, 2, 1]);
```

ist äquivalent zu dem geschachtelten Aufruf

```
op(op(op(a*b*c+g*f(d, e), 2), 2), 1);
```

Beide liefern als Ergebnis den Wert d.

3.9.4   Die Funktion subsop

Mit Hilfe der **subsop**-Funktion besteht die Möglichkeit, gezielt Operanden eines Ausdruckes durch andere Werte zu ersetzen. Vor der Auswertung der Funktion werden alle Argumente in ihre Normalform transformiert. Dies geschieht durch einen Substitutionsschritt, in dem Bezeichner durch die ihnen zugeordneten Werte ersetzt werden, und einem anschließenden Vereinfachungsschritt, in dem beispielsweise Konstanten zusammengefaßt werden. Ein Bestandteil dieser Evaluierung ist auch die Sortierung der Daten. Nach der Ausführung der vom Benutzer gewünschten Substitution ist die Normalform im allgemeinen zerstört, so daß den Abschluß der Ausführung von **subsop** ein erneuter Vereinfachungsschritt bildet.

Die Funktion **subsop** kann mit beliebig vielen Argumenten aufgerufen werden. Als erstes Argument erwartet die Funktion das Datum, in dem substituiert werden soll. Die restlichen Argumente sind Gleichungen, die die durchzuführenden Substitutionen spezifizieren. Die einzelnen Gleichungen werden der Reihe nach von links nach rechts abgearbeitet, wobei jeweils mit dem im vorherigen Schritt erzielten Resultat fortgefahren wird. Die linke Seite einer Gleichung gibt den zu ersetzenden Operanden an, die rechte Seite ist das einzusetzende Datum.

Bei der Angabe der Gleichungen beachte man, daß durch die Transformation in Normalform die Reihenfolge innerhalb des ersten Argumentes eines **subsop**-Aufrufes verändert werden kann. Vergleiche hierzu auch Beispiel 116.

Ein zu substituierendes Objekt kann auf zweierlei Weisen spezifiziert werden: Durch eine nicht-negative ganze Zahl oder eine Liste solcher Zahlen. Im Falle einer Zahl gibt diese gerade die Nummer des Operanden an. Dabei entspricht die Zählweise der der Funktion op.

Beispiel 114 *In dem Ausdruck* a+b *soll der zweite Operand durch den Ausdruck* f(u) *ersetzt werden. Der Aufruf von*

```
subsop(a+b, 2=f(u));
```

liefert das gewünschte Ergebnis a+f(u).

Beispiel 115 *Mittels einer Liste kann der Pfad zu einem zu substituierenden Operanden spezifiziert werden. Der Aufruf*

```
subsop(f(u)*2+g(u,v)*3, [2, 1, 1] = z);
```

ersetzt in dem zweiten Summanden den ersten Operanden des ersten Faktors, also das u, *durch* z. *Das Ergebnis ist somit*

```
f(u)*2+g(z,v)*3
```

Beispiel 116 *Läßt man bei der Angabe einer Substitutionsgleichung außer acht, daß der erste Schritt bei der Ausführung von* subsop *aus der Evaluierung der Argumente besteht, kann die Funktion zu unerwarteten Ergebnissen führen. Der Aufruf*

```
subsop(h(u,v)*g(u,v)^2+2*f(u,v), [1, 1, 1] = z);
```

führt zu dem Ergebnis

```
f(z,v)*2+g(u, v)^2*h(u, v)
```

Es ist natürlich auch die Substitution in komplexeren Objekten, wie z.B. Tabellen, Arrays, Anweisungen und Prozeduren, möglich.

Beispiel 117 *Durch*

```
T := table(a=x+y, b=y+z, c=x+z);
```

erzeugt man eine Tabelle mit drei Einträgen. Durch

```
subsop(T, 1=(a=z));
```

ist die Substitution des ersten Tabelleneintrages möglich. Als Ergebnis erhält man

```
table(a=z, b=y+z, c=x+z)
```

Sei A *definiert durch*

```
A := array(1..4, 1..4, [2,2]):
for i from 1 to 4 do
   for j from 1 to 4 do
      A[i,j] := a.(i.j)
   end_for;
end_for:
```

Das Ergebnis ist eine 4 × 4-Matrix mit den symbolischen Einträgen aij *an der Stelle* A[i,j]. *Man kann nun mit Hilfe von* subsop *einzelne Einträge, aber auch komplette Teilfelder substituieren. So liefert*

```
subsop(A, 1=[1, 2, 3, 4]);
```

als Ergebnis

```
+-                     -+
|   1 , 2   | a13 , a14 |
|           |           |
|   3 , 4   | a23 , a24 |
| ----------+---------- |
| a31 , a32 | a33 , a34 |
|           |           |
| a41 , a42 | a43 , a44 |
+-                     -+
```

Besteht die linke Seite einer Substitutionsspezifikation aus einer Liste nicht-negativer ganzer Zahlen, so beschreibt diese den zu ersetzenden Operanden gemäß der Funktionalität von op.

Beispiel 118 *Die in Beispiel 117 durchgeführte Substitution hätte auch mit dem Aufruf*

```
subsop(T, [1, 2]=z);
```

erzielt werden können.

Beispiel 119 *Um in dem Ausdruck* f+d*e+a*b*c *sowohl* d *als auch* b *durch einen numerischen Wert zu ersetzen, ist folgender Aufruf erforderlich:*

```
subsop(f+d*e+a*b*c, [2, 1]=11, [3, 2]=23);
```

Als Ergebnis ergibt sich das Datum e*11+f+a*c*23.

Bei Objekten vom Datentyp *CAT_EXPR* ist natürlich auch die Manipulation des 0-ten Operanden erlaubt.

Beispiel 120 *Gegeben sei die Ausdruckssequenz* a, b, c, d, e. *Eine schnelle Möglichkeit zur Addition der einzelnen Elemente dieser Ausdruckssequenz besteht in der Manipulation des 0-ten Operanden der Ausdruckssequenz. Der Aufruf*

```
T := a, b, c, d, e;
subsop(T, 0=_plus);
```

liefert als Ergebnis die gewünschte Summe

```
a+b+c+d+e
```

Die Manipulation des 0-ten Operanden ist bei Daten vom Typ *CAT_ARRAY* nicht erlaubt. Sie wird vom System mit einer Fehlermeldung abgefangen.

Eine weitere nützliche Anwendung ist das Löschen von Daten. Dies kann durch die Substitution eines Datums durch ein Objekt vom Typ *CAT_NULL* erreicht werden.

Beispiel 121 *Möchte man in der Menge*

```
M := {a, b, c, d}:
```

das erste Element löschen, so kann man dies mit **subsop** *auf die folgende Weise durchführen:*

```
subsop(M, 1=null());
```

liefert als Ergebnis

```
{b, c, d}
```

Mit der Funktion **null** *wird hier ein Objekt vom Typ CAT_NULL erzeugt.*

3.9.5　Die Funktionen subs und subsex

Wie auch die Funktion **subsop** dienen die beiden Funktionen **subs** und **subsex** ebenfalls zur Manipulation von Ausdrücken und Anweisungen. Während man bei **subsop** die genaue Position eines zu ersetzenden Datums innerhalb eines Objektes kennen muß, also eine gewisse Kenntnis der Datenstruktur haben muß, kann der Benutzer mit Hilfe der Funktionen **subs** und **subsex** Objekte substituieren, die er zwar namentlich kennt, deren genaue Position ihm aber nicht bekannt ist.
Analog zur Behandlung der Argumente beim Aufruf von **subsop** verfahren auch **subs** und **subsex** mit ihren aktuellen Parametern: Vor der Ausführung der Substitution werden sämtliche Argumente vollständig evaluiert. An die eigentliche Substitution schließt sich ein Aufruf des internen Vereinfachers an, der die allgemeine Normalform, in der jegliche Ausdrücke im System gespeichert werden, wiederherstellt.

Die Reihenfolge der Argumente in dem Aufruf von **subs** und **subsex** ist konsistent zu den übrigen Manipulationsfunktionen. Das erste Argument ist der Ausdruck, den man verändern möchte. Die restlichen Argumente spezifizieren die durchzuführenden Substitutionen. Dies geschieht in Form von Gleichungen, bei denen die linke Seite den zu substituierenden Ausdruck bestimmt, die rechte Seite den einzusetzenden Ausdruck. Pro Aufruf dürfen beliebig viele dieser Gleichungen angegeben werden.

Beispiel 122 *Sei*

```
P := T^5+2*T^4-3*T+1;
```

Dann kann mittels **subs** *die Unbestimmte* T *substituiert werden.*

```
subs(P, T=1);
```

liefert als Ergebnis

```
1
```

und

```
subs(P, T=z);
```

liefert als Resultat

```
z*(-3)+z^4*2+z^5+1
```

Wie man den Namen der beiden Funktionen entnehmen kann, handelt es sich bei **subsex**, dies steht für *subs extended*, um eine erweiterte Fassung von **subs**. Bei **subs** werden nur solche Objekte gefunden und ersetzt, die Operanden im Sinne der Funktion **op** darstellen. Jedes Objekt, das durch einen Aufruf von **op** ohne Verwendung von Bereichen spezifiziert werden kann, kann mit **subs** ersetzt werden.

Beispiel 123 *Der Aufruf*

```
subs(a*b+d*e, a=x, d*e=y);
```

liefert als Ergebnis

```
y+b*x
```

Die zu substituierenden Ausdrücke a *und* d*e *sind im Sinne von* op *vollständige Operanden:* d*e *ist der zweite Operand von* a*b+d*e *(es ist* d*e = op(a*b+d*e, 2)); a *ist der erste Operand von* a*b, *und dieses wiederum ist der erste Operand von* a*b*c+d*e *(es ist* a = op(a*b*c+d*d, [1,1])). *Der Aufruf*

```
subs(a*b*c+d*e, a*b=x);
```

liefert als Ergebnis

```
a*b*c+d*e
```

zurück, da a*b *kein Ausdruck ist, der direkt mittels* op *aus* a*b*c+d*e *extrahiert werden kann.*

Ein umfassenderer, zwangsläufig auch komplexerer Substitutionsmechanismus ist in der Funktion **subsex** realisiert. Hierbei werden auch solche Teilausdrücke gefunden und ersetzt, die obiger Bedingung nicht entsprechen.

Beispiel 124 *Ersetzt man den zweiten Aufruf des letzten Beispiels durch*

```
subsex(a*b*c+d*e, a*b=x);
```

so liefert das System die Antwort

```
d*e+c*x
```

Dies ist aber auch schon der einzige Unterschied zwischen den beiden Funktionen. Hinsichtlich der verschiedenen Aufrufmöglichkeiten bieten beide Funktionen die gleichen Leistungen, so daß hier lediglich eine Funktion beschrieben wird.

Generell bieten beide Funktionen zwei Möglichkeiten der Substitution:

Sequentielle Substitution

Dies ist die Standardform der Substitution, die bereits in Beispiel 123 benutzt wurde. Die angegebenen Substitutionsspezifikationen werden in der Reihenfolge ihres Auftretens nacheinander abgearbeitet.

Parallele Substitution

Ist diese Form der Termersetzung gewünscht, so muß der Benutzer die Substitutionsgleichungen in Listen angeben. Alle in der Liste angegebenen Substitutionen werden dann logisch gesehen gleichzeitig ausgeführt.

Selbstverständlich lassen sich auch beide Aufrufformen miteinander kombinieren.

Beispiel 125 *Der Aufruf*

```
subs(a+b+c+d+x, b=x+y, x=z);
```

wird intern wie folgt ausgewertet: Zunächst wird auf a+b+c+d+x *die erste Substitution angewendet. Es resultiert das Zwischenergebnis* a+c+d+y+x*2. *Hierauf wird nun die zweite Substitution* x=z *angewendet. Das Ergebnis dieser Substitution und somit das Resultat des gesamten Funktionsaufrufes ist*

```
a+c+d+y+z*2
```

Beispiel 126 *Der Aufruf*

```
subs(a+b+c+d+x, [b=x+y, x=z]);
```

wird im Gegensatz zu Beispiel 125 folgendermaßen ausgewertet: Die beiden Substitutionen werden logisch betrachtet gleichzeitig ausgeführt. Die zweite Spezifikation wird nicht auf das Resultat der ersten Termersetzung angewendet, sondern durch einen speziellen Mechanismus wird dafür gesorgt, daß einmal durchgeführte Ersetzungen, durch nachfolgende, parallel auszuführende Substitutionen nicht überschrieben werden. Das Ergebnis des obigen Aufrufes ergibt sich somit zu

```
a+c+d+x+y+z
```

Die bisherigen, recht einfachen Beispiele dienten lediglich zur Demonstration; sie sollten die Anwendung der Funktionen subs und subsex auf leichte Weise veranschaulichen. Das folgende Beispiel demonstriert den wirkungsvollen Einsatz der Substitutionsfunktion.

Beispiel 127 *Mit Hilfe der Substitutionsfunktion* subs *ist es ein leichtes, ein allgemeines Newton-Verfahren für das Fixpunktproblem in MuPAD zu schreiben. Dabei ist für eine gegebene Funktion f ein x gesucht, für das $f(x) = x$ gilt.*

```
newton := proc(f, start, n)
   local x, y, i, fs, DIGITS;
   begin

   fs := proc(z) local y; begin
           y = z;
           subs((y*diff(f(y),y)-f(y))/(diff(f(y),y)-1), y=z);
   end_proc;

   DIGITS := 15;
   x[0] := float(start);
   print(x[0]);
   for i from 0 to (n-1) do
           x[i+1] := fs(x[i]);
           print(x[i+1]);
   end_for;
end_proc:
```

Hierbei wird zunächst mit Hilfe von diff *eine allgemeine Ableitung der noch unbekannten Funktion* f *bestimmt. Um den numerischen Wert dieser formalen Ableitung in einem bestimmten Punkt zu bestimmen, wird mit Hilfe von* subs *die Differentiationsvariable durch den gewünschten Punkt substituiert.*

Der Aufruf

```
ff := proc(x) begin x^2 - 1 end_proc:
newton(ff, 1.0, 10);
```

liefert nun als Resultat

```
1.00000000000000
2.00000000000000
1.66666666666666
1.61904761904761
```

```
1.61803444782168
1.61803398874998
1.61803398874989
1.61803398874989
1.61803398874989
1.61803398874989
1.61803398874989
```

3.9.6   Manipulation von Anweisungen und Programmen

Wie bereits erwähnt, unterscheidet MuPAD nicht zwischen Ausdrücken und Objekten wie Anweisungen und Prozedurdefinitionen. Deshalb können alle Funktionen zur Manipulation ebenfalls zur Bearbeitung von Programmen und Programmteilen verwendet werden. Hierbei ist zu beachten, daß die Environment-Variable EVAL_STMT vorher auf FALSE zu setzen ist, um eine vorzeitige Evaluierung der Anweisungen im Kontext von Ausdrücken zu verhindern. Die Aufteilung der Operanden der einzelnen Anweisungen kann mit Hilfe der op-Funktion analysiert werden (siehe auch Tabelle A.3 im Anhang).

Im Falle von Prozedurdefinitionen und Anweisungen gibt es eine Reihe von Elementen, die innerhalb eines solchen Datums optional vorhanden sein können (vergleiche Abschnitt 3.8). Diese Operanden haben, wenn sie nicht angegeben wurden, den Wert NIL.

Beispiel 128 *Die Operanden einer Prozedurdefinition können wie folgt ermittelt werden.*

```
f := proc(a,b) option remember; begin a+b end_proc:
op(f);
```

Der op-Aufruf liefert die Operanden der Prozedurdefinition in der Form

```
(a,b), NIL, remember, a+b, NIL
```

Hier gibt der erste Operand die formalen Parameter wieder. Das anschließende NIL zeigt an, daß diese Prozedurdefinition keine lokalen Variablen besitzt. Die weiteren Elemente der Ausdruckssequenz beschreiben die Optionen sowie den Rumpf der Prozedur. Das letzte NIL steht für die in dieser Prozedur fehlende Remember-Tafel.

Beispiel 129 *Mit Hilfe der subsop-Funktion kann eine Prozedurdefinition um eine Remember-Tafel erweitert werden, so daß einige Werte initial bekannt sind. So läßt sich die Prozedur* fib *zur Berechnung der Fibonacci-Zahlen ohne eine* if-*Anweisung realisieren.*

```
fib := proc(n) option remember; begin fib(n-2)+fib(n-1) end_proc:
T := table(0=0, 1=1):
fib := subsop(fib, 5=T):
fib(5);
```

Der Aufruf der fib-*Prozedur ergibt wie erwartet den Wert 5. Die Werte der Aufrufe* fib(0) *und* fib(1) *werden im Verlauf der Berechnung aus der Remember-Tafel entnommen.*

Beispiel 130 *Um die Bedingung einer* if-*Anweisung zu verändern, kann diese mit Hilfe der* subsop-*Funktion substituiert werden. Dies geschieht durch den folgenden Aufruf. Vorher ist, wie bereits erwähnt, die Variable* EVAL_STMT *auf* FALSE *zu setzen, wodurch eine vorzeitige Ausführung der Anweisung verhindert wird.*

```
EVAL_STMT := FALSE:
s := (if a<b then TRUE else FALSE end_if):
s := subsop(s, 1=(b<a)):
a := 1:  b := 2:
eval(s);
```

Hier ergibt die Evaluierung der Anweisung s *den Wert* FALSE.

3.10   Der History-Mechanismus

Der History-Mechanismus erfüllt zwei Aufgaben. Zum einen kann auf interaktiver Ebene schnell auf das Ergebnis einer bereits durchgeführten Rechnung zurückgegriffen werden. Zum anderen bietet dieser Mechanismus die Möglichkeit, die Zuweisung eines Wertes an einen Bezeichner sowie dessen nochmalige Evaluierung zu vermeiden.

Wie bereits erwähnt, kann mit Hilfe der Systemfunktion `last` bzw. dem Prozentzeichen, gefolgt von einer natürlichen Zahl, auf eine bereits berechnete Ausgabe zugegriffen werden.

In vielen Fällen werden innerhalb komplexerer Rechnungen zunächst Teilergebnisse berechnet und diese dann an Hilfsvariable zugewiesen, um sie später mit Hilfe dieser Bezeichner weiterverarbeiten zu können. Dieser Vorgang kann durch die Verwendung des History-Mechanismus beschleunigt werden, vermindert jedoch die Lesbarkeit des Programmes. Dabei werden an Stelle der beschriebenen Zuweisungen lediglich die rechten Seiten dieser Zuweisungen eingegeben. Der spätere Zugriff auf den Ausdruck mit Hilfe eines Bezeichners wird dann durch einen `last`-Aufruf ersetzt. Auf diese Weise können sowohl die Zuweisung, wie auch eine in vielen Fällen unnötige nochmalige Evaluierung des Teilergebnisses eingespart werden.

Beispiel 131 *Wird die Eingabe*

```
a := b^2;
f(a);
```

durch die Ausdrücke

```
b^2;
f(last(1));
```

ersetzt, kann hierdurch die Zuweisung an den Bezeichner a *sowie dessen nochmalige vollständige Evaluierung vermieden werden. Diese Vorgehensweise kann jedoch auch zu Fehlern führen, wenn zwischen den beiden vorhandenen Eingaben der Wert des Bezeichners* b *verändert wird. Diese Veränderung wird vom History-Mechanismus nicht berücksichtigt, da keine nochmalige Evaluierung erfolgt.*

Um den Wert eines `last`-Aufrufes explizit zu evaluieren, steht die Systemfunktion `eval` zur Verfügung. Sie sorgt dafür, daß nach dem Zugriff auf die History-Tabelle der gelesene Wert unter Berücksichtigung des Wertes von LEVEL evaluiert wird.

Werden Zuweisungen durch die Verwendung von `last`-Aufrufen vermieden, so hat dies auch Auswirkungen auf die Geschwindigkeit der Evaluierung der nachfolgenden Ausdrücke. Der Evaluierungsmechanismus in MuPAD speichert intern das Ergebnis jeder Evaluierung. Leider müssen diese Speicher nach jeder Zuweisung gelöscht werden, da ihr Inhalt unter Umständen nicht mehr gültig ist. Der Verzicht auf eine Zuweisung verhindert also das Löschen dieses Speichers und beschleunigt somit gegebenenfalls die Evaluierung der folgenden Ausdrücke.

Die im History-Mechanismus gespeicherten Werte können mit Hilfe der System-funktion `history` betrachtet werden. Die Anzahl der gespeicherten Werte kann über die Environment-Variable `HISTORY` gesteuert werden. Diese trägt als Wert eine Liste mit zwei Einträgen, deren erstes Element die Anzahl der auf interaktiver Ebene zu speichernden Werte angibt. Das zweite Element spezifiziert die Anzahl der gepeicherten Ergebnisse innerhalb von Prozeduren. Der Default-Wert beträgt `[20, 3]`.

Innerhalb von Prozeduren existiert eine für jeden Prozeduraufruf lokale History-Tabelle, so daß Werte aus der Aufrufumgebung einer Prozedur während der Aus-führung der Prozedur durch den History-Mechanismus nicht erreichbar sind.

Nicht jedes vom Evaluierer berechnete Ergebnis wird in die History-Tabelle ein-getragen. Im Prinzip werden lediglich die Ergebnisse von Ausdrücken und Zu-weisungen berücksichtigt. Das Ergebnis einer Zuweisung wird dabei durch die Evaluierung ihrer rechten Seite bestimmt.

Beispiel 132 *Die Variablen* `a`, `b`, `c` *und* `d` *tragen die Werte* 1, 2, 3 *und* 4. *Der Bezeichner* `e` *trage keinen Wert. Die Eingabesequenz*

```
e:=a*b;   c+d+e: 10;
```

trägt dann die Werte 2, 9 *und* 10 *in die History-Tabelle ein.*

Alle übrigen Anweisungen tragen die im Laufe ihrer Ausführung evaluierten Aus-drücke und Zuweisungen ein. Dabei werden nur die in ihrem Anweisungsteil befind-lichen Ausdrücke und Zuweisungen berücksichtigt. Die Berechnung der Bereichs-grenzen von Schleifenvariablen oder das Testen von Bedingungen bei Ausführung bedingter Verzweigungen hat auf den History-Mechanismus keinen Einfluß.

Abgesehen von der Anzahl der gespeicherten Elemente unterscheidet der History-Mechanismus nicht zwischen interaktiven Eingaben und der Ausführung von Pro-grammen.

Beispiel 133 *Die interaktive Eingabe*

```
if TRUE then
        summe := 0;
        for i from 1 to 3 do
                a.i := i^2;
                summe := summe+a.i;
        end_for;
end_if;
```

trägt die Werte 0, 1, 1, 4, 5, 9 *und* 14 *in die History-Tabelle ein. Das Ergebnis der* if-*Anweisung ist der zuletzt eingetragene Wert, also* 14. *Dieser wird als Ergebnis der* if-*Anweisung nicht nochmals eingetragen. Ebenso werden die Bedingung der* if-*Anweisung wie auch die Werte des Laufbereiches der* for-*Schleife sowie deren Schrittweite nach ihrer Evaluierung nicht eingetragen.*

Eine gewisse Sonderrolle spielen Anweisungen, die innerhalb von Ausdrücken auftreten. Sie tragen auch in diesem Fall in die History-Tabelle ein.

Beispiel 134 *Im Gegensatz zum Ausdruck*

```
b + d;
```

kann nach der Evaluierung des Ausdruckes

```
(a:=b) + (c:=d);
```

mit Hilfe der Aufrufe last(1) *und* last(2) *auf die Werte* b *und* d *zugegriffen werden. Gleiches gilt z.B. für Anweisungen innerhalb der Bedingung einer* if-*Anweisung. So liefert nach der Anweisung*

```
if (a:=b; c; d := TRUE) then
    s := 1;
end_if;
```

der Ausdruck

```
%1, %2, %3, %4;
```

die Sequenz 1, TRUE, c, b.

Im Gegensatz zu sequentiellen Konstrukten bilden parallele Anweisungen ihre Ergebnisse, indem sie die Resultate aller von ihnen erzeugten Tasks zu einer Ausdruckssequenz zusammensetzen. Da es sich hierbei dann um ein wirklich neues Datum handelt, wird dieses zusätzlich in den History-Mechanismus aufgenommen.

Beispiel 135 *Die parallele* for-*Schleife*

```
for i from 1 to 3 parallel
    i^2;
end_for;
```

trägt daher die Werte 1, 4, 9 *sowie die Sequenz* (1, 4, 9) *in die History-Tabelle ein.*

Kapitel 4

Debugging in MuPAD

MuPAD enthält zwei Möglichkeiten, den Programmablauf im Detail zu verfolgen. Der *Trace*-Modus protokolliert den Ablauf eines Programms. Der Benutzer kann in diesem Modus keinen Einfluß auf die Programmausführung nehmen. Der *interaktive, zeilenorientierte Quelltext-Debugger* bietet dagegen folgende Möglichkeiten:

- Benutzerkontrollierbarer Programmablauf.
  (schrittweise oder durch Angabe von Haltepunkten)

- Bestimmung der Zeile im Quelltext, in der ein Fehler aufgetreten ist.

- Anzeigen und Verändern von Variablenwerten.

Diese im MuPAD-Systemkern integrierten Debug-Mechanismen besitzen eine zeichen- bzw. zeilenorientierte Benutzerschnittstelle, bieten selbst auf einem reinen Textausgabe-Gerät (ASCII-Terminal) eine komfortabele Bedienung und liefern sehr detaillierte Informationen in Textform. Eine auf OpenWindows basierende Schnittstelle, die einen noch höheren Komfort bietet, wird durch das vom MuPAD-Systemkern abgetrennte Programm mdx angeboten (siehe Abschnitt 4.2).

Der Debugger wird durch Optionen im MuPAD-Aufruf aktiviert. Hierzu kann MuPAD mit drei verschiedenen Optionen aufgerufen werden. Alle drei Optionen können auch gleichzeitig benutzt werden (siehe Aufrufsyntax auf Seite 206).

Ein Programm, das unter der Kontrolle des Benutzers ausgeführt (Debug-Modus) oder protokolliert werden soll (Trace-Modus), muß als Textdatei, die ein syntaktisch korrektes MuPAD-Programm enthält, vorliegen. Diese Textdatei wird wie gewohnt im MuPAD-Aufruf spezifiziert oder mittels der Systemfunktion read eingelesen. Der Aufruf von Prozeduren, die innerhalb dieser Datei definiert werden, gibt nun detaillierte Informationen bzgl. des Programmablaufs aus. Enthält eine Datei weitere read-Anweisungen, so gilt obige Aussage auch für die indirekt eingelesenen Prozeduren.

Interaktiv eingegebene Programme können nicht mit dem Debugger bearbeitet werden.

Unter UNIX kann der Debugger mit Hilfe des folgenden Kommandos aktiviert werden.

Syntax:

```
mupad [-g] [-t] [-v] [weitere Optionen] [Dateiname]
```

Die Optionen haben folgende Bedeutung:

−t : Trace-Modus einschalten.

Während eines Programmlaufs werden die Zeilennummern im Quelltext der ausgeführten Anweisungen ausgegeben. Zudem wird die Stelle im Quelltext angezeigt, aus der eine Prozedur aufgerufen wurde, sowie die aktuellen Parameter der Prozedur. Außerdem wird die Stelle, aus der eine Prozedur verlassen wird, und der Rückgabewert der Prozedur ausgegeben.

Initial werden alle Prozeduren vom Trace-Modus erfaßt. Soll jedoch nur der Programmablauf ausgewählter Prozeduren verfolgt werden, so kann dies durch die Systemfunktion **trace** erreicht.

Ausgaben:

- `Eval at line` $<line>$ `in file` $<name>$.
- `Enter procedure` $<procname>$ `from line` $<line>$ `in file` $<name>$,
  `args =` $<exprseq>$ `, proc depth =` $<depth>$.
- `Exit procedure` $<procname>$ `at line` $<line>$ `in file` $<name>$,
  `result =` $<exprseq>$.

−v : Verbose-Modus einschalten.

Während der Ausführung einer **read**-Anweisung, also während des Einlesens einer MuPAD-Datei, werden die Zeilennummern des Beginns einer Prozedurdefinition angezeigt. Informationen über mögliche Stellen im Quelltext zum Setzen von Haltemarken werden bei der Ausgabe von Prozeduren in Form von # *line* # angezeigt.

Ausgaben:

- `Valid stop label at line` $<line>$ `in file` $<name>$.
- `Entry point of procedure` $<procname>$ `at line` $<line>$
  `in file` $<name>$.

–g : Debug-Modus einschalten.

In diesem Modus kann der Benutzer interaktiv per Tastatur Befehle zur Steuerung des Debuggers eingeben. Einen Überblick über die Steuerbefehle gibt folgende Tabelle. Eine ausführliche Befehlsbeschreibung befindet sich in Abschnitt 4.2.1; zur exakten Befehlssyntax vergleiche Abschnitt 4.2.2.

Funktionen	Kommandos
Auflisten aktiver Prozeduren	(d)own, (u)p, (w)here
Anzeigen und Verändern von Variablen	(D)isplay, (e)xecute, (p)rint
Haltemarken setzen/Löschen	(g)oto proc, (S)top at, (C)lear, clear (a)ll
Steuerung des Programmablaufs	(c)ont, (n)ext, (q)uit, (s)tep, <Ctrl-C>

Im Gegensatz zur graphischen Benutzerschnittstelle mdx stehen dem Benutzer keine Fenster zur Verfügung. Insbesondere fehlt das Quelltext-Fenster, das die Stelle im Quelltext anzeigt, an der sich das Programm befindet. Informationen bzgl. dieser Position im Quelltext können somit nicht visuell dargestellt werden, sondern werden textuell beschrieben.

Ausgaben:

- `Stop at line` $<line>$ `in file` $<name>$.
- `Enter procedure` $<procname>$ `from line` $<line>$ `in file` $<name>$,
  `args =` $<exprseq>$ `, proc depth =` $<depth>$.
- `Exit procedure` $<procname>$ `at line` $<line>$ `in file` $<name>$,
  `result =` $<exprseq>$.
- `Procedure` $<procname>$ `at line` $<line>$ `in file` $<name>$.
  (Ausgabe bei Up und Down)
- $<var>=<value>$
  (Ausgabe bei Print und Display)

4.1 Interaktion zwischen Debugger und Benutzer

Wird MuPAD mit eingeschaltetem Debugger gestartet, z.B. mittels mupad -g, so werden intern Zusatzinformationen für den Debugger erzeugt, die für den Benutzer allerdings transparent sind. Aus der Sicht des Benutzers gibt es keinen Unterschied zum Standardmodus von MuPAD. Der interaktive Debug-Modus wird erst durch die Systemfunktion debug aktiviert. Das Argument der Funktion debug kann eine beliebige Anweisung sein. Enthält diese Anweisung einen Prozeduraufruf, so erscheint `mdx>` als Prompt, und der Benutzer befindet sich im Eingabemodus des Debuggers, in dem Befehle zur Steuerung des Programmablaufs oder Befehle, die über den Programmzustand informieren, abgesetzt werden können (siehe Abschnitt 4.2.1 und 4.2.2). Solange die Anweisung ausgeführt wird, können nur Befehle an den Debugger gegeben werden. Nachdem die Anweisungen abgearbeitet wurde, meldet der Debugger `Execution completed`, und der Benutzer befindet sich wieder im Eingabemodus von MuPAD.

4.2   mdx: Das X-Frontend des MuPAD-Debuggers

Eine graphische Benutzerschnittstelle zum MuPAD-Debugger bildet das Programm `mdx`. Dieses Programm benötigt entweder das Fenster-System X-Windows oder OpenWindows, existiert derzeit allerdings nur für Rechner vom Typ Sun 3 / Sun 4. Es erweitert den Bedienungskomfort des Debuggers durch:

- Vereinfachung der Eingabe von Debug-Befehlen.

- Optische Aufarbeitung der vom Debugger gelieferten Informationen.

- Gleichzeitige Anzeige des Quelltextes und der Programmausgabe in voneinander getrennten Fenstern.

Aus diesen Gründen ist *mdx* in fünf Fenster unterteilt:

- Status

  Enthält allgemeine Informationen über den aktuellen Zustand. Dies beinhaltet u.a. die Zeilennummer, in der das Programm angehalten wurde, und den Namen der Datei, die in dem Source-Fenster angezeigt wird.

- Source

  Zeigt den Quelltext der bearbeiteten Datei an. Nach Aufruf des Debuggers zeigt das Fenster die ersten Zeilen der gelesenen Datei an, falls eine Datei im Aufruf spezifiziert wurde, oder das Fenster bleibt vorerst leer. Im Laufe der Programmausführung wird ein Textausschnitt angezeigt, der die Zeile beinhaltet, in der das Programm angehalten wurde. Welchen Textausschnitt das Fenster anzeigen soll, kann auch vom Benutzer mittels des Goto proc-Buttons festgelegt werden.

- Buttons

  Häufig benötigte Befehle des Debuggers können durch Buttons zur Ausführung gebracht werden. Sämtliche Befehle können auch direkt im Terminal-Fenster per Tastatur eingegeben werden.

- Terminal

  Alle Ausgaben, die durch die Ausführung des MuPAD-Programms erzeugt werden, sowie einige Ausgaben, die durch Befehle des Debuggers hervorgerufen werden, erscheinen in diesem Fenster. Eingaben, sowohl an MuPAD als auch an den Debugger, müssen in diesem Fenster erfolgen. Eingaben an den Debugger müssen den in Abschnitt 4.2.2 spezifizierten Kommandos entsprechen.

- Display

  Die Werte der Variablen, die permanent angezeigt werden sollen, erscheinen in diesem Fenster.

Source-, Terminal- und Display-Fenster haben am rechten Rand eine Scrollbar, die es ermöglicht, in jedem dieser Fenster den gesamten Text zu betrachten.

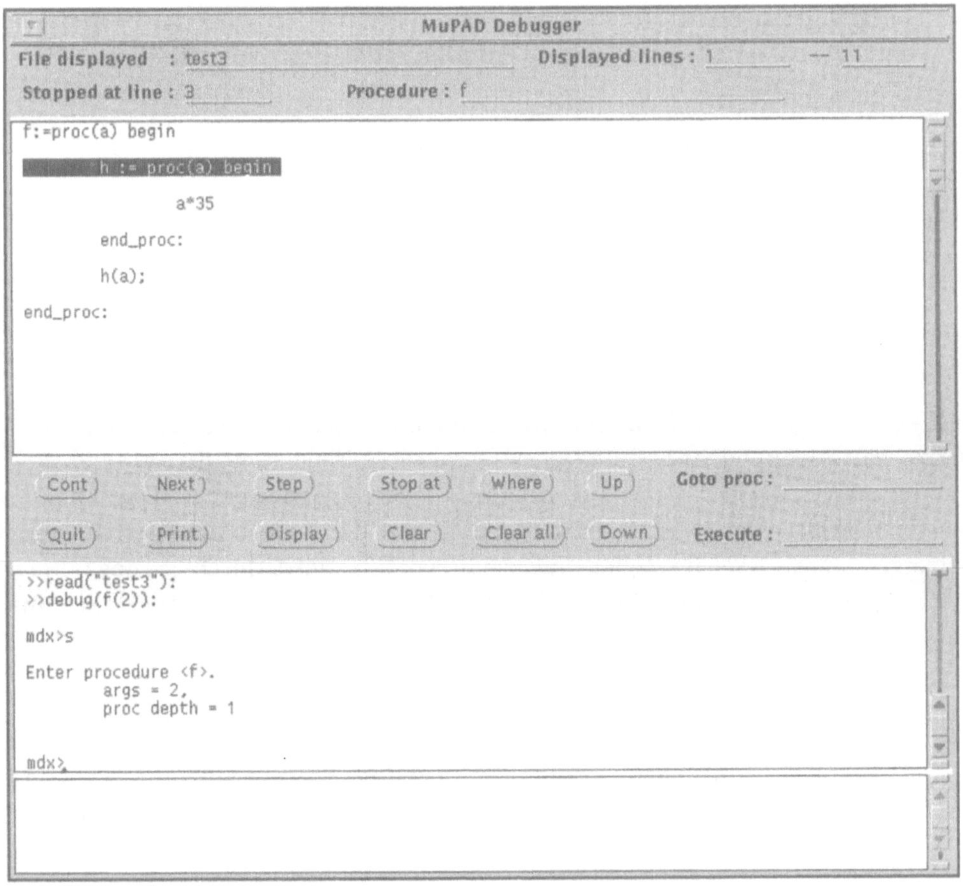

Abbildung 4.1: mdx-Fenster

Syntax:

---

mdx [*MuPAD Optionen*]

Innerhalb der *MuPAD Optionen* können alle Optionen, die den MuPAD-Kern konfigurieren, spezifiziert werden. Die Optionen –t und –g sollten jedoch nicht benutzt werden.

4.2.1   Befehlsbeschreibung

- Next

  Ausführung aller Anweisungen innerhalb der aktuellen Zeile. Der Debugger hält danach in der nächsten auszuführenden Zeile. Enthält eine der ausgeführten Anweisungen einen Prozeduraufruf, so wird die Prozedur ausgeführt, ohne daß der Debugger innerhalb der Prozedur hält.

- Step

  Analog zu Next, jedoch hält der Debugger innerhalb von Prozeduren.

- Cont

  Das Programm wird solange ausgeführt, bis auf eine Anweisung getroffen wird, die in einer mit einer Haltemarke versehenen Zeile steht, oder bis das Programm abgearbeitet wurde. Siehe hierzu auch Stop at.

Hält der Debugger, so wird in den Statuszeilen angezeigt, in welcher Zeile der Debugger hält [`Stopped at:`], in welcher Datei diese Zeile steht [`Displayed file:`] und innerhalb welcher Prozedur gehalten wird [`Procedure:`]. Das Quelltext-Fenster enthält einen Ausschnitt der Datei, die die Zeile beinhaltet, in der der Debugger steht. Welche Zeilen angezeigt werden, wird durch [`Lines:` ... -- ...] wiedergegeben. Die Zeile, in der der Debugger hält, wird zusätzlich invers dargestellt.

- Goto proc

  Die in dem Eingabefeld spezifizierte Prozedur wird im Quelltext-Fenster angezeigt.

- Quit

  Beendet die Ausführung des MuPAD-Programms, sofern der Debugger im Eingabemodus ist. Der Debugger meldet danach `Execution completed`, und der Benutzer befindet sich im MuPAD-Eingabemodus. Ein Quit im MuPAD-Eingabemodus beendet die gesamte MuPAD-Sitzung. Die Sitzung kann auch direkt über das Quit im Popup-Menü in der Kopfzeile des Fensters beendet werden. Ein laufendes Programm kann mittels <Ctrl-C> angehalten werden. Der Debugger befindet sich hiernach im Eingabemodus.

- Execute

  Der in dem Eingabefeld spezifizierte MuPAD-Befehl wird ausgeführt. Der Befehl kann nicht nur aus einer einzelnen Anweisung, sondern aus einer beliebigen Anweisungsfolge bestehen. Eine Anwendung ist z.B. die interaktive Beeinflussung des Programmablaufs dadurch, daß der Benutzer Variablenwerte verändert. Siehe auch Seite 213.

- Where

  Im Terminalfenster werden die Prozeduren, die von Beginn des Programmlaufs bis zum jetzigen Zeitpunkt aufgerufen wurden, angezeigt. Neben dem Prozedurnamen wird der Benutzer auch über die Aufrufstelle in Form einer Zeilennummer und eines Dateinamens informiert.

- Up

  Im Quelltext-Fenster wird die Zeile angezeigt, von der aus die bisher angezeigte Prozedur aufgerufen wurde. Die Statuszeilen des Debuggers werden ebenfalls auf den aktuellen Stand gebracht. Ist bereits die Prozedur erreicht, die der Benutzer interaktiv eingegeben hat, so erscheint im Terminalfenster die Meldung `Top level reached`.

- Down

  Kann nur angewendet werden, wenn zuvor mindestens ein Up erfolgte. Es wird die Prozedur im Quelltext-Fenster angezeigt, aus der Up aufgerufen wurde. Ist bereits die aktuelle Prozedur, d.h. die Prozedur, in der der Debugger hält, erreicht, so erscheint im Terminalfenster die Meldung `Bottom level reached`.

- Clear all

  Löschen aller Haltemarken.

- Clear

  Der Benutzer spezifiziert mit einem Doppel-Maus-Klick im Quelltext-Fenster die Zeile, in der die Haltemarke gelöscht werden soll, und betätigt dann den Clear-Button. Siehe auch Stop at.

- Stop at

  Der Benutzer spezifiziert mit einem Doppel-Maus-Klick im Quelltext-Fenster die Zeile, in der eine Haltemarke gesetzt werden soll, und betätigt dann den Stop at-Button. Um in einer bestimmten Prozedur eine Haltemarke zu setzen, muß der Benutzer diese zuvor in das Quelltext-Fenster laden. Siehe hierzu Goto proc.

- Print

  Der Benutzer spezifiziert den Ausdruck, dessen aktueller Wert angezeigt werden soll, indem er im Quelltext-Fenster den Ausdruck mit der Maus selektiert und dann den Print-Button betätigt. Der Wert des Ausdrucks wird im Terminalfenster angezeigt. Siehe auch Execute und Seite 213.

- Display

  Der Benutzer spezifiziert die Variable, deren Wert angezeigt werden soll, indem er im Quelltext-Fenster den Variablennamen mit der Maus selektiert. Der Wert der Variablen wird im Display-Fenster angezeigt. Der aktuelle Wert der Variablen wird ab diesem Zeitpunkt permanent angezeigt. Eine Aktualisierung erfolgt allerdings nur dann, wenn der Debugger im Kommando-Eingabe-Modus ist, d.h. wenn der Programmlauf unterbrochen ist. Im Gegensatz zu Print können mittels Display nur skalare Variablen, jedoch keine indizierten Bezeichner oder Ausdrücke angezeigt werden.

Jeder der zuvor beschriebenen Befehle, die durch einen Maus-Klick auf den entsprechenden Button ausgeführt wird, kann auch direkt im Terminalfenster per Tastatur eingegeben werden. Die konkrete Befehlssyntax wird im folgenden erläutert:

4.2.2   Befehlssyntax

Button	Kommando
Next	n
Step	s
Cont	c
Quit	q
Where	w
Up	u
Down	d
Clear all	a
Clear	$C < filename > < line >$
Goto proc	$g < name >$
Print	$p < expr_1 > \ldots < expr_n >$
Display	$D < name_1 > \ldots < name_n >$
Stop at	$S < filename > < line >$
Execute	$e < mupad\_command >$

$< filename >$, $< expr >$ und $< mupad\_command >$ müssen eine in Anführungszeichen eingeschlossene Zeichenkette sein. $< line >$ bezeichnet eine natürliche Zahl zwischen 1 und $2^{24} - 1$, und $< name >$ ist ein Prozedur- oder Variablenname.

Im Gegensatz zu den Print- und Display-Buttons kann der Benutzer per Tastatureingabe gleichzeitig mehrere Variable spezifizieren.

Der Execute- und der Print-Befehl wirken auf die aktuelle Programmumgebung. Führt der Benutzer einen Prozeduraufruf aus oder läßt er sich den Wert eines Prozeduraufrufes mittels Print anzeigen, so kann dies zu einer Veränderung des weiteren Programmablaufs führen. Ein solcher Prozeduraufruf kann Seiteneffekte, z.B. in Form von Veränderungen der Werte globaler Variablen, besitzen, die für den Benutzer an Hand des Aufrufes nicht erkennbar sind. Der Benutzer sollte sich daher bewußt machen, welche Auswirkungen das Ausführen von Anweisungen oder Anzeigen von Ausdrücken haben kann.

Kapitel 5

Grafik

Das Computeralgebra-System MuPAD stellt Möglichkeiten zu Verfügung, zweidimensionale (2D-) und dreidimensionale (3D-) Grafiken zu erzeugen, darzustellen und auszugeben. Die Grundidee sieht dabei folgendes Vorgehen vor: Zunächst werden die grafischen Daten von MuPAD berechnet und an ein Interface geschickt, in dem diese Daten dann zur Darstellung der Grafik verwendet werden. Mittels dieser Benutzeroberfläche ist es möglich, bestehende Grafiken interaktiv zu verändern oder zu speichern, bzw. neue Grafiken zu erzeugen.

Vorgesehen ist die Erzeugung von 2D- und 3D-Grafiken zum einen durch die Angabe von Parametrisierungen, welche die x- und y-Koordinaten bzw. die x-, y- und z-Koordinaten der grafischen Objekte beschreiben. Anhand des folgenden Beispieles wird die Verwendung von Parametrisierungen zur grafischen Darstellung der sin-Funktion verdeutlicht.

Beispiel 136 *Dargestellt werden soll der Graph der Funktion* sin. *Da es sich um eine zweidimensionale Grafik handelt, sind zwei Funktionen einzugeben, welche die x- und y-Koordinaten des grafischen Objektes beschreiben. In diesem Fall werden die x-Koordinaten durch die Funktion* $x(u) := u$ *und die y-Koordinaten durch die Funktion* $y(u) := \sin(u)$ *festgelegt. Ferner muß noch der Bereich spezifiziert werden, in dem diese Parametrisierungen ausgewertet werden, also beispielsweise das Intervall* $[0, 2\pi]$. *Um nun den Graphen zu erzeugen, benötigt man einen speziellen MuPAD-Befehl, der diese Parametrisierungen im angegebenen Bereich auswertet. MuPAD stellt dazu die Befehle* plot2d *und* plot3d *zur Verfügung. Eine genaue Beschreibung dieser Kommandos findet sich im Kapitel 7. Der MuPAD-Befehl, der beispielsweise den Graphen der Funktion* sin *im Intervall* $[0, 2\pi]$ *berechnet, lautet dann:*

```
plot2d([Mode = Curve, [u, sin(u)], u = [0, 2*PI]]);
```

Würde dieser Befehl in XMuPAD eingegeben, so würde die in Abbildung 5.1 gezeigte Grafik erzeugt werden.

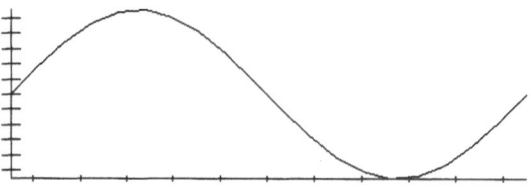

Abbildung 5.1: Graph der Funktion sin

Bei der Vereinbarung von Parametrisierungen ist es möglich, zusätzlich zur Anzahl der Stützstellen, in denen die Funktionen ausgewertet werden, einen sogenannten *Smoothness*-Faktor anzugeben. Dieser Faktor gibt die Anzahl weiterer Funktionsauswertungen zwischen zwei benachbarten Stützstellen an. Grafisch findet dieser Faktor seinen Niederschlag darin, daß Linien zwischen zwei benachbarten Stützstellen auch gekrümmt sein können, was die Grafik selbst „glatter" erscheinen läßt, ohne daß zuviele Parameterlinien gezeichnet werden. Die Wirkung dieses Faktors wird durch das folgende Beispiel verdeutlicht.

Beispiel 137 *Dargestellt werden zwei Kreisscheiben, die mit derselben Anzahl an Stützstellen berechnet wurden, wohingegen die Werte für den Smoothness-Faktor unterschiedlich gewählt wurden.*
Dabei kann man eine Kreisscheibe wie folgt parametrisieren: Die x-, y- und z-Koordinaten werden durch die Funktionen $x(u, r) := r * \sin(u)$, $y(u, r) := r * \cos(u)$ und $z(u, r) := 0$ beschrieben, wobei der Radius r das Intervall $[0, 1]$ und u das Intervall $[-\pi, \pi]$ durchlaufen. Der zugehörige MuPAD-Befehl lautet:

```
plot3d(Axes = NoAxes,
        CameraPoint = [0.0, 1.0, 10.0],
        [Mode = Surface,
            [1+v*sin(u), v*cos(u), 0.0],
            u = [-PI, PI], v = [0, 1],
            Grid = [10, 10]
        ],
        [Mode = Surface,
            [-1+v*sin(u), v*cos(u), 0.0],
            u = [-PI, PI], v = [0, 1],
            Grid = [10, 10],
            Smoothness = [2, 0]
        ]);
```

Dieser Befehl erzeugt die Grafik in Abbildung 5.2.

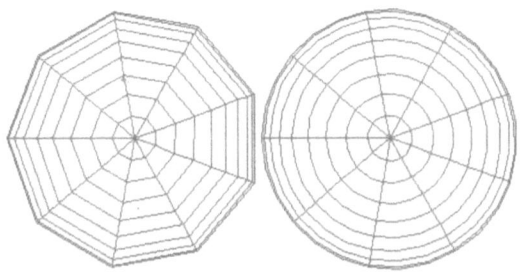

Abbildung 5.2: Demonstration von Smoothness

*Gut zu erkennen ist die Wirkung des Smoothness-Faktors bei der rechten Kreis-
scheibe. Es werden ebenso viele Parameterlinien wie bei der linken Kreisscheibe
gezeichnet, jedoch sind die Parameterlinien der rechten Kreisscheibe gekrümmt.
Wollte man eine ähnliche Kreisscheibe wie die rechte ohne den Smoothness-Faktor
erzeugen, so müsste* Grid = [28, 10] *gewählt werden, was aber dazu führen würde, daß 28 radiale Parameterlinien gezeichnet würden.*

Die MuPAD-Grafik stellt für verschiedene Objekte eine Vielzahl von unterschiedlichen Plot-Stilen zur Verfügung. Zusätzlich ist es möglich, die zu zeichnenden
Parameterlinien auszuwählen. So kann man beispielsweise eine Kugel nur durch
Breitengrade oder nur durch Längengrade oder durch Breiten- und Längengrade
darstellen. Die unterschiedlichen Plot-Stile, die für Raumkurven zur Verfügung
stehen, zeigt die in Abbildung 5.3 dargestellte Grafik.

Beispiel 138 *Diese Grafik zeigt die unterschiedlichen Plot-Stile für eine Raumkurve. Sie wird durch den folgenden* plot3d-*Befehl erzeugt:*

```
plot3d(Axes = Boxed, Ticks = 0,
       [Mode = Curve,
              [u, -PI, cos(u)], u = [-PI, PI],
              Grid = [40], Style = [Points]
       ],
       [Mode = Curve,
              [u, -1/3*PI, cos(u)], u = [-PI, PI],
              Grid = [40], Style = [Lines]
       ],
```

```
[Mode = Curve,
        [u, 1/3*PI, cos(u)], u = [-PI, PI],
        Grid = [40], Style = [LinesPoints]
],
[Mode = Curve,
        [u, PI, cos(u)], u = [-PI, PI],
        Grid = [40], Style = [Impulses]
]);
```

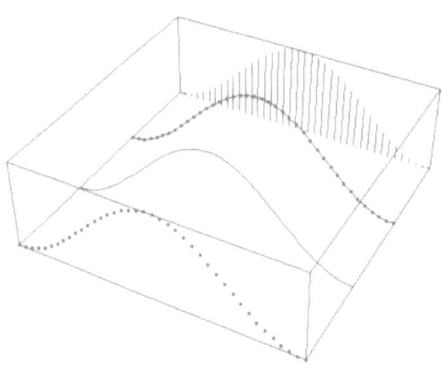

Abbildung 5.3: Plot-Stile für Raumkurven

Desweiteren werden vier verschiedene Farbfunktionalitäten angeboten, unter anderen können die Farben durch die physikalischen Gesetzmäßigkeiten eines auswählbaren Beleuchtungsmodells berechnet werden. Ferner ist es vorgesehen, dem Benutzer die Möglichkeit zu geben, eigene Funktionen zur Färbung grafischer Objekte zu vereinbaren. So könnte man beispielsweise die Fatou-Menge einer komplexen Funktion auf ihren Betrag projizieren oder die Temperaturverteilung auf einer Oberfläche simulieren.

Ferner ist ein automatischer Feinstruktur-Algorithmus geplant, mit dessen Hilfe die Anzahl der verwendeten Stützstellen adaptiv berechnet wird.

Zudem ist es vorgesehen, Grafiken durch die Angabe von Listen zu erzeugen, welche zwei- bzw. dreidimensionale Koordinaten sowie weitere Spezifikationen, beispielsweise die Farbe betreffend, enthalten.

Weiterhin wird es möglich sein, mit Hilfe der MuPAD-Grafik Animationssequenzen zu erzeugen, abzuspeichern und wieder abzuspielen.

Jedoch sei schon hier darauf hingewiesen, daß sich die MuPAD-Grafik noch in der Entwicklungsphase befindet, weshalb es sich bei der freigegebenen Version um ein vorläufiges Werkzeug zur Erstellung von Grafiken handelt. Optionen, die zwar in der Oberfläche sichtbar sind, aber noch nicht bis ins Detail implementiert wurden, werden im folgenden als „*noch nicht implementiert*" bzw. „*in Version 1.1 noch nicht verfügbar*" kenntlich gemacht. Aber gerade diese Optionen geben dem Benutzer einen Ausblick auf die geplanten Entwicklungsstufen der Grafikkomponente des Computeralgebra-Systems MuPAD.

In den folgenden Abschnitten werden das Benutzermodell der MuPAD-Grafik sowie die einzelnen Komponenten der Grafikoberfläche vorgestellt und erläutert. Dabei bezieht sich letzteres auf die für UNIX-Rechner entwickelte Benutzeroberfläche, das Interface VCam — Virtual Camera. Die Version für den Macintosh ist noch in der Implementierungsphase. Es ist jedoch zu erwähnen, daß diese Version dieselbe Funktionalität erhalten wird wie das Grafiktool unter UNIX. Unterschiede ergeben sich lediglich aus dem „Look & Feel" der zugrundeliegenden Benutzeroberfläche.

5.1   Das Benutzermodell der MuPAD-Grafik

In diesem Abschnitt wird das Benutzermodell der MuPAD-Grafik erläutert und einige Verweise von diesem Modell auf die später beschriebenen Interface-Komponenten aufgezeigt.

Das Erzeugen von Grafiken in MuPAD lehnt sich an den Vorgang des Fotografierens an. Zum Verständnis stelle man sich vor, daß ein Foto mit einem bestimmten Informationsgehalt angefertigt werden soll. Dazu werden *Objekte* mit gewissen Eigenschaften zu einer *Szene* gruppiert. Diese Szene wird nun fotografiert, und man muß sich entscheiden, welcher Ausschnitt fotografiert wird (*Zooming*), welche Maßstäbe festgelegt (*Scaling*) und wie diese markiert werden (*Axes, Ticks, Labels*), wo die Kamera hingestellt wird (*Perspective*) und welche Beleuchtung (*Lighting*) für die Szene gewählt wird.

Die Eigenschaften von Objekten sind durch Titel, Funktionsvorschriften, Parameterbereiche, Plot-Stile und Farbe bestimmt.

Dieses Benutzermodell reflektiert die interne Grundstruktur der MuPAD-Grafik, die mehrere Objekte samt ihren individuellen Eigenschaften zu einer Szene mit weiteren – für alle Objekte gültigen – Eigenschaften zusammenfassen kann.

5.2   VCam — Benutzeroberfläche der MuPAD-Grafik

In diesem Abschnitt werden die Komponenten der Benutzeroberfläche VCam vorgestellt und erläutert. Zuvor aber noch einige Hinweise:

- Zur leichteren Erlern- und Bedienbarkeit wurde eine Äquivalenz der Optionen für 2D- und 3D-Grafiken weitgehend verwirklicht.

- Zu jeder Grafikoption, die menügesteuert innerhalb des Grafikmoduls gewählt werden kann, existiert ein algorithmisches Analogon, d.h. dieselbe
  Funktionalität kann mittels eines `plot2d`- bzw. `plot3d`-Befehls erzeugt werden.

- Im Gegensatz zu anderen Computeralgebra-Systemen ist es in der MuPAD-
  Grafik möglich, vom Grafiktool aus Grafikbefehle als neue MuPAD-Prozesse
  zu starten.

- Einige der im folgenden erwähnten Buttons und Menüs sind zu bestimmten
  Zeitpunkten inaktiv, d.h. ein Anklicken eines solchen Buttons oder Menüs
  bleibt ohne Wirkung. Ein deaktiviertes Interface-Objekt ist optisch gekennzeichnet, indem seine Umrandung von schwarz zu grau wechselt.

Das Grafikmodul VCam besteht im wesentlichen aus einem *Basisfenster*, in das
gezeichnet wird, und einem dazugehörigen *Grafikmanipulationsfenster*, in dem die
Grafikoptionen menügesteuert gesetzt werden können. Zusätzlich wurden weitere
Komponenten, wie beispielsweise das *Default-Fenster*, in dem die Default-Werte
angezeigt und verändert werden können, implementiert, um die benutzerfreundli-
che Handhabung des gesamten Moduls zu gewährleisten.

5.2.1   Das Basisfenster

Das Basisfenster (siehe Abbildung 5.4) dient zum Darstellen der Grafiken. Zu ihm
gehören eine Zeichenfläche, in der die Grafik erscheint, sowie verschiedene Buttons und Menüs, mit deren Hilfe der Grafikprozeß gesteuert werden kann. Das
Basisfenster kann aktiviert werden, indem aus dem XMuPAD-Menü Tools die Option Graphics ausgewählt wird oder indem in XMuPAD einer der Grafikbefehle
`plot2d();` oder `plot3d();` abgesetzt wird. Wird dieser Befehl ohne Argumente
eingegeben, so wird das Basisfenster geöffnet, mit dessen Hilfe man dann die Grafikoptionen vereinbaren kann. Wird der Befehl jedoch mit einer gültigen Szenebe-
schreibung (siehe dazu auch die Helpseiten zu `plot2d` und `plot3d`) abgesetzt, so
wird das Basisfenster geöffnet, und die Grafik wird gezeichnet. Zudem wird das
Grafikmanipulationsfenster mit den spezifizierten Grafikoptionen initialisiert und
geöffnet. In diesem Fenster können dann Änderungen der Grafikoptionen vorgenommen werden.

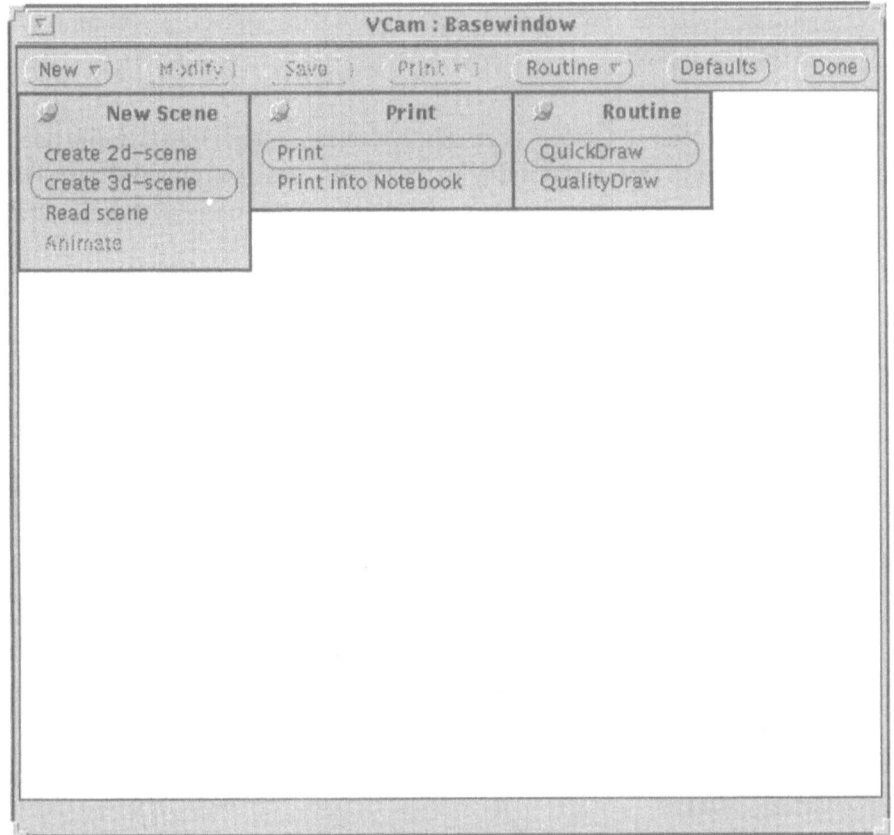

Abbildung 5.4: Basisfenster

Das Basisfenster enthält folgende Buttons und Menüs:

- New
Dieses Menü dient zum Erzeugen einer neuen Szene. Es enthält folgende
Optionen:

  - create 2d-scene
  Löscht auf Abfrage die aktuelle Szene und initialisiert das Grafikmanipulationsfenster mit den Default-Werten einer zweidimensionalen Szene.

  - create 3d-scene
  Wiederum wird zunächst abgefragt, ob die aktuelle Szene gelöscht wer-
  den soll. Dann wird das Grafikmanipulationsfenster mit den Default-
  Werten einer dreidimensionalen Szene initialisiert.

  - Read scene
  Löscht auf Abfrage die aktuelle Szene und erwartet als Eingabe den
  Namen eines MuPAD-Datums oder einer Datei, in denen eine zuvor

erzeugte Grafik gespeichert ist. Diese Option ist in Version 1.1 noch nicht verfügbar.

– Animate

Mit Hilfe dieser Option wird ein weiteres Fenster des Grafiktools geöffnet, in dem die notwendigen Optionen zur Animation der aktuellen Szene vereinbart werden können. Diese Option ist in Version 1.1 noch nicht implementiert.

- Modify

Dieser Button aktiviert das Grafikmanipulationsfenster.

- Save

Der Save Button dient zum Speichern der Grafiken in verschiedenen Formaten. Nach Betätigung dieses Buttons wird das Save-Fenster (siehe dazu auch Abschnitt 5.2.3) aktiviert, in dem der Benutzer die verschiedenen Formate auswählen kann.

- Print

Mit Hilfe dieses Menüs können Grafiken ausgedruckt werden. Die folgenden Optionen sind vorgesehen.

– Print

Die im Basisfenster dargestellte Grafik wird auf einem Laserdrucker ausgedruckt.

– Print into Notebook

Diese Option ist in Version 1.1 noch nicht verfügbar.

- Routine

Dieses Menü dient zur Auswahl der verwendeten Zeichenroutine. Man kann die Optionen QuickDraw und QualityDraw auswählen. Diese Routinen unterscheiden sich wie folgt.

– QuickDraw

Der automatische Feinstruktur-Algorithmus ist nicht aktiv, d.h. die Grafik wird mit der vom Benutzer vorgegebenen Anzahl an Stützstellen gezeichnet.

– QualityDraw

Der automatische Feinstruktur-Algorithmus ist aktiv, d.h. die Anzahl der benötigten Stützstellen wird mit einem adaptiven Verfahren berechnet. Diese Option ist in Version 1.1 noch nicht implementiert.

- Defaults

Dieser Button dient zum Anzeigen und Verändern der gesetzten Default-Werte. Nach seiner Betätigung wird das Default-Fenster aktiviert, in dem die Werte menügesteuert verändert werden können; nähere Information dazu im Abschnitt 5.2.4.

- Done
Dieser Button schließt das Basisfenster (und alle dazugehörigen Unterfenster), d.h. der aktuelle Grafikprozeß wird beendet; das Grafiktool kann aber jederzeit wieder aufgerufen werden.

5.2.2   Das Grafikmanipulationsfenster

Das Grafikmanipulationsfenster dient sowohl zur Information über den aktuellen Status der Grafik als auch zur Eingabe bzw. zur Veränderung der Grafikoptionen. Da Optionen in 2D und 3D unterschiedlich sind, existiert je ein Fenster für eine 2D-Szene und eine 3D-Szene. Der prinzipielle Aufbau und der visuelle Eindruck der beiden Fenster sind einheitlich gestaltet. Im Grafikmanipulationsfenster existieren zwei Bereiche, ein Bereich zum Setzen von Szene-Eigenschaften, sowie ein Bereich zum Auswählen des aktuellen Objektes und zum Setzen der Eigenschaften dieses Objektes. Die Eigenschaften von Szenen und Objekten sind nach Oberbegriffen wie z.B. Axes geordnet. Neben dem Oberbegriff befindet sich jeweils ein Menü zur Auswahl der möglichen Optionen. Die aktuelle Wahl wird angezeigt.

Im folgenden wird zunächst das Manipulationsfenster für eine dreidimensionale Grafik vorgestellt; die Unterschiede, die im Vergleich zum Manipulationsfenster für eine 2D-Grafik auftreten, werden anschließend erläutert.

5.2.2.1   Beschreibung einer 3D-Szene

Wie bereits erwähnt, ist das Manipulationsfenster für eine 3D-Szene (siehe Abbildung 5.5) in zwei Bereiche unterteilt. Im oberen Teil dieses Fensters können die szene-spezifischen Optionen gewählt werden, wohingegen im unteren Bereich das aktuelle Objekt und dessen Werte vereinbart werden können. Im folgenden werden zunächst die szene-spezifischen Optionen erläutert. Daran anschließend werden die objekt-spezifischen Optionen vorgestellt.

- **Szene-spezifische Eingaben**

  - Title
  Jede Szene kann einen Titel erhalten, der hier vereinbart werden muß.

  - Position
  Mit Hilfe dieses Menüs kann entschieden werden, ob der Titel ober- oder unterhalb der Grafik positioniert wird.

  - Axes
  Es stehen vier Möglichkeiten zur Verfügung:

    * NoAxes
    Es werden keine Achsen gezeichnet.

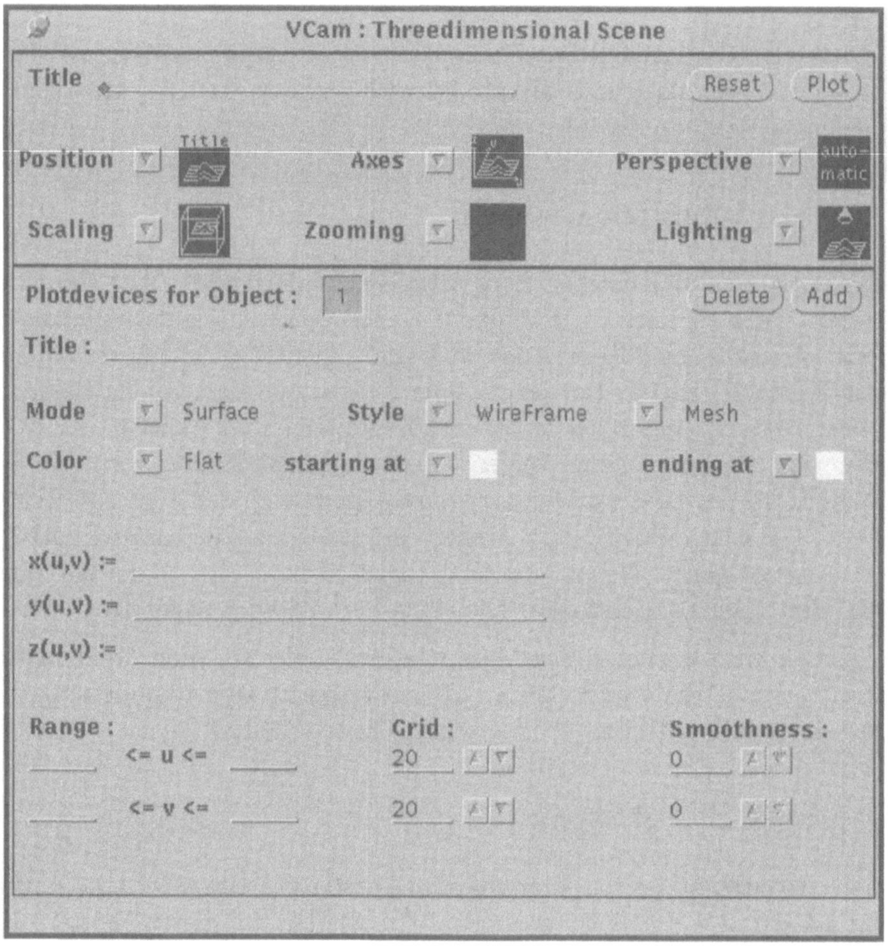

Abbildung 5.5: Grafikmanipulationsfenster für eine 3D-Szene

* NormalAxes
  Es werden zentrierte Achsen gezeichnet, deren Ursprung im Mittelpunkt der Grafik liegt.
* FramedAxes
  Die Achsen werden an den Rand der Grafik gezeichnet.
* Boxed
  Es wird eine Box um die Objekte gezeichnet.

Die Gestaltung der Achsen, wie beispielsweise die Verwendung von Achsenbeschriftungen (Labels), Skalierungseinheiten (Ticks) und Pfeilen an den Enden der Achsen (Arrows), ist durch die Default-Werte vorgegeben. Diese Werte kann man menügesteuert mit Hilfe des Default-Fensters (siehe Abschnitt 5.2.4) verändern.

– Perspective
  Hier sind zwei Möglichkeiten vorgesehen.

* Automatic
  Die Perspektive wird automatisch gewählt.
* manuell
  Wird diese Option ausgewählt, so wird das Perspective-Fenster geöffnet, in dem der Benutzer die gewählte Perspektive interaktiv verändern kann, siehe dazu auch Abschnitt 5.2.6.

– Scaling
  Mittels dieses Menüs kann der Benutzer die verwendete Skalierungsroutine auswählen. Die Optionen lauten:

* Constrained
  Es wird so skaliert, daß sich Verzerrungen nur aus der Perspektivtransformation ergeben. In diesem Fall erscheinen Kugeln als Kugeln (und nicht als Ellipsoide) im Basisfenster. Bei nicht quadratischer Zeichenfläche kann es passieren, daß diese nicht optimal ausgefüllt wird.
* UnConstrained
  In diesem Fall wird das Grafik so skaliert, daß die Zeichenfläche optimal ausgefüllt wird.

– Zooming
  Mit Hilfe dieses Menüs kann der dargestellte Bereich der Grafik verändert werden. Für jede 3D-Grafik wird ein minimaler Quader (bei 2D-Grafiken ein minimales Rechteck) bestimmt, welcher die dargestellten Objekte enthält. Dieser Quader wird im folgenden mit ViewingBox bezeichnet. Zooming dient also zur Veränderung der ViewingBox. Dazu werden die folgenden Optionen zur Verfügung gestellt.

* In
  Die ViewingBox wird um einen vordefinierten Wert in allen Richtungen verkleinert. Dieser Wert ist für jede Richtung auf ein Zehntel der zugehörigen Seitenlänge der ViewingBox gesetzt und kann nicht verändert werden.
* Out
  Die ViewingBox wird um denselben Wert in allen Richtungen vergrößert.
* manuell
  Bei Auswahl dieses Punktes wird das Zoom-Fenster (siehe Abschnitt 5.2.5) aktiviert, in dem die ViewingBox interaktiv verändert werden kann. Hier muß darauf hingewiesen werden, daß bei einer Veränderung der ViewingBox — insbesondere bei einer Verkleinerung derselben — die Grafikdaten noch nicht angepaßt werden, da die dazu notwendigen Clipping-Algorithmen noch nicht implementiert sind.

– Lighting
  Hierbei wird es sich um eine Auswahlmöglichkeit handeln, mit der man

die Szene mit Lichtquellen bescheinen lassen kann. Diese Option ist in Version 1.1 noch nicht implementiert.

Weitere Funktionen werden mit den zwei Buttons Reset und Plot gegeben.

– Reset
  Mit Hilfe dieses Buttons werden die Einträge des letzten Plot-Befehls wiederhergestellt. Gab es noch keinen, so werden die Default-Werte eingesetzt.

– Plot
  Die aktuellen Grafikoptionen werden in einen Plot-Befehl eingetragen. Dieser Befehl wird ausgewertet, und die entstehende Grafik wird in das bereits existierende Basisfenster gezeichnet. Somit ist es also möglich, zunächst eine ganze Reihe von Änderungen zu vereinbaren und dann die entsprechende Grafik berechnen zu lassen.

● **Objekt-spezifische Eingaben**
Dieser Teil des Manipulationsfensters enthält einen Bereich zum Auswählen des aktuellen Objektes und einen Bereich zur Eingabe der Werte dieses Objektes. Das aktuelle Objekt wird bestimmt, indem eine der hinter dem Button Plotdevices for Object angegebenen Zahlen ausgewählt wird. Mit den zwei Buttons Add und Delete können neue Objekte zu einer Szene hinzugefügt bzw. Objekte aus einer Szene gelöscht werden. Dabei ist die maximale Anzahl von Objekten zur Zeit auf sechs beschränkt. Für das aktuelle Objekt können die folgenden Optionen ausgewählt werden.

– Title
  Jedem Objekt kann ein Titel zugewiesen werden, der hier eingetragen werden muß. Dieser Titel wird in der Grafik an einer vordefinierten Position gezeichnet und kann mit Hilfe der Maus verschoben werden.

– Mode
  Mit Mode legt man den Typ des Objektes fest. Es existieren die folgenden Möglichkeiten.

    ∗ Curve
      Das aktuelle Objekt ist eine Raumkurve.

    ∗ Contour
      Es wird ein Konturdiagramm eines dreidimensionalen Objektes gezeichnet. Diese Option ist in Version 1.1 noch nicht implementiert.

    ∗ Surface
      Es wird eine Oberfläche gezeichnet.

    ∗ List
      Es wird eine schon gespeicherte Liste eingelesen und gezeichnet. Diese Option ist in Version 1.1 noch nicht verfügbar.

– Style

Hier wird festgelegt, wie das aktuelle Objekt grafisch dargestellt werden soll. Dabei ändern sich diese Möglichkeiten in Abhängigkeit vom schon gewählten Modus des Objektes. Hat man Mode = Curve gewählt, so ergeben sich die Möglichkeiten:

* Points
  Es werden nur die an den Stützstellen berechneten Werte grafisch dargestellt.

* Lines
  Die an den Stützstellen berechneten Werte werden durch Linien verbunden.

* LinesPoints
  Es werden sowohl Linien als auch Punkte gezeichnet.

* Impulses
  Es werden die Abszissen der Funktionswerte gezeichnet.

Für Mode = Contour ergibt sich folgende Möglichkeit:

* Lines
  Es werden die Linien gezeichnet.

Zusätzlich kann man hier noch auswählen:

* Bottom
  Die Konturlinien werden auf den Boden der ViewingBox gezeichnet.

* Attached
  Es werden Höhenlinien gezeichnet.

Ist Mode = Surface gesetzt, so gibt es die folgenden Möglichkeiten:

* Points
  Es werden nur die an den Stützstellen berechneten Werte gezeichnet.

* WireFrame
  Es wird ein Drahtmodell des Objekts gezeichnet.

* HiddenLine
  Es wird ein Drahtmodell gezeichnet, wobei die Linien, die nicht sichtbar sind, verschwinden.

* ColorPatches
  Wie bei HiddenLine, jedoch werden die Dreiecke, aus denen sich die Oberfläche zusammensetzt, farbig dargestellt.

* DepthCueing
  Wie bei ColorPatches, jedoch werden die Dreiecke nicht vollständig sondern mit einem Muster ausgefüllt. Durch die Verwendung unterschiedlicher Muster für die verschiedenen Objekte erreicht man somit eine Transparenz der Objekte.

Zusätzlich kann man bei Style = WireFrame oder HiddenLine noch
entscheiden, welche Parameterlinien gezeichnet werden sollen.

* Mesh
  Es werden alle Parameterlinien gezeichnet.
* ULine
  Nur die Parameterlinien in Richtung der ersten Variablen werden
  gezeichnet.
* VLine
  Nur die Parameterlinien in Richtung der zweiten Variablen werden
  gezeichnet.

Bei Style = ColorPatches oder DepthCueing lauten diese Optionen wie
folgt.

* Only
  Nur die farbigen Dreiecke werden gezeichnet.
* AndMesh
  Sowohl die Dreiecke als auch alle Parameterlinien werden gezeichnet.
* AndULine
  Die Dreiecke und alle Parameterlinien in Richtung der ersten Variablen werden gezeichnet.
* AndVLine
  Die Dreiecke und alle Parameterlinien in Richtung der zweiten Variablen werden gezeichnet.

— Color, starting at, ending at
  Mit Hilfe dieser Buttons kann man die Farbe(n) des aktuellen Objektes
  bestimmen. Zunächst wird dem Benutzer eine Farbtafel mit maximal 40
  Farben zur Verfügung gestellt, aus der man mittels der Buttons starting
  at und ending at zwei Farben auswählen kann. Dann werden weitere
  Farben berechnet, die den Startwert mit dem Endwert verbinden. Mit
  Hilfe des Defaults Button kann man zusätzlich die Ausgangsfarbtafel
  auswählen. Diese Option ist in Version 1.1 noch nicht implementiert.
  Mit dem Color Button kann man nun wählen, wie das Objekt in der
  Farbe dargestellt wird:

  * Flat
    Flache Farbverteilung, das Objekt hat nur eine Farbe und zwar den
    unter starting at angegebenen Startwert.
  * Height
    Die Farben werden nach der Höhe (z-Wert) und den beiden unter
    starting at und ending at angegebenen Farbwerten berechnet. Diese
    Option ist in Version 1.1 noch nicht implementiert.
  * Physical
    Die Farben werden nach den physikalischen Gesetzmäßigkeiten, die

sich aus der Beleuchtung ergeben, berechnet. Diese Option ist in Version 1.1 noch nicht implementiert.

* Func
  Die Farben werden nach einer vom Benutzer einzugebenden Funktion verteilt (noch nicht implementiert).

— x(u,v), y(u,v), z(u,v)
Hier können die Parametrisierungen der Objekte vereinbart werden, die jeweils die x-, y- und z-Koordinaten des aktuellen Objektes angeben. Bei Mode = Surface sind dies i.a. drei Funktionen in Abhängigkeit von zwei Variablen und bei Mode = Curve drei Funktionen in Abhängigkeit von einer Variablen, was dadurch angedeutet werden soll, daß die drei Eingabemöglichkeiten nun zu x(u), y(u) und z(u) umbenannt wurden.

— Range
Hier können die Parameterbereiche, in denen die Parametrisierungen ausgewertet werden sollen, angegeben werden. Bei Mode = Curve ist also ein Bereich und bei Mode = Surface sind zwei Bereiche einzugeben.

— Grid
Der Benutzer wählt hier die Anzahl der Parameterlinien, die in jeder Richtung gezeichnet werden sollen.

— Smoothness
Hier können zusätzliche Stützstellen eingegeben werden, die zur Interpolation zwischen zwei sichtbaren Plot-Punkten dienen. Bei Mode = Contour kann hier die Anzahl der zu zeichnenden Konturlinien eingetragen werden.

5.2.2.2   Beschreibung einer 2D-Szene

In diesem Abschnitt werden die Punkte angegeben, die das 2D-Manipulationsfenster (siehe Abbildung 5.6) von dem zu einer 3D-Szene gehörenden Fenster unterscheiden.

Bei den szene-spezifischen Optionen werden zunächst einmal alle Icons durch ihre zweidimensionalen Analoga ersetzt. Ferner sind hier die Buttons Perspective und Lighting nicht vorhanden. Alle anderen Buttons und Menüs haben dieselbe Funktionalität wie im 3D-Fall. Bei den objekt-spezifischen Optionen treten die folgenden Änderungen auf:

• Mode
  Man kann jetzt nur noch aus den Optionen Mode = Curve und Mode = List wählen, wobei letztere Option in Version 1.1 noch nicht implementiert ist.

• Style
  Es ergeben sich hier die oben bereits erwähnten Möglichkeiten, eine Kurve darzustellen. Diese Möglichkeiten sind Points, Lines, LinesPoints und Impulses.

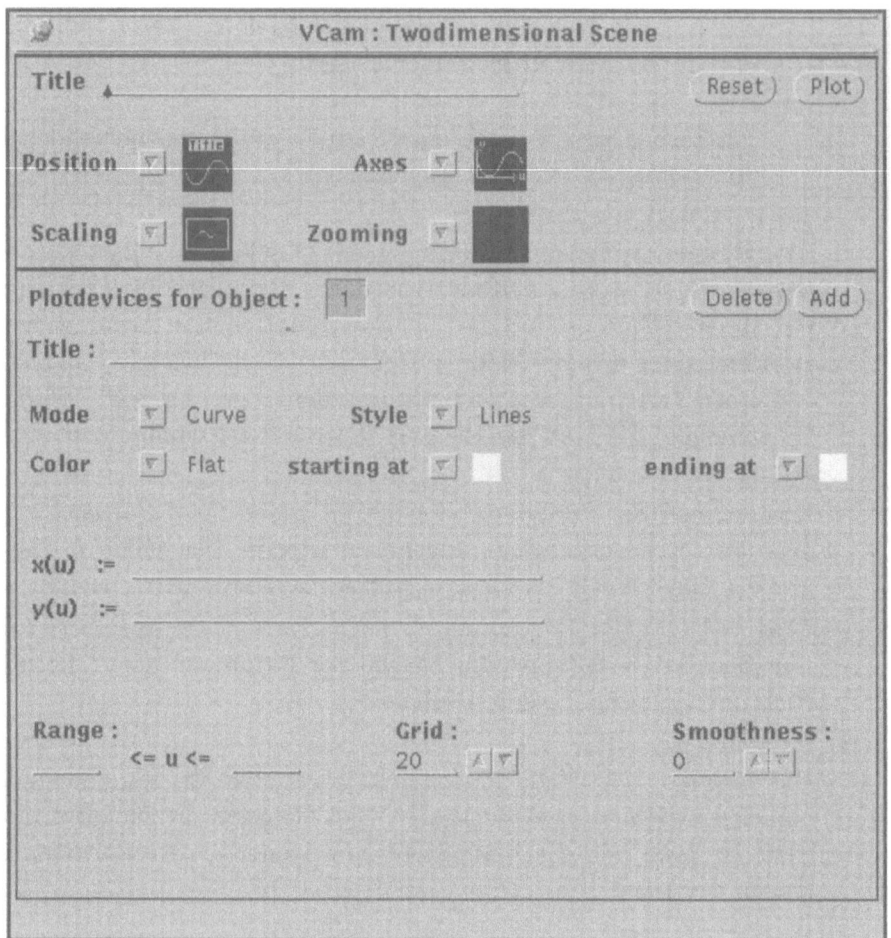

Abbildung 5.6: Grafikmanipulationsfenster für eine 2D-Szene

- x(u), y(u)

  Man benötigt zur Vereinbarung eines 2D-Objektes nur zwei Parametrisierungen in Abhängigkeit von einer Variablen. Diese Funktionen geben die x-
  und y-Koordinaten des Objektes an.

- Range, Grid, Smoothness

  Da die Parametrisierungen nur von einer Variablen abhängen, benötigt man
  nur einen Wertebereich und zwei Zahlen, welche die Anzahl der Stützstellen
  und die Anzahl der interpolierenden Punkte zwischen zwei benachbarten
  Stützstellen angeben.

In den nächsten Abschnitten werden weitere Komponenten der Benutzeroberfläche
vorgestellt und beschrieben. Diese Komponenten werden, wie schon mehrfach
angedeutet, durch die Betätigung einiger Buttons im Basisfenster und im Grafikmanipulationsfenster geöffnet.

5.2.3 Das Save-Fenster

Das Save-Fenster (siehe Abbildung 5.7) dient zum Speichern der Grafiken in verschiedenen Formaten, es wird mit Hilfe des Save Buttons aus dem Basisfenster aktiviert.

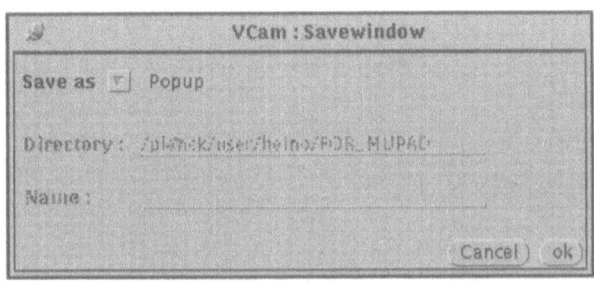

Abbildung 5.7: Save-Fenster

Es enthält einige Buttons zur Auswahl des gewünschten Formats, sowie zwei Textfelder zur Eingabe von Pfad- und Dateinamen.

- Save as
  Dieser Button dient zur Auswahl des zu speichernden Formats. Bislang existieren die drei Optionen:

  - Popup
    Hiermit wird die aktuelle Grafik des Basisfensters in einem weiteren Fenster gespeichert. Mit Hilfe des Replot Buttons kann der Benutzer die in diesem Fenster gespeicherte Grafik erneut erzeugen.

  - Raster-File
    Die im Basisfenster sichtbare Grafik wird als Raster-File gespeichert. Hinter den Eingabemöglichkeiten Directory und Name ist jeweils anzugeben, wohin die Grafik gespeichert werden soll und welchen Namen sie erhalten soll.

  - Gif-File
    Die Grafik aus dem Basisfenster wird im Gif-Format gespeichert. Wieder sind zunächst der Pfad und Name der Datei anzugeben.

- Cancel
  Dieser Button dient dazu, den Vorgang der Speicherung abzubrechen.

- ok
  Mit Hilfe dieses Buttons werden die ausgewählten Optionen bestätigt, und die Grafik wird gespeichert.

5.2.4   Das Default-Fenster

Mit Hilfe des Default-Fensters (siehe Abbildung 5.8) kann der Benutzer einige der
vorgegebenen Default-Werte verändern. Dieses Fenster wird aktiviert, indem der
Defaults Button im Basisfenster gedrückt wird. Dieses Fenster enthält zwei Berei-

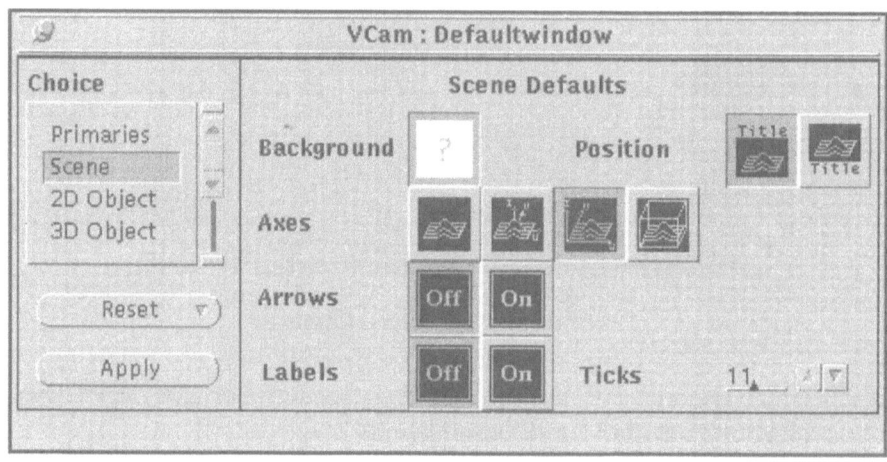

Abbildung 5.8: Default-Fenster

che, einen Bereich mit einer Reihe von Kontrollfunktionen, in dem der Benutzer
entscheiden kann, welche Default-Werte geändert werden sollen, und einen Bereich,
in dem die aktuellen Default-Werte angezeigt und verändert werden können. Der
Bereich der Kontrollfunktionen enthält die folgenden Buttons und Menüs:

- Choice
  Diese Liste enthält die übergeordneten Begriffe, nach denen die Default-
  Werte zusammengefaßt sind. Der aktuelle Wert ist dabei mit einem Rechteck
  umgeben. Es gibt die folgenden Stichpunkte:

  - Primaries
    Hier können die Default-Werte für übergeordnete Optionen wie New,
    Save, Print usw. verändert werden.

  - Scene
    Hier können die Default-Werte für eine Szene geändert werden, siehe
    dazu auch die Abbildung 5.8.

  - 2D Object
    Angezeigt werden hier die Default-Werte für ein zweidimensionales Ob-
    jekt.

  - 3D Object
    Hier können die Default-Werte für ein dreidimensionales Objekt ver-
    ändert werden.

- Reset
  Mit Hilfe dieses Menüs können Änderungen rückgängig gemacht werden.
  Dabei hat man die Auswahl:

  - Reset actual changes
    Es werden nur die Änderungen zurückgenommen, die in dem Bereich
    liegen, der unter Choice angewählt ist.

  - Reset all changes
    Es werden alle Änderungen, die seit dem letzten Apply-Befehl gemacht
    wurden, zurückgesetzt.

- Apply
  Mit Hilfe dieses Buttons werden die Änderungen übernommen und stehen
  der Grafik als neue Default-Werte zur Verfügung.

Der Bereich, in dem die expliziten Veränderungen vorgenommen werden können,
ist natürlich abhängig von dem unter Choice gewählten Wert. In der obigen Abbildung sieht man beispielsweise die aktuellen Default-Werte für eine Szene. Diese
lassen sich leicht mit Hilfe der Maustasten verändern. Für alle weiteren Werte von
Choice existieren ähnliche Teilfenster.

5.2.5   Das Zoom-Fenster

Das Zoom-Fenster dient dazu, die ViewingBox, also das dargestellte Volumen zu
verändern.

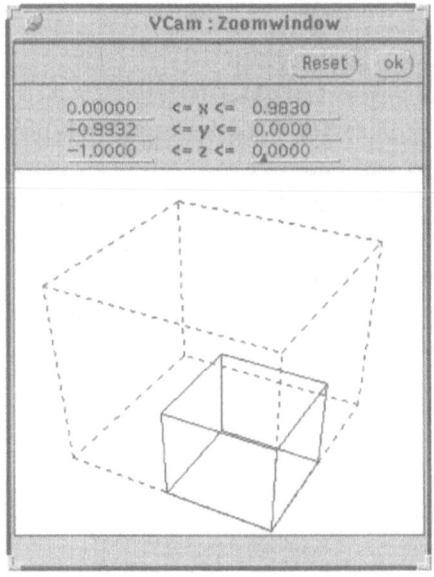

Abbildung 5.9: Zoom-Fenster

Dieses Fenster (siehe Abbildung 5.9) wird aktiviert, wenn im Grafikmanipulationsfenster mittels des Zooming Buttons die Option manuell ausgewählt wurde. Dieses Fenster enthält einige Buttons, sowie einen Bereich zur Angabe der expliziten Werte der ViewingBox und einen Bereich, in dem die ViewingBox zunächst grafisch dargestellt wird. Die folgenden Buttons existieren:

- Reset
  Mit Hilfe dieses Buttons können Änderungen der Werte der ViewingBox rückgängig gemacht werden. In diesem Fall werden immer die zugehörigen Werte des letzten Plot-Befehls wiederhergestellt.

- ok
  Die Betätigung dieses Buttons führt dazu, daß die geänderten Werte für die ViewingBox als Grafikoptionen beim nächsten Plot-Befehl verwendet werden.

Ferner hat der Benutzer die beiden folgenden Möglichkeiten, die Parameter der ViewingBox zu verändern:

- **Explizite Änderungen:**
  Hier kann die ViewingBox verändert werden, indem der Benutzer die expliziten Werte für die Grenzen der ViewingBox im mittleren Teil des Zoom-Fensters eingibt. Zu beachten ist, daß diese Eingaben mit <Return> abzuschließen sind. Im unteren Teil werden diese Änderungen sofort angezeigt, indem die neue ViewingBox gezeichnet wird. Zusätzlich wird die ursprüngliche ViewingBox nun gestrichelt dargestellt, damit die Änderungen leichter nachvollziehbar sind.

- **Mausgesteuerte Änderungen:**
  Es besteht zusätzlich die Möglichkeit, die ViewingBox mit Hilfe der Maus zu verändern. Dazu muß der Benutzer zunächst eine Kante der ViewingBox aktivieren, indem er auf eine der dargestellten Kanten klickt. Die aktivierte Linie wird dann durch ihre Endpunkte gekennzeichnet, diese werden mit kleinen Quadraten versehen. Die aktivierte Linie kann nun verändert werden, indem der Benutzer einen der gekennzeichneten Endpunkte durch Anklicken auswählt und die Maus verschiebt. Die Veränderungen werden dann wie oben grafisch dargestellt. Um eine andere Kante zu aktivieren, muß der Benutzer die aktivierte Kante deaktivieren, indem er die rechte Maustaste betätigt.

5.2.6 Das Perspective-Fenster

Das Perspective-Fenster (siehe Abbildung 5.10) dient dazu, die gewählte Perspektive zu verändern. Dieses Fenster wird aktiviert, wenn im Grafikmanipulationsfenster mittels des Perspective Buttons die Option manuell ausgewählt wurde.

Die Perspektive wird in der MuPAD-Grafik mittels zweier Perspektivparameter berechnet. Hierbei handelt es sich um die beiden dreidimensionalen Punkte CameraPoint und FocalPoint. Dabei gibt der CameraPoint an, wo die Kamera steht, und der FocalPoint gibt den Punkt an, auf den die Kamera gerichtet ist.

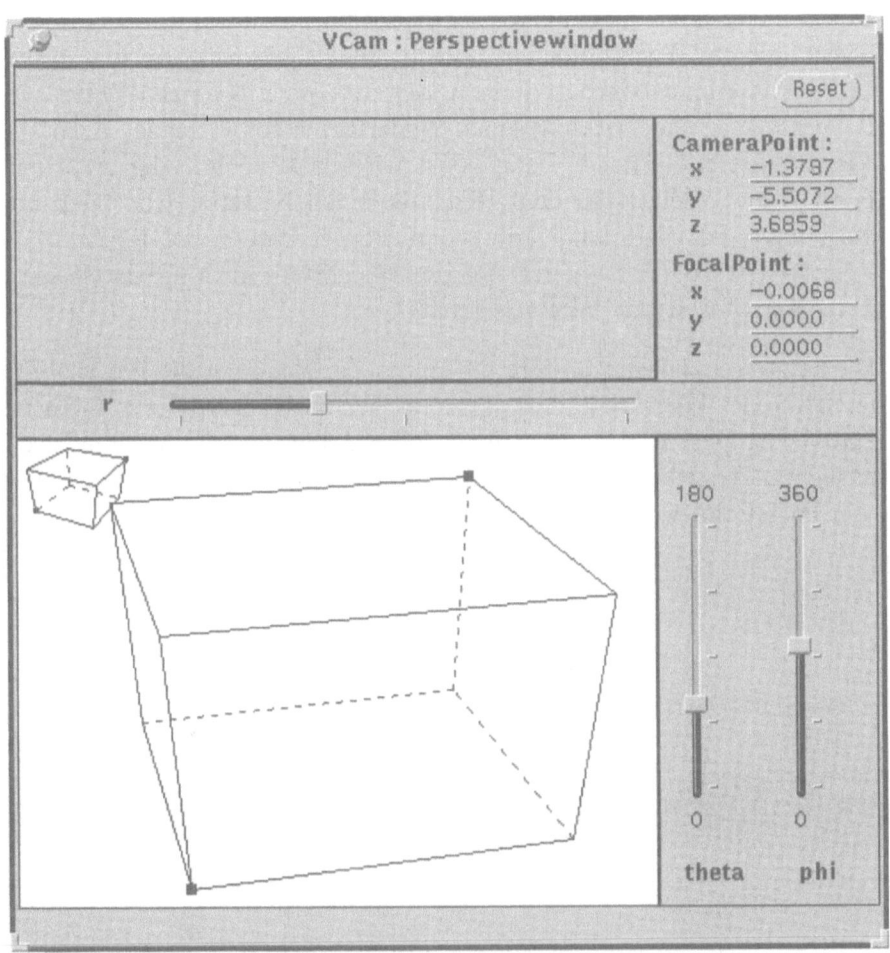

Abbildung 5.10: Perspective-Fenster

Dieses Fenster enthält den üblichen Button Reset zum Zurücksetzen der geänderten Perspektivparameter auf die Werte, die beim letzten Plot-Befehl gültig waren. Ferner existieren Eingabemöglichkeiten, um die Werte für die Perspektivparameter explizit anzugeben. Dazu dienen die Textfelder CameraPoint und FocalPoint und andererseits die in Polarkoordinaten umgerechneten Werte, die bei r, theta und phi eingetragen sind. Ferner existieren im Perspective-Fenster zwei Zeichenflächen, in denen die ViewingBox dargestellt wird. In der unteren Zeichenfläche erscheint die ViewingBox zunächst in der aktuellen Perspektive. Änderungen der Perspektivparameter werden hier sofort dargestellt. In der oberen Zeichenfläche wird zunächst noch nichts gezeichnet. Hier wird später grafisch dargestellt, ob sich der CameraPoint innerhalb der ViewingBox befindet. Diese Option ist jedoch in Version 1.1 noch nicht implementiert. Die Perspektivparameter können folgendermaßen geändert werden:

- Der Benutzer gibt die expliziten 3D-Koordinaten unter den Textfeldern CameraPoint und FocalPoint ein und beendet seine Eingabe mit <Return>. Diese Änderungen werden dann in der unteren Fläche gezeichnet, d.h. der Benutzer kann die Wirkung seiner Änderungen sofort sehen. Zusätzlich zur ViewingBox in der neuen Perspektive wird diese noch in der ursprünglichen Perspektive gezeigt, um dem Benutzer einen besseren Überblick über die Wirkung seiner Änderungen zu geben. Ferner werden bei der Änderung der expliziten Werte für CameraPoint und FocalPoint auch die den Polarkoordinaten entsprechenden Werte angepaßt.

- Die zweite Möglichkeit besteht darin, daß der Benutzer die Polarkoordinaten mit Hilfe der Maus verändert. Dazu stehen die drei Regler r, theta und phi zur Verfügung. Wieder wird nach jeder Änderung die ViewingBox in der aktuellen Perspektive dargestellt, und die 3D-Koordinaten von CameraPoint und FocalPoint werden angepaßt.

Kapitel 6

Benutzerschnittstellen

In diesem Kapitel werden die Benutzerschnittstellen beschrieben, die MuPAD zur Zeit zur Verfügung stellt. Die Schnittstellen sind für jedes Betriebssystem unterschiedlich realisiert. Wie im Fall der Grafikkomponente ist die Funktionalität der Tools jeweils so ähnlich wie möglich gehalten; lediglich das „Look & Feel" ist abhängig von der zugrundeliegenden Plattform. Die Schnittstelle für UNIX-Maschinen, die über das X-Window-System verfügen, ist am vollständigsten implementiert. Die Beschreibung der Macintosh-Benutzerschnittstelle ist als vorläufig anzusehen.

Bei der Entwicklung der Benutzerschnittstellen für X-Windows und OpenWindows wurde Wert darauf gelegt, daß die für diese Window-Systeme typischen Eigenschaften beibehalten wurden. Dazu zählen z.B. die Angabe von Optionen beim Aufruf, beispielsweise zur Festlegung der Fenstergröße oder Fensterpositionierung und auch der „Drag and Drop"-Mechanismus. Für die Beschreibung dieser Eigenschaften sei der Leser jedoch auf die Dokumentation von OpenWindows und X-Windows verwiesen. Angaben über zu verwendende Cursor- und Maus-Tasten beziehen sich bei der Beschreibung im Falle von UNIX-Maschinen auf die Sun SPARCstation.

6.1 XMuPAD

Um mit dem Computeralgebra-System MuPAD arbeiten zu können, benötigt man kein besonderes Ein- oder Ausgabegerät. Es genügt eine Tastatur und ein ASCII-Terminal. Um jedoch den interaktiven Umgang mit MuPAD komfortabeler zu gestalten, gibt es XMuPAD, eine grafische Benutzerschnittstelle für MuPAD unter X-Windows und OpenWindows. Diese Schnittstelle wird im folgenden Abschnitt beschrieben.

XMuPAD selbst ist ein völlig eigenständiges Programm. Es hat keinerlei Kenntnis von Computeralgebra. Es ist als Schnittstelle zum MuPAD-Kern mit Hilfe der

XView-Library implementiert. Aufgerufen wird XMuPAD durch das Kommando

```
xmupad [options]
```

Die einzige für den Benutzer wichtige Option ist die -L Option. Damit kann er die Sprache der Online-Dokumentation festlegen. Als mögliche Parameter stehen **german** und **english** zur Verfügung.

Nach dem Aufruf erscheint auf dem Bildschirm ein *Basisfenster* (siehe Abbildung 6.1), welches aus zwei Komponenten besteht:

- einer Reihe von Buttons und

- einem Textfenster für die Ein- und Ausgabe.

Weiterhin wird der Kern von MuPAD als Sohnprozeß auf UNIX-Ebene gestartet.

Die Arbeitsweise von XMuPAD läßt sich in drei, für ein interaktives System typische Phasen aufteilen:

1. In der *Eingabephase* gibt der Benutzer Kommandos in das Textfenster ein. Mit der Taste <Return> beendet man diese Phase.

2. In der *Evaluierungsphase* wird die Eingabe der ersten Phase ausgewertet.

3. Die dritte und letzte Phase ist die Ausgabe des von MuPAD berechneten Ergebnisses.

6.1.1   Das Textfenster

Das Textfenster ist ein gewöhnliches Fenster zur Eingabe von Text. An der rechten Seite ist eine Scrollbar angebracht, mit der man den sichtbaren Textausschnitt verschieben kann.

6.1.1.1   Eingabe

Die Eingabe von Kommandos erfolgt über die Tastatur an der aktuellen Einfügeposition, die durch den Cursor ▲ sichtbar gemacht ist. Diese Einfügeposition kann mit Hilfe der Maus (Maus-Cursor an gewünschte Position bringen und linke Maus-Taste drücken) oder den Cursor-Tasten ◄, ►, ▲ und ▼ (im rechten Ziffernblock) auf jede beliebige Position innerhalb des Textfensters versetzt werden.

Beendet wird die Eingabe eines Kommandos durch die Taste <Return>. Daraufhin wird die aktuelle Zeile gelesen und als Kommando an MuPAD zur Ausführung geschickt. In der Regel wird sich ein Befehl nur über eine Bildschirmzeile erstrecken. Es ist jedoch auch möglich, Kommandos über mehrere Zeilen verteilt

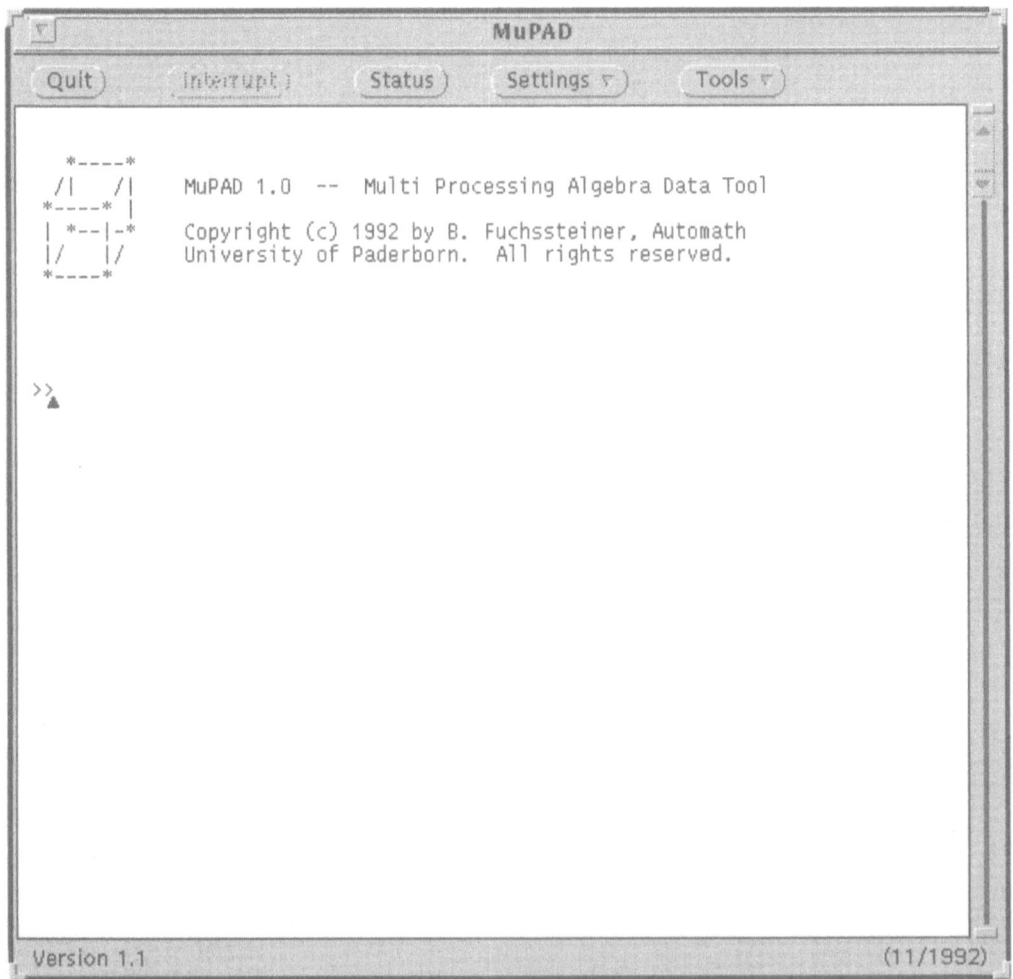

Abbildung 6.1: XMuPAD-Basisfenster

einzugeben, ohne daß jede Zeile einzeln vom Parser interpretiert wird. Wie dies geschieht, ist in Abschnitt 6.1.1.2 beschrieben.

Die Ausgabe des Ergebnisses erfolgt in dem Textfenster direkt unterhalb der Eingabe. An die Ausgabe schließt sich das MuPAD-Prompt („>>") an. Die aktuelle Einfügeposition ist dann das dem Prompt folgende Zeichen.

Nach der Übergabe des Kommandos an MuPAD befindet sich XMuPAD in der Berechnungsphase. Während dieser Zeit ist das Textfenster inaktiviert und es werden keine Eingaben angenommen. Optisch wird dies durch eine kleine Uhr als Maus-Cursor verdeutlicht.

6.1.1.2   Besonderheiten

Gäbe es keine Besonderheiten für die Eingabe von Kommandos, so wäre XMuPAD
überflüssig, man könnte dann auch ein normales Terminalfenster benutzen.

- <Linefeed>
  Um Kommandos über mehrere Zeilen verteilt eingeben zu können, kann man
  eine Zeile mit <Linefeed> beenden. Dadurch wird die aktuelle Zeile mit einem Backslash (\) abgeschlossen, nachfolgend wird eine neue Zeile eingefügt,
  und die aktuelle Einfügeposition wandert an den Beginn dieser Zeile. Das
  Setzen des \ am Zeilenende ist notwendig, damit XMuPAD erkennt, was
  zu einer Eingabezeile gehört. Das soeben eingegebene Kommando wird jedoch noch nicht an MuPAD geschickt, also auch noch nicht ausgeführt. Auf
  diese Weise kann ein langes MuPAD-Kommando über beliebig viele Zeilen
  eingegeben werden. Zur Ausführung wird das Kommando durch Eingabe
  von <Return> gebracht. Dabei ist es unwichtig, an welcher Stelle innerhalb
  des Befehls die aktuelle Einfügeposition liegt. Es werden sowohl alle Zeilen oberhalb der Einfügeposition als auch alle Zeilen unterhalb zur Eingabe
  hinzugezählt. In anderen Applikationen hat das Drücken von <Return> für
  gewöhnlich einen Zeilenumbruch an der aktuellen Einfügeposition zur Folge.
  In XMuPAD erfolgt der Umbruch der Zeile jedoch erst am Ende der Eingabe.

Beispiel 139 *In Abbildung 6.2 hat der Benutzer ein Kommando eingegeben,
es aber noch nicht mit <Return> beendet. Die aktuelle Einfügeposition befindet sich in der zweiten Zeile des Kommandos nach dem* x^i. *Drückt der*

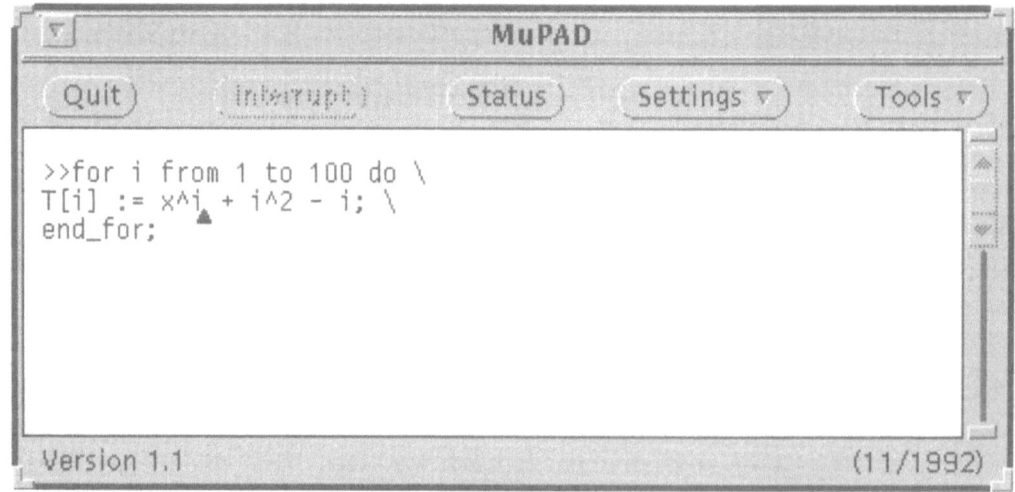

Abbildung 6.2: Textfenster vor <Return>

*Benutzer jetzt <Return>, wird das gesamte dargestellte Kommando, also
die vollständige* for-*Schleife, an MuPAD zur Ausführung geschickt. Der*

Zeilenumbruch erfolgt aber nicht an der Stelle der aktuellen Einfügeposition,
sondern erst am Kommandoende (siehe Abbildung 6.3).

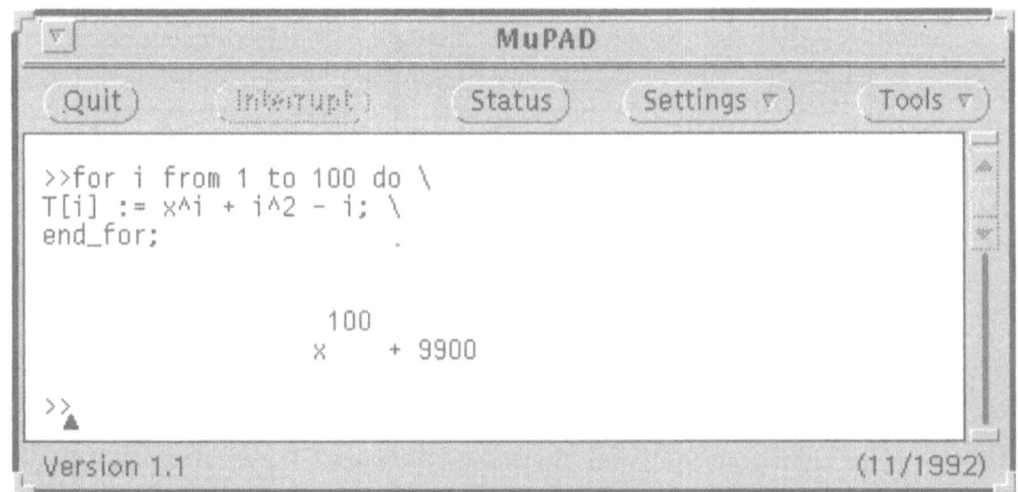

Abbildung 6.3: Textfenster nach <Return>

Die Verwendung von <Linefeed> birgt eine Gefahr, die hier nicht unerwähnt
bleiben soll. Hat der Benutzer eine Eingabe über mehrere Zeilen abgesetzt und jede Zeile mit einem <Linefeed> abgeschlossen, so werden durch
Drücken der <Return>-Taste alle Zeilen dieser Eingabe aneinandergehängt
und als ein Kommando ausgeführt. Zwischen den einzelnen Zeilen werden
dabei keine Leerzeichen eingefügt. Dies hat auf der einen Seite den Vorteil, daß man Bezeichner oder Zahlen über mehrere Zeilen getrennt eingeben
kann; es besteht jedoch auch die Gefahr von syntaktischen Fehlern. En-
det eine Zeile beispielsweise mit einem Schlüsselwort (z.B. **begin** oder **do**),
und beginnt die nächste Zeile mit dem Aufruf einer Funktion **f()**, so wird
daraus bei der Zeilenkonkatenation **beginf()**, also ein Funktionsaufruf, mit
dem MuPAD in der Regel nichts anzufangen weiß. Schlimmer noch ist, daß
der Parser das Schlüsselwort **begin** nicht findet und dementsprechend einen
Syntaxfehler ausgibt.

- Erneute Ausführung alter Eingaben
  Durch Versetzen der aktuellen Einfügeposition in eine zuvor gemachte Eingabe und erneutes Drücken von <Return> kann eine alte Eingabe noch
  einmal als Kommando ausgeführt werden. Dabei darf die Einfügeposition
  an beliebiger Stelle im Kommando sein, auch wenn sich die Eingabe über
  mehrere Zeilen erstreckt. Es besteht auch die Möglichkeit der Modifikation
  einer alten Eingabe.

Ist im Settings Pulldown-Menü der Replace Mode auf OFF gesetzt, so bleibt
die alte Ausgabe erhalten, und die neue Ausgabe wird vor der alten ein-

gefügt. Ist Replace Mode gleich ON, so wird die alte Ausgabe durch die neue überschrieben. In diesem Fall erscheint keine neue Eingabeaufforderung durch MuPAD, sondern die aktuelle Einfügeposition wandert an das Ende der ersten Zeile des nächsten Kommandos. Ist Recalculate Mode auf ALL gesetzt, so wird nicht nur das Kommando an der aktuellen Einfügeposition erneut ausgeführt, sondern auch alle Kommandos bis zum Ende der kompletten MuPAD-Sitzung. Dabei ist die Reihenfolge der Kommandoausführung durch die textuelle Reihenfolge innerhalb des Textfensters festgelegt und nicht durch die zeitliche Reihenfolge der Eingabe. Damit ist es auf sehr einfache Weise möglich, eine interaktiv eingegebene Folge von Anweisungen, gegebenenfalls mit unterschiedlichen Anfangswerten, nochmals auszuführen.

- Einfügen neuer Eingaben zwischen alten Eingaben
  Wie in Abschnitt 6.1.1.1 beschrieben, kann die Eingabe eines Kommandos an jeder beliebigen Stelle im Textfenster erfolgen. Es ist also möglich, ein neues Kommando zwischen der Ausgabe eines alten Kommandos und der Eingabe des Nachfolgekommandos einzugeben. Dadurch wird die Reihenfolge aller eingegebenen Kommandos beeinflußt, die ja für die Realisierung des Recalculate Mode von Bedeutung ist.

  Beispiel 140 *Der Benutzer hat nacheinander, d.h. jeweils in einer eigenen Zeile, die Kommandos* cmd_1, cmd_2 *und* cmd_3 *eingegeben. Nun fügt er zwischen der Ausgabe von* cmd_1 *und der Eingabe von* cmd_2 *ein weiteres Kommando* cmd_4 *ein. Ist Recalculate Mode auf ALL gesetzt und bringt der Benutzer nun* cmd_1 *erneut zur Ausführung, so werden alle vier eingegebenen Kommandos erneut evaluiert und zwar in der Reihenfolge* cmd_1, cmd_4, cmd_2, cmd_3.

- Copy & Paste
  Das Textfenster bietet auch eine besondere Form des *Copy & Paste*. Die mit <Paste> im Textfenster abgelegten Eingabezeilen werden jeweils mit einem \ abgeschlossen, jedoch noch nicht automatisch ausgeführt. Der Benutzer muß dies explizit durch Drücken von <Return> machen. Er hat dadurch aber die Möglichkeit, den Text noch abzuändern.

6.1.2   Buttons im Basisfenster

Die Buttons im Basisfenster sind nebeneinander angeordnet (siehe Abbildung 6.1). Es gibt Zeitpunkte, zu denen einige Buttons deaktiviert sind, d.h. ein Anklicken dieser Buttons bleibt ohne Wirkung. Optisch wird dies verdeutlicht, indem beim Button die ansonsten schwarze Umrandung und Beschriftung in hellgrau überwechseln. Im folgenden werden die einzelnen Buttons näher beschrieben.

6.1.2.1 Quit-Button

Der Quit-Button beendet die XMuPAD-Sitzung. Dabei werden alle zu XMuPAD gehörigen Fenster geschlossen, und der MuPAD-Prozeß wird beendet.

6.1.2.2 Interrupt-Button

Mit diesem Button wird an den MuPAD-Prozeß ein Signal geschickt, das die gerade durchgeführte Berechnung abbricht.

6.1.2.3 Status-Button

Der Status-Button öffnet ein Popup-Fenster (siehe Abbildung 6.4), welches Statusinformationen über MuPAD liefert. Die erhaltenen Informationen entsprechen der Ausgabe der Kommandos `bytes()` bzw. `time()`.

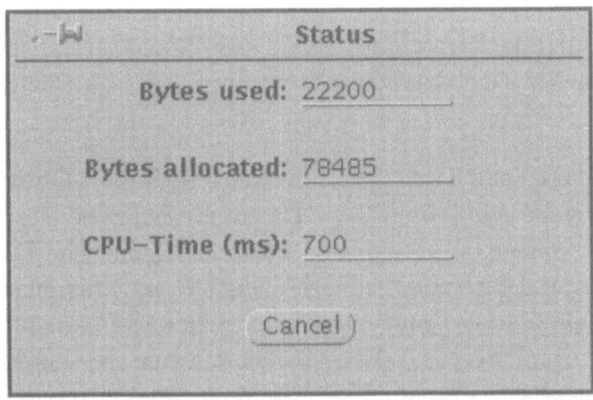

Abbildung 6.4: Status Popup-Fenster

6.1.2.4 Settings-Button

Durch Anklicken dieses Buttons wird ein Pulldown-Menü geöffnet (siehe Abbildung 6.5), mit dessen Menüeinträgen der Benutzer verschiedene Funktionen ausführen und die Ein- und Ausgabefunktionalität modifizieren kann.

- Delete Last Output
  Dieser Menüpunkt löscht die Ausgabe des letzten Befehls. Als erster Eintrag in dem Pulldown-Menü ist dies auch die Default-Aktion. Drückt man also den Settings-Button, ohne das Menü aufzuziehen, so wird automatisch diese Aktion ausgeführt.

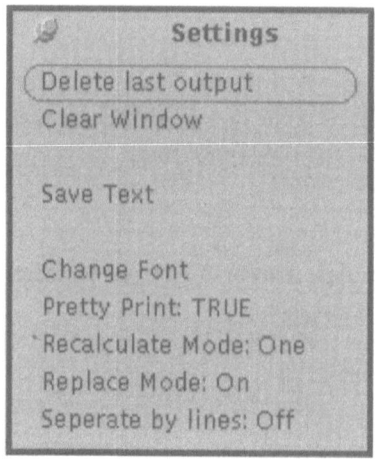

Abbildung 6.5: Settings Pulldown-Menü

- Clear Window
  Dieses Kommando löscht den Inhalt des Textfensters. Nach Aktivierung
  steht als einziger Text das MuPAD-Prompt „>>" im Textfenster.

- Save Text
  Der Menüpunkt Save Text öffnet ein weiteres Popup-Fenster, das Save Popup-Fenster (siehe Abbildung 6.6). Das obere Eingabefeld dient zur Eingabe
  eines Verzeichnisses. In das untere wird der eigentliche Dateiname eingegeben. Der unter „Directory" eingetragene Name braucht nicht mit / beendet zu werden. Es wird automatisch zwischen die beiden Namen eingefügt.
  Drückt man im „Directory"-Eingabefeld <Return>, so springt der Eingabe-
  cursor in das „File"-Eingabefeld. Mit dem OK-Button wird der Inhalt des
  Textfensters in der spezifizierten Datei abgespeichert. Existiert eine Datei
  mit diesem Namen, so wird vor dem Überschreiben der Datei eine Sicherung
  der alten Datei vorgenommen. Dazu wird an den Namen der alten Datei die
  Endung % angehängt. Zwischen zwei Aufrufen des Status Popup-Fensters
  bleiben die eingetragenen Namen erhalten.

Abbildung 6.6: Save Popup-Fenster

- Change Font
  Mit dem Menüpunkt Change Font wird ein weiteres Popup-Fenster geöffnet
  (siehe Abbildung 6.7). Darin kann der Benutzer den Zeichensatz für das

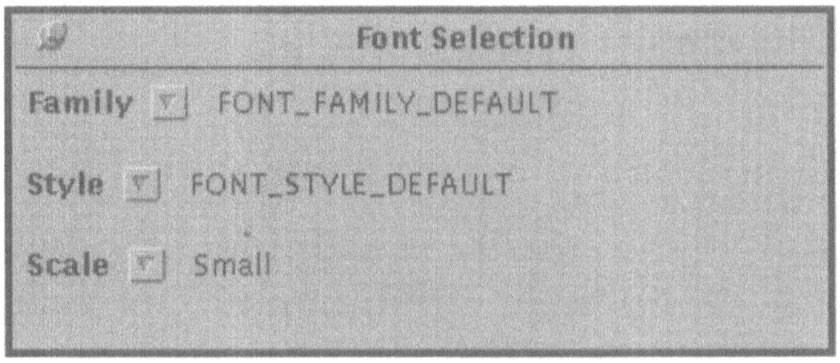

Abbildung 6.7: Fontselection-Fenster

Eingabefenster verändern. Er kann dabei die *Font-Familie*, den *Font-Stil*
und die *Font-Größe* festlegen.

Mit Hilfe der folgenden Menüeinträge können verschiedene Modi für die Ausgabe
im Textfenster eingestellt werden. Der aktuelle Zustand wird im Menü angezeigt.

- Pretty Print
  Mit Hilfe dieses Kommandos kann die formatierte Ausgabe, der „Pretty-
  Printer", ein- und ausgeschaltet werden.

- Recalculate Mode
  In XMuPAD ist es möglich, eine einmal gemachte Eingabe erneut auszuführen. Dazu wird die alte Eingabe mit dem Maus-Cursor angeklickt und
  durch Drücken von <Return> ausgeführt. Ist Recalculate Mode auf ONE
  gesetzt, so wird nur die ausgewählte Eingabe erneut ausgewertet. Ist Recalculate Mode auf ALL gesetzt, so wird nicht nur dieses Kommando erneut
  ausgeführt, sondern auch alle innerhalb des Eingabefensters textuell nachfolgenden Befehle.

- Replace Mode
  Mit diesem Menüeintrag wird der Replace Modus ein- und ausgeschaltet. Die
  Wirkungsweise dieses Modus wurde bereits in Abschnitt 6.1.1.2 beschrieben.

- Seperate by lines
  Mit diesem Menüpunkt hat der Benutzer die Möglichkeit, eine Ausgabe von
  der nächsten Eingabe durch eine Linie zu trennen.

6.1.2.5 Tools-Button

Der Tools-Button öffnet das Tools Pulldown-Menü (siehe Abbildung 6.8). Dieses
Menü enthält Einträge zum Starten anderer Programme. Derzeit sind Einträge

zum Aufruf des MuPAD-Debuggers (siehe Abschnitt 4), des Grafiktools VCam und des Help-Systems enthalten. Wählt man Help, so wird die Online-Dokumentation aktiviert. Wird Debugger ausgewählt, so wird der MuPAD-Debugger gestartet. Bislang ist es nicht möglich, im Debugger auf die bis zu diesem Zeitpunkt an MuPAD gemachten Eingaben zurückzugreifen.

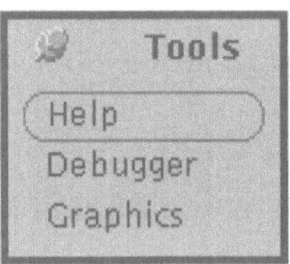

Abbildung 6.8: Tools Pulldown-Menü

6.1.3   Sonderfälle – Abweichungen von MuPAD

In einigen wenigen Punkten unterscheidet sich die Funktionalität von XMuPAD von der von MuPAD.

6.1.3.1   UNIX Shell-Kommando

Mit der Funktion `system` (Kurzform `!`) ist die Eingabe von Befehlen an eine UNIX-Shell in MuPAD möglich. In XMuPAD wird in diesem Fall ein neues Terminalfenster geöffnet, in dem die Default-Shell des Benutzers gestartet wird. Der Parameter des `system`-Befehls wird dann in dieser Shell ausgeführt.

In diesem Terminalfenster gibt es einen Button, den Done-Button. Durch ihn kann man das Fenster verschwinden lassen. Dabei bleibt der Inhalt des Terminalfensters jedoch erhalten. Durch einen erneuten Aufruf von `system` wird das Terminalfenster mit dem alten Inhalt wieder sichtbar.

Die Ausführung des `system`-Befehls ist in XMuPAD nicht ganz unproblematisch, da die XView-Library keinerlei Kontrollmechanismen über die in dem Terminalfenster ausgeführten Prozesse anbietet. Aus diesem Grund liefert in XMuPAD das `system`-Kommando innerhalb des Textfensters kein Ergebnis zurück. Der Benutzer erhält also keine Informationen darüber, ob das abgesetzte Kommando auch erfolgreich ausgeführt wurde oder ob die Ausführung bereits beendet ist. In einer interaktiven Sitzung kann der Benutzer dies natürlich innerhalb des Terminalfensters sehen.

Weiterhin ist der Befehl `system` in XMuPAD auch nicht blockierend. Wird `system` innerhalb einer Anweisungssequenz aufgerufen, so erfolgt die Ausführung des nachfolgenden Befehls nicht erst dann, wenn die Ausführung des Shell-Kommandos beendet ist, sondern die beiden Kommandos werden „gleichzeitig" als zwei Prozesse bearbeitet (ein Kommando wird von der Shell, das andere von MuPAD ausgeführt).

6.1.3.2 User Interrupt

In MuPAD hat der Benutzer die Möglichkeit, mittels <Ctrl-C> eine laufende Evaluierung zu unterbrechen. Es erscheint dann ein Menü, in dem er zwischen

- abort – Abbruch der laufenden Berechnung,

- continue – Fortführung der laufenden Berechnung,

- quit – Beenden der MuPAD Sitzung

wählen kann.

Diese Wahlmöglichkeit besteht in XMuPAD nicht. Dies ist jedoch kein schwerwiegender Nachteil, da zwei der drei möglichen Menüpunkte durch die Buttons Quit und Interrupt abgedeckt werden.

6.1.3.3 Ausführung von textinput

Mit der Funktion textinput kann der Benutzer während eines Programmablaufes interaktiv Text eingeben und diesen dann beispielsweise an einen Bezeichner zuweisen. In diesem Fall wird ein weiteres Fenster geöffnet, das dem Benutzer einen Texteditor bereitstellt. Nach der Eingabe des gewünschten Textes und dem Anklicken des Done-Buttons wird der Text an den MuPAD-Kern übergeben.

6.2   HyTEX

HyTEX ist ein Hypertext-System, welches an der Universität-GH-Paderborn in der
Arbeitsgruppe von N. KÖCKLER entwickelt wurde. In Verbindung mit XMuPAD
wird eine funktional eingeschränkte Version dieses Programmes verwendet. Wie
man es dem Namen entnehmen kann, basiert HyTEX auf dem TEX-System von
D.E. KNUTH. Neben einem speziellen *Previewer* stellt es einige neue TEX-Befehle
zur Verfügung. Die Dokumenten-Erstellung ist also für einen TEXniker überhaupt
kein Problem. HyTEX wird für die vollständige Online-Dokumentation verwendet.
Diese umfaßt zum einen das MuPAD-Benutzerhandbuch und zum anderen die
Help-Seiten für jeden MuPAD-Befehl.

HyTEX wird von XMuPAD als Sohnprozeß gestartet, ist jedoch zunächst nur als
Icon auf dem Bildschirm zu sehen. Erst auf die explizite Anfrage des Benutzers hin wird ein neues Fenster geöffnet. Dies kann der Nutzer auf verschiedene
Weisen erreichen. Einerseits kann er durch Auswahl von Help im Tools-Menü
(siehe Abschnitt 6.1.2.5) das Inhaltsverzeichnis des MuPAD-Handbuches aufschla-
gen. Eine zweite Möglichkeit bietet die Help-Funktion in MuPAD. Mit ihrer Hilfe
wird die Help-Seite über ein vom Benutzer angegebenes Kommando aufgeschlagen
(siehe Abschnitt 6.2.1.3). Selbstverständlich kann man das Help-Icon auch direkt
anklicken. In diesem Fall wird das Deckblatt des Handbuches „aufgeschlagen".

6.2.1   HyTEX-Fenster

Das HyTEX-Fenster (siehe Abbildung 6.9) enthält einen LATEX-Previewer, der mit
Hypertext-Funktionen ausgestattet ist. Er bietet dem Anwender verschiedene Na-
vigationsmöglichkeiten durch das Dokument. Diese werden im folgenden beschrieben.

6.2.1.1   Statische Buttons

Zu dieser Art von Buttons gehören diejenigen, die unabhängig von der gerade
dargestellten Seite immer im HyTEX-Fenster zu sehen sind. Sie sind alle in der
obersten Kontrollzeile des Fensters untergebracht.

- Next- und Prev-Button
  Mit Hilfe dieser beiden Buttons kann man seitenweise im Dokument blättern.
  Next blättert eine Seite vorwärts, Prev eine Seite zurück.

- Return-Button
  Dieser Button ist im Zusammenhang mit den dynamischen Buttons von Bedeutung. Er wird daher erst später beschrieben.

- Page-Textfeld und -Schieberegler
  Das Page-Textfeld dient zur Angabe einer Seite, die man direkt anspringen

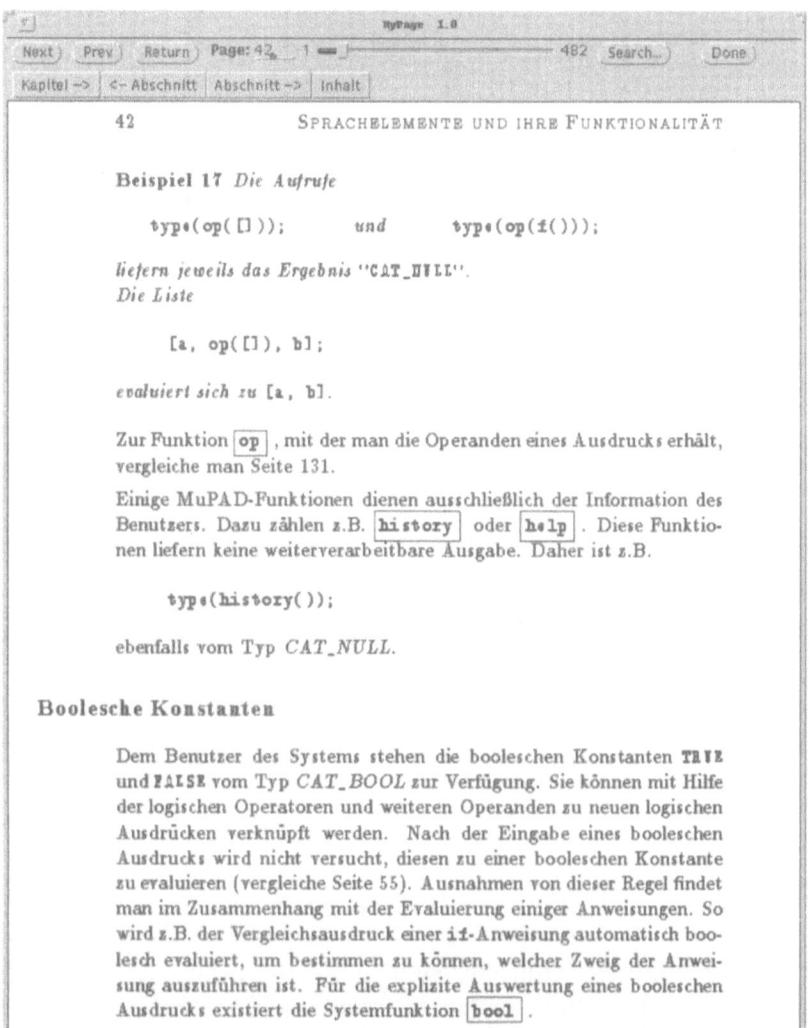

Abbildung 6.9: HyTEX-Fenster

möchte. Anstatt hier per Tastatur direkt eine Seitenzahl einzugeben, kann man die gewünschte Seite auch mittels des Schiebereglers einstellen.

- Search-Button
Dieser Button dient zum Suchen innerhalb des Dokumentes. Nach seiner Aktivierung erscheint das Search-Fenster (siehe Abbildung 6.10), in dem der Benutzer ein Textmuster eingeben kann, auf welches hin der gesamte Text durchsucht wird. Weiterhin kann der Benutzer angeben, ob zwischen Groß- und Kleinschreibung unterschieden werden soll.

- Done-Button
Klickt der Nutzer diesen Button an, so verschwindet das HyTEX-Fenster. Es kann vom Benutzer mittels der Help-Funktion oder des Help-Buttons in

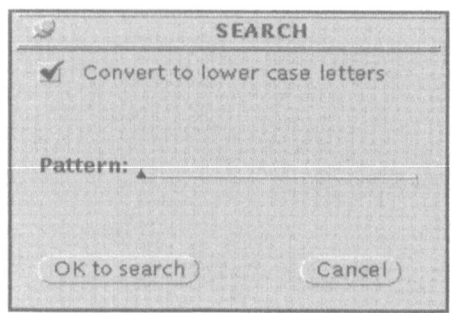

Abbildung 6.10: Search-Fenster

XMuPAD wieder zum Vorschein gebracht werden.

6.2.1.2   Dynamische Buttons

Der Autor eines Textes hat die Möglichkeit, sein Dokument mit sogenannten Knoten und Verweisen auf diese Knoten zu versehen. Diese Knoten kann man sich als interne Marken im Text vorstellen, sie sind im Text selbst nicht sichtbar. Zu sehen sind jedoch die Verweise auf Knoten. Sie sind im HyTEX-Fenster als Rechtecke oder Boxen zu erkennen (siehe Abbildung 6.9). Klickt man solch eine Box an, so wird automatisch zu dem entsprechenden Knoten gesprungen. Auf diese Weise hat der Nutzer also die Möglichkeit, mit Hilfe von *Querverweisen*, gesteuert durch seine persönlichen Interessen, durch das Dokument zu „hüpfen".

In der MuPAD-Dokumentation gibt es zwei Arten solcher *dynamischer Buttons*. Einerseits gibt es sie im Kontrollfeld über dem eigentlichen Textfenster. Mit diesen Buttons sind z.B. Sprünge zum nächsten und zum vorhergehenden Kapitel oder Abschnitt möglich. Diese Buttons können sich von Textseite zu Textseite ändern. Andererseits gibt es dynamische Buttons im Text, wo sie als Querverweise zu Erläuterungen von Begriffen dienen.

Hat der Benutzer einen Sprung ausgeführt, so möchte er natürlich, insbesondere bei der Verfolgung von Querverweisen, schnell wieder auf die Ausgangsseite zurückkehren. Zu diesem Zweck dient der Return-Button. Bei einem Sprung mit einem dynamischen Button auf eine andere Seite wird die verlassene Seite intern gespeichert. Ein Anklicken von Return bewirkt den Rücksprung zu der zuletzt mit einem Sprung verlassenen Seite.

6.2.1.3   Help-Seiten

Wie bereits oben erwähnt, ist neben dem MuPAD-Benutzerhandbuch auch das Online-Help-System in HyTEX integriert. Beispielsweise kann der Nutzer Informationen über die Systemfunktion `igcd` durch die Befehle

```
    help("igcd");
```

oder

```
    ?igcd;
```

anfordern. Innerhalb des HyTEX-Fensters wird dann die entsprechende Help-Seite aufgeschlagen (siehe Abbildung 6.11). Auf solch einer Help-Seite ist die exakte

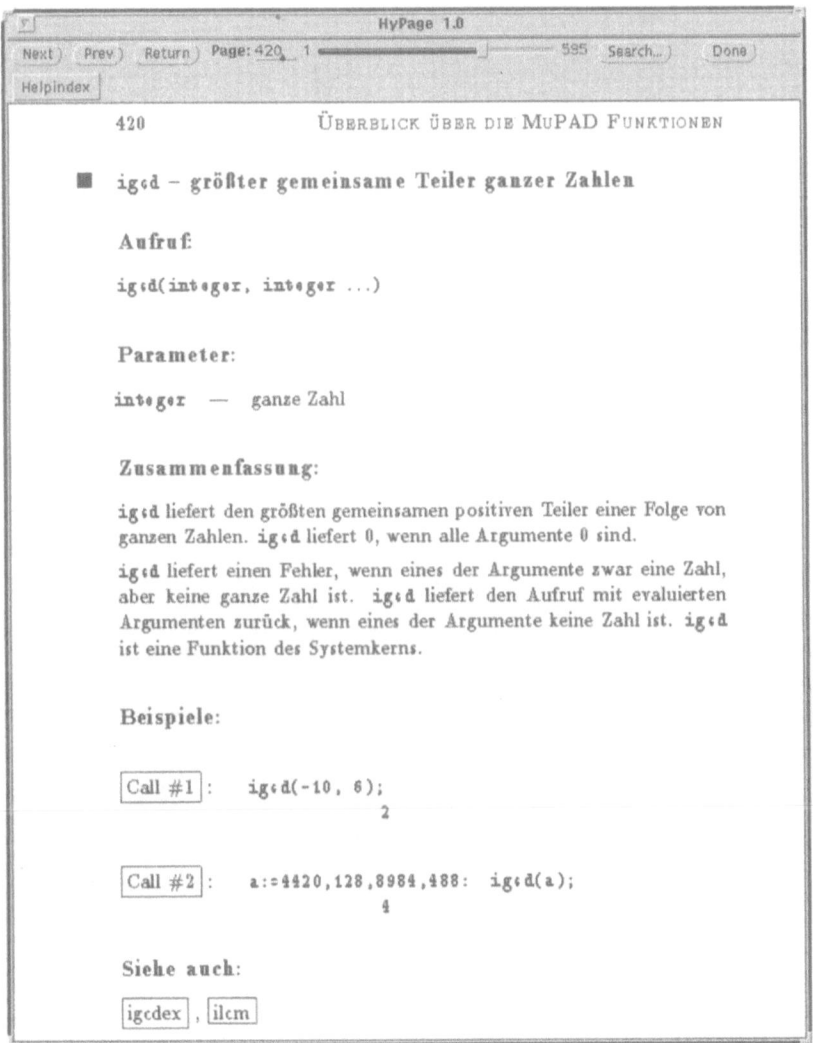

Abbildung 6.11: Help-Seite zu `igcd`

Syntax des Befehls beschrieben. Es wird erläutert, wie der Befehl wirkt, einige Beispiele zu seiner Anwendung sind angegeben, und Sprünge zu Help-Seiten verwandter Funktionen bzw. Befehle sind möglich. Dabei ist jede Beispieleingabe wieder mit einem dynamischen Button (Call #) versehen. Im Unterschied zu den dynamischen Buttons im Text wird hier jedoch kein Querverweis angesprungen, sondern die Eingabe des Beispiels wird an XMuPAD übergeben und in das Eingabefenster geschrieben. Der Benutzer kann sich die Eingabe nun noch einmal in Ruhe ansehen, eventuell auch modifizieren und dann per <Return> ausführen. Durch dieses „Learning by doing" wird dem Anwender schnell eine Kenntnis der zu verwendenden Syntax vermittelt.

6.3   MacMuPAD — MuPAD auf dem Macintosh

MacMuPAD ist die Implementation des MuPAD-Systems für den Apple Macintosh. Die Macintosh-Version unterscheidet sich von der UNIX-Version nur durch ihre Benutzeroberfläche und Betriebssystem-spezifische Dinge wie Dateinamen. Sprachumfang und Syntax sind ansonsten identisch.

MacMuPAD wird zur Zeit noch weiterentwickelt. In späteren Versionen wird es genau wie unter UNIX grafische Ausgaben, ein Help-System ähnlich wie HyTEX und eine grafische Benutzeroberfläche für den Debugger geben.

Zum Betrieb von MacMuPAD benötigt man einen Macintosh mit einem 68020-Prozessor oder höher und als Betriebssystem System 7.0. Es werden mindestens 4MB Hauptspeicher für MacMuPAD benötigt, aber hier gilt natürlich die Regel: Je mehr desto besser.

Hier werden nur kurz die Syntax für Pfadnamen auf Macintosh-Rechnern und die wesentlichen Aspekte der Benutzeroberfläche von MacMuPAD beschrieben. Eine genaue Beschreibung der Bedienung von MacMuPAD findet sich in einem separaten Handbuch.

Bei der folgenden Beschreibung werden einige grundlegende Kenntnisse der Macintosh-Bedienung vorausgesetzt. Insgesamt hält sich MacMuPAD an die Macintosh-Konventionen, was eingefleischten Macintosh-Benutzern die Einarbeitung sehr erleichtern dürfte.

6.3.1   Dokumente und Windows

MacMuPAD kennt 2 Arten von Dokumenten: *Session-* und *Text-*Dokumente. In einem Session-Dokument werden die Ein- und Ausgaben einer MuPAD-Sitzung gespeichert. Wahlweise können auch nur die Eingaben einer Sitzung abgespeichert werden. Ein Session-Dokument kann eingelesen werden. Dabei werden die MuPAD-Eingaben nicht evaluiert. Die Eingaben können nach dem Einlesen aber auf Wunsch einzeln oder insgesamt evaluiert werden. MuPAD-Programme werden als Text-Dokumente gespeichert und können mit einem eigenen Text-Editor in MacMuPAD bearbeitet werden.

Zu den beiden Dokumenten-Arten gibt es jeweils eigene Windows. Im *Session-Window* werden MuPAD-Kommandos eingegeben und erfolgen die Ausgaben von MuPAD. Dieses Window ist immer geöffnet und hat den Titel „MuPAD Session".

Die Ein- und Ausgabe erfolgt zeilenweise. Dabei wird zwischen Eingabe- und Ausgabefeldern unterschieden. Text in Ausgabefeldern kann kopiert, aber nicht verändert werden. Text in Eingabefeldern kann verändert und wie bei XMuPAD nochmals evaluiert werden. Alte Ausgaben können dabei auf Wunsch durch die neuen ersetzt werden.

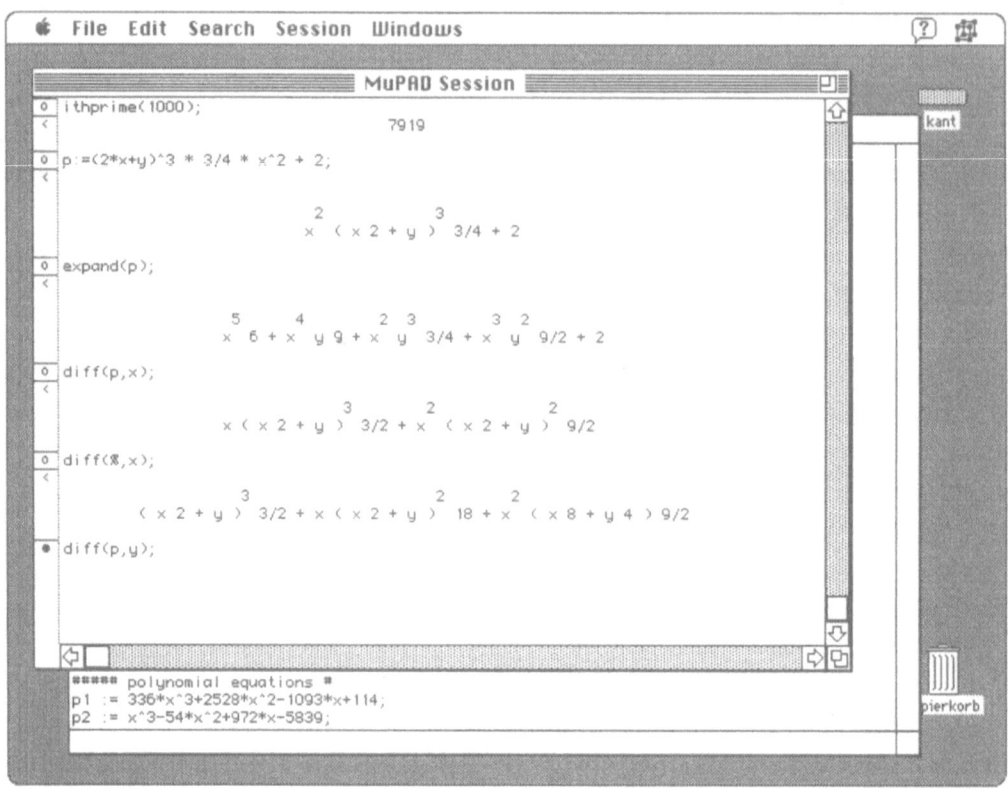

Abbildung 6.12: MacMuPAD-Sitzung mit einem Session- und einem Edit-Window

Eine MuPAD-Eingabe im Session-Window wird ausgeführt, indem <Enter> gedrückt wird. Dabei muß sich die Einfügemarke (der „Textcursor") im auszuführenden Eingabefeld befinden. Die <Return>-Taste bewirkt nur einen Zeilenumbruch
zur Formatierung und *keine* Ausführung der Eingabe! Dies ist für den UNIX-
Benutzer sicher etwas verwirrend, entspricht aber der Macintosh-Philosophie.

Als dritte Textsorte im Session-Window gibt es noch Kommentarfelder. Kommentare erscheinen nur im Session-Window und werden nicht zum MuPAD-Kern
geschickt, es sind also keine Kommentare der MuPAD-Sprache.

Die verschiedenen Textsorten (Eingaben, Ausgaben und Kommentare) werden
durch eine Markierung am Rand des Windows kenntlich gemacht. Durch Anklicken
der Markierung wird der zugehörige Text selektiert. Weiter kann man für jede
Textsorte eine andere Farbe einstellen. Auf Wunsch werden die Ein- und Ausgaben auch durchnumeriert.

Neben dem Session-Window gibt es noch beliebig viele *Edit-Windows* zum Editieren von Text-Dokumenten. Ein Edit-Window hat den Titel „Text: *Dokument*",
wobei *Dokument* der Name des zugehörigen Text-Dokumentes ist.

6.3.2   Menüs

6.3.2.1   Das File-Menü

Diese Kommandos wirken alle wie auf dem Macintosh üblich:

- New
  Ein neues Edit-Window samt zugehörigem Dokument wird mit dem Titel
  „Text: Untitled" geöffnet.

- Open
  Ein MuPAD-Dokument wird geöffnet. Es können Session- und Text-Dokumente ausgewählt und geöffnet werden.

- Close
  Das oberste Edit-Window wird geschlossen. Das Session-Window kann nicht
  geschlossen werden. Vor dem Schließen wird gefragt, ob das Dokument gesichert werden soll.

- Save, Save As
  Der Inhalt des obersten Windows wird in das zugehörige Dokument gesichert.
  Bei Save As kann der Name des Dokumentes angegeben werden.

- Revert
  Alle Änderungen im obersten Edit-Window werden zurückgenommen.

- Page Setup, Print
  Dies sind die üblichen Kommandos zum Drucken.

- Preferences
  Der Options-Dialog zum Einstellen der Optionen wird geöffnet. Zum Teil
  werden die neuen Einstellungen erst beim nächsten Start von MacMuPAD
  wirksam.

- Quit
  MacMuPAD wird beendet.

6.3.2.2   Das Edit-Menü

Auch hier wirken die Kommandos zum Editieren, also Undo, Cut, Copy, Paste und
Clear wie üblich. Mit Undo können nur textuelle Eingaben rückgängig gemacht
werden, keine MuPAD-Eingaben.

- Select All
  Der gesamte Text des obersten Windows wird selektiert.

- Set Tabs & Fonts
  Hiermit wird ein Dialog zur Einstellung des Zeichensatzes für das oberste
  Window geöffnet. In einem Window kann immer nur ein Zeichensatz ver-
  wendet werden.

- Make Input
  Im Session-Window wird das aktuelle Textfeld, in dem sich die Einfügemarke
  befindet, in ein Eingabefeld umgewandelt.

- Make Text
  Im Session-Window wird das aktuelle Textfeld in ein Kommentarfeld umgewandelt.

- New Input
  Im Session-Window wird ein neues Feld für MuPAD-Eingaben eingefügt.

- New Text
  Im Session-Window wird ein neues Kommentarfeld eingefügt.

- Show Clipboard
  Das Clipboard wird geöffnet.

6.3.2.3   Das Search-Menü

Dieses Menü dient zum Suchen und Ersetzen von Text beim Editieren:

- Find
  Dieses Kommando dient zum Suchen von Text, auch im Session-Window.
  Es wird ein eigener Such-Dialog geöffnet, in dem die Texte zum Suchen und
  Ersetzen eingetragen werden können.

- Enter Selection
  Der selektierte Text wird als Suchtext in den Such-Dialog eingetragen.

- Find Again
  Das nächste Vorkommen des Suchtextes wird gesucht.

- Replace
  Der selektierte Text wird durch den Ersetzungstext im Such-Dialog ersetzt.

- Replace & Find Again
  Dieses Kommando wirkt wie Replace mit einem anschließenden Find Again.

- Replace All
  Jedes Vorkommen des Suchtextes wird durch den Ersetzungstext im Such-
  Dialog ersetzt.

- Go To Line
  Ein Dialog wird geöffnet, mit dem in eine bestimmte Zeile des Dokumentes gesprungen werden kann.

6.3.2.4   Das Session-Menü

Dieses Menü dient zur Steuerung des MuPAD-Kernes:

- Evaluate
  Diejenige MuPAD-Eingabe im Session-Window, in der gerade die Einfüge-marke steht, wird ausgeführt. Dieses Kommando wird normalerweise durch die <Enter>-Taste ausgelöst.

- Evaluate Following
  Diejenige MuPAD-Eingabe, in der gerade die Einfügemarke steht, sowie alle Eingaben, die danach im Session-Window folgen, werden ausgeführt.

- Evaluate Session
  Alle MuPAD-Eingaben im Session-Window werden ausgeführt.

- Interrupt Computation
  Die laufende MuPAD-Berechnung wird unterbrochen. Die Tastenkombina-tion <Command>-. wirkt genauso.

- Delete Last Result
  Die Ausgabe der letzten MuPAD-Berechnung wird gelöscht.

- New Results Replace Old
  Dieser Menüpunkt legt fest, ob alte Ausgaben im Session-Window bei Neu-berechnung der zugehörigen Eingaben gelöscht werden oder nicht.

- Seperate By Lines
  Hier wird festgelegt, ob die einzelnen Ausgaben im Session-Window durch Linien getrennt werden sollen.

- Pretty-Print
  Hiermit wird der Pretty-Printer ein- und ausgeschaltet.

- Textwidth
  Es wird ein Dialog geöffnet, mit dem die Textbreite für die MuPAD-Ausga-ben im Session-Window eingestellt werden kann.

- Status
  Der Status-Dialog wird geöffnet. Dieser zeigt den Speicher- und Zeitbedarf des MuPAD-Kernes an.

6.3.2.5 Das Windows-Menü

Dieses Menü dient zur Verwaltung der Windows: Für jedes offene Window gibt es
ein Kommando im Menü. Mit diesem Kommando wird das zugehörige Window
nach vorne geholt.

6.3.3 Dateinamen

Einige MuPAD-Funktionen, wie z.B. `read`, benötigen Dateinamen oder Pfadna-
men. Dabei ist zu beachten, daß Dateinamen unter dem Macintosh-Betriebssystem
MacOS maximal 32 signifikante Zeichen haben und vor allem, daß die Groß-
Kleinschreibung der Dateinamen nicht signifikant ist.

Bei Pfadnamen ist das Trennzeichen der Doppelpunkt „:", im Gegensatz zum
Schrägstrich „/" unter UNIX. Daher ist ein : in Dateinamen natürlich verboten.
Bei den Pfadnamen wird für das aktuelle Verzeichnis ein : vorangestellt, bei einem
„Wurzelverzeichnis" fehlt der :.

Statt einer formalen Beschreibung einige Beispiele:

```
:diff.m       diff.m  im aktuellen Verzeichnis
::diff.m      diff.m  im darüberliegenden Verzeichnis
:::diff.m     diff.m  im Verzeichnis zwei Stufen höher
:lib:diff.m   diff.m  im Unterverzeichnis lib
disk:diff.m   diff.m  im Wurzelverzeichnis disk
```

Die Datei `:diff.m` im aktuellen Verzeichnis kann auch als `diff.m` angegeben werden, bei einzelnen Dateinamen darf der führende : also fehlen.

Kapitel 7

Überblick über die MuPAD Funktionen

7.1 Einleitung

Auf den folgenden Help-Seiten werden die Systemfunktionen und Environment-Variablen von MuPAD beschrieben. Vorweg eine wichtige Bemerkung:

Ist auf einer Help-Seite nichts anderes angegeben, so werden die Parameter der jeweiligen Funktion vollständig evaluiert und ausgeglichen.

7.1.1 Der Help-Mechanismus in MuPAD

In MuPAD existiert zu jeder Systemfunktion und zu jeder Environment-Variablen eine Kurzbeschreibung. Diese stehen dem Benutzer während einer MuPAD-Sitzung durch das `help`-Kommando zur Verfügung.

Beispiel 141 *Durch den Befehl*

```
help("diff");
```

oder kurz

```
?diff
```

kann man sich die Kurzbeschreibung für die Systemfunktion `diff` *anzeigen lassen.*

In einer Terminal-Sitzung erfolgt einfach eine Ausgabe des Help-Textes. Unter dem X-Window-System erfolgt die Ausgabe mit Hilfe des HyTEX-Systems. Bei Eingabe eines `help`-Befehles öffnet HyTEX das MuPAD-Handbuch auf der Seite, die durch den `help`-Aufruf angegeben wird. In obigem Beispiel ist dies die Seite, auf der die Funktion `diff` beschrieben wird.

259

Die Beispiele aus den Help-Seiten können direkt in die laufende MuPAD-Sitzung eingesetzt werden. Dies wird dadurch erreicht, daß die Buttons mit den Nummern der Beispiele — z.B. „Call # 3" — angeklickt werden. Wird ein solcher Button angeklickt, so wird das zugehörige Beispiel als Eingabe in die laufende MuPAD-Sitzung eingesetzt. Man kann danach das Beispiel noch ändern oder auch direkt ausführen.

Bei vielen Beispielen wird davon ausgegangen, daß die verwendeten Variablen noch keine Werte haben. Man kann dies am einfachsten durch Eingabe von `reset();` vor der Ausführung des Beispiels erreichen.

7.1.2 Die Syntax der Help-Seiten

Auf jeder Help-Seite wird unter der Rubrik „Aufruf" die Syntax der jeweiligen Funktion beschrieben. Optionale Parameter sind dabei in „⟨ ... ⟩" geklammert. Diese Parameter können beim Aufruf der Funktion also fehlen. Bei nichtleeren Folgen von gleichartigen Parametern wird immer der erste Parameter angegeben, gefolgt von „...". Die einzelnen Parameter in solch einer Folge müssen dabei durch Kommata getrennt werden.

Beispiel 142 *Die Funktion* append *hat folgenden Aufruf:*

```
append(list, expr ...)
```

Hierbei muß also nach dem Parameter list *eine nichtleere Folge von* expr-*Parametern angegeben werden. Gültige Aufrufe von* append *sind:*

```
append(list, expr_1);
append(list, expr_1, expr_2, expr_3);
```

Die Funktion return *darf dagegen auch ohne Parameter aufgerufen werden:*

```
return(⟨ expr ... ⟩)
```

Hier sind beliebig viele Parameter expr *erlaubt, z.B.*

```
return();
return(expr_1, expr_2, expr_3);
```

7.1.3 Fehlerbeschreibungen

Auf den Help-Seiten werden mögliche Fehler beschrieben, die eine Funktion liefern kann. Dabei werden aber keine offensichtlichen Fehlerquellen aufgeführt, wie z.B. fehlende Parameter oder falsche Typen von Parametern.

Eine falsche Zahl von Parametern liefert Fehler wie z.B.:

```
Error:  Wrong number of parameters in function call [abs]
```

Falsche Parametertypen können Fehler liefern wie die folgenden:

```
Error:  Integer expected [igcd/ilcm]
Error:  Illegal parameter [append]
```

Die letzte Meldung ist natürlich nicht sehr aussagekräftig, aber meist ist aus dem Kontext klar, welcher Parameter gemeint ist.

7.2   Help-Dateien

■ abs – Absolutbetrag

Aufruf:

```
abs(expr)
```

Parameter:

```
expr
```
— Ausdruck

Zusammenfassung:

abs liefert den Absolutbetrag einer reellen oder komplexen Zahl. abs liefert den Aufruf mit evaluiertem Argument zurück, wenn das Argument keine Zahl ist. abs ist eine Funktion des Systemkerns.

Beispiele:

Call #1:   `abs(-1.2);`

```
1.200000000
```

Call #2:   `abs(-8/3);`

```
8/3
```

Call #3:   `abs(1+I);`

```
2^(1/2)
```

Call #4:   `abs(a+a);`

```
abs(a*2)
```

◼ **anames – liefert Bezeichner, die einen Wert haben**

Aufruf:

```
anames(integer)
anames(name)
```

Parameter:

`integer` — eine der Zahlen 0, 1, 2 oder 3
`name`   — Bezeichner

Zusammenfassung:

`anames(n)` liefert die Menge der Bezeichner, denen ein Wert zugeordnet ist. Der Parameter **n** legt dabei die zu berücksichtigen Bezeichnertypen fest:

n = 0: Ausgabe aller Funktionen, deren Prozedurrumpf durch eine Funktionsumgebung beschrieben wird. Dies sind normalerweise die Funktionen des Systemkerns.

n = 1: Ausgabe aller Bezeichner, denen Prozeduren zugewiesen sind, die in der MuPAD-Sprache geschrieben sind.

n = 2: Ausgabe aller Bezeichner, die nicht durch obige Kriterien erfaßt werden, also aller Variablen.

n = 3: Ausgabe aller Bezeichner, die einen Wert haben. Das schließt alle obigen Fälle ein.

`anames(name)` liefert `TRUE`, falls dem Bezeichner **name** ein Wert zugeordnet wurde, sonst `FALSE`. Das Argument **name** wird dabei nicht substituiert. So liefert z.B. die Eingabe `n := m; anames(n);` das Ergebnis `TRUE`, da n einen Wert besitzt. Sollte aber eigentlich `anames(m)` ausgeführt werden, so muß man `anames(level(n,1))` eingeben. **anames** ist eine Funktion des Systemkerns.

Beispiele:

Call #1:   `f := proc() begin end_proc: anames(1);`

```
{f}
```

Call #2:   a := b: anames(a);
                            TRUE

Call #3:   anames(b);
                            FALSE

Call #4:   anames(sin);
                            TRUE

Siehe auch:

load

■ **append** – hängt Elemente an eine Liste an

Aufruf:

append(list, expr ...)

Parameter:

list   — Liste
expr   — beliebige Ausdrücke

Zusammenfassung:

append hängt an die Liste list die Elemente expr an und liefert die neue Liste als Ergebnis. append(list, expr) ist äquivalent zu [op(list), expr], jedoch ist append sehr viel effizienter. append ist eine Funktion des Systemkerns.

Beispiele:

Call #1:   append([a, b], c, d);
                            [a, b, c, d]

Call #2:   append([], c);
                            [c]

Siehe auch:

op, Konkatenations-Operator

■   args – Zugriff auf Prozedurparameter

Aufruf:

```
args()
args(integer)
```

Parameter:

```
integer
```   —   nichtnegative ganze Zahl

Zusammenfassung:

args erlaubt den Zugriff auf die aktuellen Parameter einer Prozedur und darf daher auch nur innerhalb von Prozeduren benutzt werden.

Wird **args** ohne weitere Parameter aufgerufen, so wird eine Ausdruckssequenz aller Parameter unter Beibehaltung ihrer Reihenfolge zurückgegeben. Der Ausdruck **args(0)** liefert die Anzahl der aktuellen Parameter, durch **args(i)** kann auf den i-ten Parameter zugegriffen werden.

Durch **args** erfolgt keine nochmalige Evaluierung der Parameter. Eine explizite Evaluierung ist jedoch mit Hilfe der Funktion **eval** möglich.

Mit Hilfe des Ausdrucks **procname(args())** ist es möglich, den Aufruf einer Prozedur mit evaluierten Argumenten zurückzugeben. **args** ist eine Funktion des Systemkerns.

Beispiele:

Call #1:   f:=proc(a) begin [args()],[args(0)] end_proc: f(2, 3);
                        [2, 3],[2]

Call #2:   f:=proc(a) begin args(1) end_proc: f(2, 3);
                        2

Siehe auch:

procname, eval

■ array – Definition eines Feldes

Aufruf:

array(range ... ⟨ , *init* ⟩)
array(range ... , [integer_1 ...] ⟨ , *init* ⟩)
init   ⟶   *equation* ...
equation   ⟶   (integer_2 ...) = expr

Parameter:

range	—	Bereich nichtnegativer ganzer Zahlen
integer_1	—	positive ganze Zahl
integer_2	—	nichtnegative ganze Zahl
expr	—	Ausdruck

Zusammenfassung:

array dient zur Definition eines Feldes. Die Parameter bestehen aus einer der Dimension des Feldes entsprechenden Anzahl von Bereichen nichtnegativer ganzer Zahlen. Durch die Bereiche wird die Größe des Feldes definiert. Optional kann im Anschluß hieran eine Liste angegeben werden, die für jede Dimension des Feldes eine positive ganze Zahl enthält. Diese Liste definiert die Größe von Teilfeldern, in die das gesamte Feld aufgeteilt wird.

Die restlichen optionalen Parameter sind Gleichungen mit Einträgen in das Feld. Die linke Seite einer Gleichung muß den Index des Feldeintrages angeben; die rechte Seite spezifiziert den Wert des jeweiligen Eintrages.

Eine detaillierte Beschreibung von Feldern findet sich in Abschnitt 3.3.12. array ist eine Funktion des Systemkerns.

Beispiele:

Call #1:   array(1..6, 1..4, [3, 2]):

Call #2:   `array(1..8, 1..8, [2, 2], (1,1) = 11, (8,8) = 88):`

Call #3:   `A := array(1..4, 1..3, (1,2) = 12):  A[1,2];`
                                    12

Siehe auch:

table

■ **bool – Boolesche Auswertung**

Aufruf:

`bool(expr)`

Parameter:

`expr` — boolescher Ausdruck

Zusammenfassung:

bool wertet boolesche Ausdrücke aus; das Ergebnis ist **TRUE** oder **FALSE**. Die Auswertung ist dieselbe wie im booleschen Kontext (in den Bedingungen von **if**, **while** oder **until**). Für die Auswertung werden die relationalen Operatoren (= , <> , < , <= , > , >=) als Gleichungen bzw. Ungleichungen angesehen.

bool liefert den Fehler **Can't evaluate bool** falls der Ausdruck nicht boolesch ausgewertet werden kann. **bool** ist eine Funktion des Systemkerns.

Beispiele:

Call #1:   `bool(3 < 5);`
                           TRUE

Call #2:   `b:=a:  bool(a = b and 3 < 4);`
                           TRUE

Call #3:   `bool(4);`

                           `Error:  Can't evaluate bool [bool]`

■ **`built_in` – Definition von Objekten des Typs *CAT_EXEC***

Aufruf:

`built_in(integer, `*integer_nil*`, string, `*table_nil*`)`
`built_in(integer, integer, `*string_nil*`, string)`

Parameter:

`integer`	—	nichtnegative ganze Zahl
`string`	—	Zeichenkette
integer_nil	—	nichtnegative ganze Zahl oder NIL
string_nil	—	Zeichenkette oder NIL
table_nil	—	Tabelle oder NIL

Zusammenfassung:

`built_in` ermöglicht die Definition von Objekten des Typs *CAT_EXEC*. In Mu-PAD haben Objekte der Kategorie *CAT_EXEC* zwei unterschiedliche Aufgaben: Zum einen definieren sie die Evaluierung eines Ausdrucks, zum anderen sind sie für dessen Ausgabe zuständig. Je nach Anwendungsart haben die Operanden unterschiedliche Typen. Ihre genaue Bedeutung für die Evaluierung und Ausgabe ist in Abschnitt 3.3.14 beschrieben. Es sei an dieser Stelle nochmals darauf hingewiesen, daß die Definition neuer *CAT_EXEC*-Objekte mit größter Vorsicht durchzuführen ist.

Die Beispiele stellen die *CAT_EXEC*-Objekte für die Evaluierung und Ausgabe der Systemfunktion `_mult` dar. `built_in` ist eine Funktion des Systemkerns.

Beispiele:

Call #1:   `built_in(34, NIL, "_mult", NIL):`

Call #2:   `built_in(17, 13, "*", "_mult"):`

Siehe auch:

func_env

■   bytes – belegter Speicherplatz

Aufruf:

bytes()

Parameter:

—   keine

Zusammenfassung:

bytes gibt ein Zahlenpaar zurück, das über den belegten Speicherplatz Auskunft gibt. Die erste Zahl gibt den von MuPAD logisch benutzten Speicher (in Bytes) an. Die zweite Zahl gibt die Anzahl der Bytes an, die physikalisch durch die Speicherverwaltung alloziiert wurden. bytes ist eine Funktion des Systemkerns.

■   cattype – Datentyp bestimmen

Aufruf:

cattype(expr)

Parameter:

expr   —   Ausdruck

Zusammenfassung:

cattype gibt den Datentyp des Ausdrucks expr an. Der Datentyp ist der intern in MuPAD verwendete Grundtyp des Ausdrucks (vergleiche Abschnitt 3.9 und die Funktionen type und testtype). Die Datentypen und ihre Bedeutung sind in der Tabelle A.1 aufgelistet. Im Gegensatz zu den meisten anderen Funktionen werden Argumente, die Ausdruckssequenzen sind, in dieser Funktion nicht ausgeglichen. cattype ist eine Funktion des Systemkerns.

Beispiele:

Call #1:   cattype(2.345434345);
                        "CAT_FLOAT"

Call #2:   cattype(x);
                        "CAT_IDENT"

Call #3:   cattype(x-y);
                        "CAT_EXPR"

Call #4:   cattype((a:=5));
                        "CAT_INT"

Siehe auch:

testtype, type

■ ceil – **Rundung nach oben**

Aufruf:

ceil(expr)

Parameter:

expr — Ausdruck

Zusammenfassung:

ceil liefert die kleinste ganze Zahl, die größer oder gleich der durch expr gegebenen ist. Ist expr eine komplexe Zahl, so wird ein Fehler geliefert. ceil gibt den unevaluierten Funktionsaufruf zurück, wenn das Argument nicht zu einer Zahl evaluiert werden kann.

Werden Exponenten reeller Zahlen zu groß, so kann der Aufruf von ceil zu einem Präzisionsverlust führen, der nicht als Fehler erkannt wird. ceil ist eine Datenkonvertierungsfunktion des Systemkerns.

Beispiele:

Call #1:   `ceil(1.2);`

$$2$$

Call #2:   `ceil(-8/3);`

$$-2$$

Call #3:   `ceil(x);`

$$ceil(x)$$

Siehe auch:

round, frac, trunc, floor

■ **contains – testet ein Element auf Vorhandensein**

Aufruf:

`contains(set, expr)`

Parameter:

set   —   Menge
expr   —   Ausdruck

Zusammenfassung:

`contains` überprüft, ob der Ausdruck **expr** ein Element der Menge **set** ist. Ist dies der Fall, so liefert `contains` den Wert TRUE zurück, anderenfalls den Wert FALSE. `contains` ist eine Funktion des Systemkerns.

Beispiele:

Call #1:   `contains({a, b, c}, a);`

$$TRUE$$

Call #2:   contains({a, b, c+d}, c);
                         FALSE

■ debug – **Benutzerkontrollierte Ausführung von Prozeduren**

Aufruf:

debug(statement ...)

Parameter:

statement   —   Anweisung

Zusammenfassung:

debug dient im Debug-Modus von MuPAD zur benutzerkontrollierten Ausführung der Anweisung statement. Enthält diese Anweisung einen Prozeduraufruf, so wird der interaktive Modus des Debuggers aktiviert, in dem Befehle zur Steuerung des Programmablaufs oder Befehle, die über den Programmzustand informieren, abgesetzt werden können. Eine ausführliche Beschreibung befindet sich in Kapitel 4. Zu beachten ist:

- MuPAD muß sich im Debug-Modus befinden.
- Es können nur benutzerdefinierte Prozeduren bearbeitet werden.
- debug wirkt nur auf Prozeduren, die bereits definiert sind.
- Interaktiv eingegebene Prozeduren können nicht bearbeitet werden.

debug ist eine Funktion des Systemkerns.

Siehe auch:

trace, PRINTLEVEL

■ diff – **differenziert einen Ausdruck**

Aufruf:

diff(expr, ident ...)

Parameter:

`expr` — Ausdruck
`ident` — Bezeichner

Zusammenfassung:

`diff` differenziert den Ausdruck `expr` nach den durch `ident` angegebenen Bezeichnern. Werden mehrere Bezeichner angegeben, so wird der Ausdruck zuerst nach
dem ersten Bezeichner differenziert, das Ergebnis dann nach dem zweiten Bezeichner und so fort, bis alle Bezeichner abgearbeitet sind. Falls die Bezeichner durch
den Sequenz-Operator in der Form `ident $ n` angegeben werden, so wird die n-te
Ableitung bezüglich des Bezeichners `ident` berechnet.

Bei Funktionen, deren Ableitungen `diff` nicht kennt, wird der Funktionsaufruf mit
evaluierten Argumenten zurückgeliefert. `diff` ist eine Funktion des Systemkerns.

Beispiele:

Call #1:   `diff(x^2,x);`
                         `2*x`

Call #2:   `diff(x^2*sin(y),x,y);`
                         `x*cos(y)*2`

Call #3:   `diff(sin(x)*cos(x),x$3);`
                         `cos(x)^2*(-4)+sin(x)^2*4`

Call #4:   `diff(f(x),x);`
                         `diff(f(x),x)`

■ **DIGITS – Stellenzahl von Gleitkommazahlen**

Aufruf:

`DIGITS := integer`

Parameter:

`integer` — positive ganze Zahl

Zusammenfassung:

DIGITS gibt die Anzahl der gültigen Stellen bei der Speicherung und Berechnung von Gleitkommazahlen an. DIGITS kann auf jede ganze Zahl zwischen 1 und $2^{31} - 1$ gesetzt werden. Werden mehr als DIGITS Stellen eingegeben, so werden die überflüssigen Stellen abgeschnitten.

Durch die Zuweisung DIGITS := NIL; wird DIGITS auf den Default-Wert 10 gesetzt. DIGITS ist eine Environment-Variable.

Beispiele:

Call #1:   float(PI);
                           3.141592653

Call #2:   DIGITS := 40: float(PI);
                           3.1415926535897932384626433832795028884197

Call #3:   DIGITS := 1: float(PI), 3.9, -3.2;
                           3., 3., -3.

Siehe auch:

float

■ Editieren von Zeilen in der Terminal-Version

Zusammenfassung:

Der Zeilen-Editor steht nur in der Terminal-Version von MuPAD und nicht unter dem X-Window-System oder auf dem Macintosh zur Verfügung.

Bei der interaktiven Eingabe kann mit dem Zeilen-Editor die aktuelle Textzeile editiert werden. Die Kommandos des Zeilen-Editors werden als Control-Zeichen eingegeben (durch gleichzeitige Betätigung der Control- und einer zusätzlichen Taste). <Ctrl-A> bedeutet im folgenden die gleichzeitige Betätigung der Control-Taste und der Taste A. Die Kommandos im einzelnen:

<Ctrl-A>	Cursor an den Zeilenanfang.
<Ctrl-Y>	Cursor an den Anfang des vorhergehenden Wortes.
<Ctrl-B>	Cursor ein Zeichen nach links.
<Ctrl-F>	Cursor ein Zeichen nach rechts.

\<Ctrl-Z\>	Cursor an den Anfang des nächsten Wortes.
\<Ctrl-E\>	Cursor an das Zeilenende.
\<Ctrl-U\>	Lösche die gesamte Eingabezeile.
\<Ctrl-W\>	Lösche ab Cursor-Position bis zum Beginn des vorhergehenden Wortes.
\<Ctrl-H\>	Lösche das Zeichen links vom Cursor.
\<Ctrl-D\>	Lösche das Zeichen unter dem Cursor.
\<Ctrl-T\>	Lösche das nächste Wort.
\<Ctrl-K\>	Lösche bis Zeilenende.
\<Ctrl-L\>	Einfügen der letzten Eingabezeile vor der aktuellen Cursor-Position.
\<Ctrl-P\>	Wiedergabe der letzten Eingabezeile. Wiederholte Ausführung von \<Ctrl-P\> gibt sukzessive die vorhergehenden Eingabezeilen wieder. Befindet sich der Cursor nicht am Zeilenanfang, so wird in den vorhergehenden Zeilen nach einer Eingabe gesucht, die mit den ersten Zeichen der aktuellen Eingabe übereinstimmt.
\<Ctrl-N\>	Analog zu \<Ctrl-P\>, aber die vorherigen Eingaben werden in umgekehrter Reihenfolge durchlaufen.

■ **error – Benutzerspezifizierter Fehlerabbruch**

Aufruf:

error(string)

Parameter:

string — Zeichenkette

Zusammenfassung:

error gibt die durch string gegebene Fehlermeldung aus und bewirkt danach einen sofortigen Rücksprung zur interaktiven Ebene von MuPAD. Die auf error folgenden Anweisungen in einer Prozedur werden nicht mehr ausgeführt.

Ein Fehler kann mit der Funktion traperror abgefangen werden. Wird error in einer traperror-Umgebung aufgerufen, so erfolgt ein Rücksprung in die traperror-Umgebung und nicht in die interaktiver Ebene. error ist eine Funktion des Systemkerns.

Beispiele:

Call #1:   `error("Fault");`

                    `Error:  Fault`

Call #2:   `f := proc(s) begin error(s) end_proc: sin(f("Fault"));`

                    `Error:  Fault [f]`

Siehe auch:

traperror

■ **ERRORLEVEL – steuert die Fehlerprüfung während der Evaluierung**

Aufruf:

`ERRORLEVEL := integer`

Parameter:

`integer` — eine der Zahlen 0, 1, 2 oder 3

Zusammenfassung:

`ERRORLEVEL` ist eine Environment-Variable, welche die Überprüfung von Fehlern beim Evaluieren steuert. Der Parameter `integer` gibt die Genauigkeit der Prüfung an. (Zur Zeit sind nur die Stufen 0 und 3 implementiert. Bei Angabe von 1 oder 2 wird intern die Stufe 0 gewählt.)

Auf Stufe 0 findet lediglich eine kurze Fehlerprüfung statt, ohne daß dies einen wesentlichen Einfluß auf die Geschwindigkeit des Systems hat. Hierbei werden hauptsächlich solche Fehler nicht gefunden, die bei der Substitution von Bezeichnern, indizierten Ausdrücken und Aufrufen benutzerdefinierter Prozeduren auftreten können.

In Stufe 3 betreibt das System zusätzlichen Aufwand, um alle Fehler beim Evaluieren aufzuspüren. Dies kann die Geschwindigkeit des Systems herabsetzen.

Durch Zuweisung von `NIL` wird `ERRORLEVEL` auf seinen Default-Wert 0 gesetzt. `ERRORLEVEL` ist eine Environment-Variable.

Beispiele:

Call #1:   `f(a) := {a}:  f(a) and a;`
                              `{a} and a`

Call #2:   `ERRORLEVEL := 3:  f(a) := {a}:  f(a) and a;`
                              `Warning:  Incompatibel operands`

■   **eval – nachträgliche Evaluierung spezieller Funktionen**

Aufruf:

`eval(expr)`

Parameter:

`expr` — Ausdruck

Zusammenfassung:

`eval` wirkt nur auf einige ausgezeichnete Systemfunktionen, die ein in gewisser Weise unevaluiertes Ergebnis liefern. Tritt der Aufruf einer solchen Systemfunktion innerhalb des Argumentes von `eval` auf, so wird das Ergebnis der Funktion nachträglich nochmals evaluiert. Bei der Evaluierung wird die zu diesem Zeitpunkt aktuell gültige Substitutionstiefe verwendet.

Bei den betroffenen Systemfunktionen handelt es sich um die Funktionen `args`, `hold`, `input`, `last` und `text2expr`. Sie alle liefern ein Ergebnis, das i.a. nicht vollständig evaluiert wurde.

Eine weitere Besonderheit der Funktion `eval` betrifft den Fall, daß die Environment-Variable `EVAL_STMT` den Wert `FALSE` hat. In diesem Fall erzwingt `eval` die Ausführung von Anweisungen, deren Evaluierung an sich durch den Wert von `EVAL_STMT` verhindert würde. `eval` ist eine Funktion des Systemkerns.

Beispiele:

Call #1:   `a:=b:  b:=c:  text2expr("a+a"), eval(text2expr("a+a"));`
                              `a+a, 2*c`

Call #2:   `EVAL_STMT := FALSE: a:=(b:=c): a, b, eval(a), b;`
                                      `(b := c), b, c, c`

Siehe auch:

args, hold, input, last, text2expr, EVAL_STMT

■   `evalassign` – **Zuweisung mit Evaluierung der linken Seite**

Aufruf:

`evalassign(expr_1, expr_2, integer)`

Parameter:

`expr_1`   —   Ausdruck
`expr_2`   —   Ausdruck
`integer`   —   nichtnegative ganze Zahl

Zusammenfassung:

`evalassign` ermöglicht es, einen Ausdruck zunächst mit einer angegebenen Substitutionstiefe zu evaluieren, um dem Ergebnis anschließend einen neuen Wert zuzuweisen. Hierzu wird `expr_1` zunächst mit der Tiefe `integer` evaluiert. Das Ergebnis muß einen für die linke Seite einer Anweisung zulässigen Ausdruck ergeben. Anschließend wird der Wert `expr_2` vollständig evaluiert und das Ergebnis dieser linken Seite zugewiesen.

Der Aufruf `evalassign(expr_1, expr_2, 0)` entspricht der herkömmlichen Zuweisung `expr_1 := expr_2`.

Beispiele:

Call #1:   `a:=b: evalassign(a, 100, 1): level(a, 1), b;`
                          `b, 100`

■ **EVAL_STMT – steuert die Ausführung von Anweisungen in Ausdrücken**

Aufruf:

```
EVAL_STMT := bool
```

Parameter:

`bool` — boolescher Wert

Zusammenfassung:

`EVAL_STMT` steuert die Ausführung von Anweisungen, die innerhalb von Ausdrükken auftreten, wie etwa in `f((a:=b))`. Normalerweise werden solche Anweisungen ausgeführt (`EVAL_STMT = TRUE`). Im obigen Beispiel wird also zuerst `b` an `a` zugewiesen und `f` dann mit `b` als Argument aufgerufen. Wird jedoch `EVAL_STMT` auf `FALSE` gesetzt, so werden Anweisungen innerhalb von Ausdrücken nicht ausgeführt.

Durch die Zuweisung `EVAL_STMT := NIL;` wird `EVAL_STMT` auf seinen Default-Wert `TRUE` gesetzt. `EVAL_STMT` ist eine Environment-Variable.

Beispiele:

Call #1:   `a + (b := 3), b;`
                        `a+3, 3`

Call #2:   `EVAL_STMT := FALSE: c + (d := 3), d;`
                        `c + (d := 3), d`

■ **expand – Expansion eines Ausdrucks**

Aufruf:

```
expand(expr)
expand(expr, expr_1 ...)
```

Parameter:

`expr`   — Ausdruck
`expr_1` — Ausdruck

Zusammenfassung:

expand expandiert den algebraischen Ausdruck expr. Als wichtigste Anwendung von expand werden Produkte von Summen ausmultipliziert. Weiter werden Potenzen von Summen ausmultipliziert, falls dabei die Exponenten positive ganze Zahlen sind. Produkte im Nenner von Brüchen werden nicht ausmultipliziert.

Mit den optionalen Parametern expr_1, ... etc. kann die Expansion gewisser Teilausdrücke von expr verhindert werden: Werden diese Ausdrücke als Parameter angegeben, so werden Teilausdrücke von expr, die einem dieser Ausdrücke entsprechen, nicht expandiert. Genauer passiert folgendes: In expr werden die Teilausdrücke expr_1 ... durch Hilfsvariablen parallel substituiert (vgl. subs), danach wird expr expandiert. Im expandierten Ausdruck werden die Hilfsvariablen dann wieder durch die ursprünglichen Ausdrücke ersetzt.

Die Expansion von Funktionen kann vom Benutzer durch eigene Expansionsroutinen gesteuert werden. Definiert der Benutzer eine Prozedur expand_f, so wird diese Prozedur von expand aufgerufen, sobald ein Teilausdruck der Form f(...) in expr vorkommt. Die Prozedur expand_f wird dabei mit den aktuellen Parametern von f in expr aufgerufen. Die aktuellen Parameter von f werden dabei vor dem Aufruf von expand_f nicht expandiert. Das Ergebnis der Prozedur expand_f wird ebenfalls nicht mehr weiter expandiert.

Die Namenskonvention für die Expansionsroutinen wird übrigens in einer der nächsten Version von MuPAD geändert, da sich die Konvention als zu schwerfällig erwiesen hat. expand ist eine Funktion des Systemkerns.

Beispiele:

Call #1:   expand((x+1)*(y+z));
                      y+z+x*y+x*z

Call #2:   expand((x+1)/(y+z));
                      1/(y+z)+x/(y+z)

Call #3:   expand((x+1)*(y+z), x+1);
                      y*(x+1)+z*(x+1)

Call #4:   expand((x+y)^(z+2));
                      x*y*(x+y)^z*2+x^2*(x+y)^z+y^2*(x+y)^z

Call #5:   expand((x+y)^(z-2));
                      (x+y)^(-2)*(x+y)^z

Call #6:
```
         expand_sin:=proc(x)
             local a,b;
         begin
             x:=expand(x);
             if type(x)="PLUS" then
                 a:=op(x,1); b:=x-a;
                 expand(sin(a)*cos(b)+cos(a)*sin(b))
             else
                 sin(x)
             end_if
         end_proc:
```

Call #7:
```
         expand(sin(a*(b+c)));
                     cos(a*b)*sin(a*c)+cos(a*c)*sin(a*b)
```

Call #8:
```
         expand(sin(a+b)*c);
                     c*cos(a)*sin(b)+c*cos(b)*sin(a)
```

Siehe auch:

subs

■ fact – Fakultätsfunktion

Aufruf:

`fact(integer)`

Parameter:

`integer` — nichtnegative ganze Zahl

Zusammenfassung:

`fact` ist die übliche Fakultätsfunktion, welche beim Aufruf von `fact(n)` das Produkt der Zahlen von 1 bis n ausgibt. `fact` liefert einen Fehler, wenn das Argument `integer` zwar eine Zahl, aber keine nichtnegative ganze Zahl ist. `fact` gibt den Funktionsaufruf mit evaluierten Argumenten zurück, wenn das Argument nicht zu einer Zahl evaluiert werden kann. `fact` ist eine Funktion des Systemkerns.

Beispiele:

Call #1:   `fact(20);`

2432902008176640000

■ `fclose` – schließt eine Datei

Aufruf:

`fclose(integer)`

Parameter:

`integer` — positive ganze Zahl

Zusammenfassung:

`fclose` schließt die durch den File-Deskriptor `integer` gegebene Datei. Die zugehörige Datei muß zuvor mit `fopen` geöffnet worden sein. `fclose` ist eine Funktion des Systemkerns.

Beispiele:

`fclose(123);`

Siehe auch:

fopen

■ `finput` – Einlesen von MuPAD-Ausdrücken aus einer Datei

Aufruf:

`finput(integer ⟨ , identifier ... ⟩)`
`finput(string ⟨ , identifier ... ⟩)`

Parameter:

`integer`   — positive ganze Zahl
`identifier` — Bezeichner
`string`   — Zeichenkette

Zusammenfassung:

`finput` liest Ausdrücke von einer Datei ein. Das erste Argument gibt dabei die Datei an. Die restlichen Parameter von `finput` müssen Bezeichner sein. Der Reihe nach werden Ausdrücke von der Datei eingelesen und diesen Bezeichnern zugewiesen, ohne daß die Ausdrücke dabei evaluiert werden. Die Bezeichner werden beim Aufruf von `finput` ebenfalls nicht evaluiert. Der Rückgabewert von `finput` ist der zuletzt eingelesene Ausdruck.

Kann einer der Ausdrücke nicht gelesen werden, so wird dem zugehörigen und allen folgenden Bezeichnern kein Wert zugewiesen. Der Rückgabewert von `finput` ist in diesem Fall *CAT_NULL*.

Wird `finput` ohne Bezeichner als Argumente aufgerufen, so wird lediglich ein Ausdruck eingelesen. Dieser ist dann der Rückgabewert der Funktion. Kann der Ausdruck nicht eingelesen werden, so ist der Rückgabewert *CAT_NULL*.

Beim Einlesen eines Ausdrucks von einer Textdatei kann dieser sich über mehrere Zeilen erstrecken. Er ist erst dann abgeschlossen, wenn der Ausdruck syntaktisch vollständig ist. Zusätzlich muß der Ausdruck mit einem Semikolon oder Doppelpunkt abgeschlossen werden.

Die Datei wird wie folgt spezifiziert:

- Wird als erstes Argument die positive ganze Zahl `integer` angegeben, so wird diese als File-Deskriptor aufgefaßt. Die entsprechende Datei muß zuvor mit `fopen` geöffnet worden sein.

- Wird mit dem Argument `string` eine Zeichenkette angegeben, so wird die Datei mit diesem Namen geöffnet. Die Datei kann sowohl eine Text- als auch eine Binärdatei sein.

  Zuerst wird die Datei dabei in den durch die Variable `READ_PATH` gegebenen Verzeichnissen gesucht. Danach wird sie im aktuellen Verzeichnis gesucht. Zum Schluß wird die Datei dann noch in dem durch die Variable `LIB_PATH` gegebenen Verzeichnis gesucht.

  Nach dem Einlesen der Daten wird die Datei wieder geschlossen.

Sollen Daten sukzessive mit mehreren Aufrufen von `finput` eingelesen werden, so muß ein File-Deskriptor verwendet werden, denn bei Angabe eines Dateinamens werden immer nur die Daten am Anfang der Datei gelesen.

Im Gegensatz zu den meisten anderen Funktionen werden Argumente, die Ausdruckssequenzen sind, in dieser Funktion nicht ausgeglichen. `finput` ist eine Funktion des Systemkerns.

Beispiele:

```
finput("test.m", x, y);
```

Siehe auch:

fclose, fopen, ftextinput, input, read

■ `float` – **Auswertung zu einer Gleitkommazahl**

Aufruf:

`float(expr)`

Parameter:

`expr` — Ausdruck

Zusammenfassung:

`float` wertet Teilausdrücke von `expr` soweit möglich zu Gleitkommazahlen aus. Ausgewertet werden arithmetische Ausdrücke aus ganzen und rationalen Zahlen, Gleitkommazahlen, den Konstanten PI und E oder Funktionen wie `exp` und `sin`. Ausdrücke mit komplexen Zahlen werden nicht ausgewertet.

Ist der Parameter eine Tabelle oder ein Feld, so werden die Elemente übrigens nicht zu Gleitkommazahlen ausgewertet. Elemente von Tabellen und Feldern werden nur bei indiziertem Zugriff evaluiert (vgl. Abschnitt 3.3.11).

Die Genauigkeit der Auswertung ist durch die globale Variable `DIGITS` bestimmt. `DIGITS` hat den Default-Wert 10, was eine zehnstellige Ausgabe von Gleitkommazahlen zur Folge hat. Der Nutzer kann den Wert von `DIGITS` zwischen 0 und $2^{31} - 1$ festlegen. `float` ist eine Datenkonvertierungsfunktion des Systemkerns.

Beispiele:

Call #1:   `float(E+sin(PI/4));`
                   3.425388609

Call #2:   `float(sin(2*a)+5*c/3);`

                        `c*1.666666666 + sin(a*2.0)`

Call #3:   `float([2/3, 2/3*I+3]));`

                        `[ 0.6666666666, 3 + 2/3*I ]`

Siehe auch:

DIGITS

■   floor – Rundung nach unten

Aufruf:

`floor(expr)`

Parameter:

`expr` — Ausdruck

Zusammenfassung:

`floor` liefert die größte ganze Zahl, die kleiner oder gleich der durch `expr` gegebenen ist. Ist `expr` eine komplexe Zahl, so wird ein Fehler geliefert. `floor` gibt den unevaluierten Funktionsaufruf zurück, wenn das Argument nicht zu einer Zahl evaluiert werden kann.

Werden Exponenten reeller Zahlen zu groß, so kann der Aufruf von `floor` zu einem Präzisionsverlust führen, der nicht als Fehler erkannt wird. `floor` ist eine Datenkonvertierungsfunktion des Systemkerns.

Beispiele:

Call #1:   `floor(1.2);`

                        1

Call #2:   `floor(-8/3);`

                        -3

Call #3:   `floor(x+3/2);`

$$\mathtt{floor(x + 3/2)}$$

Siehe auch:

ceil, round, frac, trunc

■   **fopen – öffnet eine Datei**

Aufruf:

`fopen(string)`
`fopen(` ⟨ `Bin ,` ⟩ `string,` *mode* `)`

Parameter:

`string` — Zeichenkette
`Bin`   — Option
mode   — eine der Optionen `Write` oder `Append`

Zusammenfassung:

`fopen` öffnet die Datei mit Namen `string`. `fopen` liefert als Rückgabewert eine positive ganze Zahl, den sogenannten *File-Deskriptor*. Diese Zahl dient zur Identifikation der Datei bei späteren Operationen. Die Datei kann mit der Funktion `fclose` wieder geschlossen werden.

- Werden keine weiteren Optionen angegeben, so wird die Datei zum Lesen geöffnet. `fopen` erkennt dabei selbstständig, ob es sich bei der Datei um eine Text- oder eine Binärdatei handelt.

  Zuerst wird die Datei dabei in den durch die Variable `READ_PATH` gegebenen Verzeichnissen gesucht. Danach wird sie im aktuellen Verzeichnis gesucht. (Das ist das Verzeichnis, in dem MuPAD gestartet wurde.) Zum Schluß wird die Datei dann noch in dem durch die Variable `LIB_PATH` gegebenen Verzeichnis gesucht.

- Wird eine der Optionen `Write` oder `Append` angegeben, so wird die Datei zum Schreiben geöffnet. Eine nicht vorhandene Datei wird dabei ggf. neu erzeugt. Bei `Write` wird der alte Inhalt der Datei überschrieben. Bei `Append` werden die neuen Daten an das Ende der alten Daten angehängt, der alte Inhalt geht also nicht verloren.

Hat die Variable `WRITE_PATH` einen Wert, so wird die Datei im dort angegebenen Verzeichnis erzeugt, andernfalls im aktuellen Verzeichnis.

Beim Öffnen der Datei mit `Write` oder `Append` kann zusätzlich die Option `Bin` angegeben werden. In diesem Fall wird die Datei als Binärdatei geöffnet. Wird die Option nicht angegeben, so wird die Datei als Textdatei geöffnet.

Es führt zu einem Fehler, wenn eine vorhandene Textdatei mit `Append` und `Bin` geöffnet wird. Analog gibt es einen Fehler, wenn eine vorhandene Binärdatei mit `Append`, aber ohne `Bin` geöffnet wird. `fopen` ist eine Funktion des Systemkerns.

Beispiele:

Call #1:   `f := fopen(Bin, "test.m", Append);`
                              123

Siehe auch:

fclose, finput, fprint, ftextinput, protocol, read, write

■ **fprint – Ausgabe in eine Datei**

Aufruf:

`fprint(integer, statement ...)`
`fprint( ⟨ Bin , ⟩ string, statement ...)`

Parameter:

`integer`	—	positive ganze Zahl
`statement`	—	Anweisung
`Bin`	—	Option
`string`	—	Zeichenkette

Zusammenfassung:

`fprint` dient zur Ausgabe von Werten in eine Datei. Das erste Argument gibt dabei die Datei an. Das Argument `statement` wird evaluiert, das Ergebnis wird ausgegeben. Es können auch mehrere Argumente angegeben werden, diese werden der Reihe nach evaluiert und ausgegeben.

Die textuelle Ausgabe erfolgt ohne Pretty-Printer. Hinter jedem Wert wird ein Doppelpunkt ausgegeben, so daß die Ausgaben mit `finput` wieder eingelesen werden können. Nach der Ausgabe erfolgt ein Zeilenumbruch.

Als Argument können nicht nur Ausdrücke, sondern beliebige Anweisungen verwendet werden, z.B. auch Zuweisungen oder Prozedurdefinitionen. Anweisungen müssen dabei aber zusätzlich geklammert werden, wie zum Beispiel in der Anweisung `fprint("test.m",(a:=2))`.

Als Rückgabewert liefert `fprint` den Wert *CAT_NULL* zurück.

Die Datei kann durch ihren Namen oder durch einen File-Deskriptor spezifiziert werden:

- Wird als erstes Argument die positive ganze Zahl `integer` angegeben, so wird diese als File-Deskriptor aufgefaßt. Die entsprechende Datei muß zuvor mit `fopen` geöffnet worden sein.

- Wird mit dem Argument `string` eine Zeichenkette angegeben, so wird die Datei mit diesem Namen geöffnet. Existiert die Datei noch nicht, so wird sie neu erzeugt. Bereits in der Datei vorhandene Daten werden überschrieben.

  Hat die Variable `WRITE_PATH` einen Wert, so wird die Datei im dort angegebenen Verzeichnis erzeugt, andernfalls im aktuellen Verzeichnis.

  Wird zusätzlich die Option `Bin` angegeben, so wird die Datei als Binärdatei geöffnet, andernfalls als Textdatei.

  Nach der Ausgabe der Daten wird die Datei wieder geschlossen.

`fprint` ist eine Funktion des Systemkerns.

Beispiele:

Call #1:   `fprint(Bin, "test.m", (d:=5), d*3);`

Siehe auch:

fclose, fopen, print, protocol, write

■ frac – gebrochener Anteil einer Zahl

Aufruf:

`frac(expr)`

Parameter:

`expr` — Ausdruck

Zusammenfassung:

`frac(expr)` liefert den Wert `expr - floor (expr)` zurück, also den gebrochenen Anteil von `expr`. Dies ist eine Zahl aus dem Intervall [0, 1[. Bei komplexen Argumenten liefert `frac` einen Fehler. `frac` gibt den unevaluierten Funktionsaufruf zurück, wenn das Argument nicht zu einer Zahl evaluiert werden kann. `frac` ist eine Funktion des Systemkerns.

Beispiele:

Call #1:   `frac(8/3);`

                              2/3

Call #2:   `frac(-2.3);`

                              0.7000000000

Call #3:   `frac(x);`

                              frac(x)

Siehe auch:

ceil, floor, round, trunc

■   `ftextinput` – zeilenweises Einlesen von Text aus einer Datei

Aufruf:

`ftextinput(integer ⟨ , identifier ... ⟩)`
`ftextinput(string ⟨ , identifier ... ⟩)`

Parameter:

`integer`   —   positive ganze Zahl
`identifier` —   Bezeichner
`string`   —   Zeichenkette

Zusammenfassung:

`ftextinput` liest Zeichenketten zeilenweise aus einer Textdatei ein. Das erste Argument gibt dabei die Datei an. Die restlichen Parameter von `ftextinput` müssen Bezeichner sein. Der Reihe nach werden einzelne Textzeilen von der Datei eingelesen und diesen Bezeichnern zugewiesen. Der Rückgabewert von `ftextinput` ist die zuletzt eingelesene Textzeile.

Kann eine der Zeilen nicht eingelesen werden, so wird dem zugehörigen und allen folgenden Bezeichnern nichts zugewiesen. Der Rückgabewert von `ftextinput` ist in diesem Fall *CAT_NULL*.

Wird `ftextinput` ohne Argumente aufgerufen, so wird lediglich eine Zeile eingelesen. Diese ist dann der Rückgabewert der Funktion. Kann die Zeile nicht gelesen werden, so ist der Rückgabewert *CAT_NULL*.

Die Datei wird wie folgt spezifiziert:

- Wird als erstes Argument die positive ganze Zahl `integer` angegeben, so wird diese als File-Deskriptor aufgefaßt. Die entsprechende Textdatei muß zuvor mit `fopen` geöffnet worden sein.

- Wird mit dem Argument `string` eine Zeichenkette angegeben, so wird die Datei mit diesem Namen geöffnet.

  Zuerst wird die Datei dabei in den durch die Variable `READ_PATH` gegebenen Verzeichnissen gesucht. Danach wird sie im aktuellen Verzeichnis gesucht. Zum Schluß wird die Datei dann noch in dem durch die Variable `LIB_PATH` gegebenen Verzeichnis gesucht.

  Nach dem Einlesen der Daten wird die Datei wieder geschlossen.

Sollen Textzeilen sukzessive mit mehreren Aufrufen von `ftextinput` eingelesen werden, so muß ein File-Deskriptor verwendet werden, denn bei Angabe eines Dateinamens werden immer nur die Zeilen am Anfang der Datei gelesen.

Im Gegensatz zu den meisten anderen Funktionen werden Argumente, die Ausdruckssequenzen sind, in dieser Funktion nicht ausgeglichen. `ftextinput` ist eine Funktion des Systemkerns.

Beispiele:

```
inp := ftextinput("test.txt");
```

Siehe auch:

fclose, fopen, finput, read, textinput

■ **func_env – Definition von Funktionsumgebungen**

Aufruf:

func_env(exec_1, exec_2)

Parameter:

exec_1, exec_2 — Ausdrücke vom Typ *CAT_EXEC*

Zusammenfassung:

func_env ermöglicht die Definition von Funktionsumgebungen. Diese haben den Datentyp *CAT_FUNC_ENV*. func_env ist mit zwei Argumenten aufzurufen, die beide den Datentyp *CAT_EXEC* besitzen müssen. Durch die Definition einer Funktionsumgebung wird die Wirkungsweise einer Systemfunktion, eines Operators oder einer Anweisung festgelegt. Durch die Zuweisung an den jeweiligen Underline-Bezeichner wird die Definition wirksam. Innerhalb einer solchen Funktionsumgebung steuert das erste Argument die Evaluierung und das zweite Argument die Ausgabe. Zur Erzeugung von *CAT_EXEC*-Objekten steht die Systemfunktion built_in zur Verfügung.

Funktionsumgebungen werden in Abschnitt 3.3.14 detailliert beschrieben. Es sei an dieser Stelle nochmals darauf hingewiesen, daß die Definition neuer Funktionsumgebungen mit größter Vorsicht durchzuführen ist. Eine falsche Verwendung kann zum Absturz von MuPAD führen.

Die im Anschluß aufgeführten Beispiele stellen die Funktionsumgebungen der Systemfunktionen _mult und _assign dar. func_env ist eine Funktion des Systemkerns.

Beispiele:

Call #1:   func_env(built_in(34, NIL, "_mult", NIL),
                       built_in(17, 13, "*", "_mult")):

Call #2:   func_env(built_in(43, NIL, "_assign", NIL),
                       built_in (44, 16, NIL, "_assign")):

Siehe auch:

built_in

■ global – Zugriff auf eine Netz-Variable

Aufruf:

```
global(identifier)
global(identifier, expr)
```

Parameter:

identifier — Bezeichner
expr   — Ausdruck

Zusammenfassung:

global(identifier) liest den Wert aus der Netz-Variablen mit dem Namen identifier aus, evaluiert diesen und gibt ihn als Funktionsergebnis zurück. Hat die Netz-Variable dieses Namens keinen Wert, so liefert die Funktion den Funktionsaufruf zurück. identifier wird ohne Evaluierung als Name der Netz-Variablen aufgefaßt.

global(identifier, expr) weist der Netz-Variablen mit dem Namen identifier den Wert expr zu. Während expr vor der Zuweisung evaluiert wird, wird identifier ohne Evaluierung als Name der Netz-Variablen aufgefaßt. Genauer wird auf diese Funktion in Abschnitt 3.7.2.1 eingegangen. global ist eine Funktion des Systemkerns.

■ help, ? – Ausgabe eines Help-Textes

Aufruf:

```
help(string)
?keyword
```

Parameter:

string   — Zeichenkette
keyword — Schlagwort

Zusammenfassung:

help veranlaßt die Ausgabe eines Help-Textes mit Informationen zum Schlagwort string. Die genaue Form der Ausgabe ist rechnerabhängig, vgl. Abschnitt 3.1.1.

Statt `help("diff")` kann man auch einfach `?diff` eingeben. Das ?-Kommando ist aber keine MuPAD-Funktion und kann daher nicht in Ausdrücken verwendet werden; es darf nur interaktiv und separat in einer eigenen Zeile eingegeben werden. `help` ist eine Funktion des Systemkerns.

Beispiele:

Call #1:　　`help("diff");`

Call #2:　　`?diff`

■　**history – zeigt die Einträge in der History-Tabelle**

Aufruf:

`history()`

Parameter:

— keine

Zusammenfassung:

`history` gibt den aktuellen Inhalt der History-Tabelle aus und liefert als Rückgabewert ein „leeres" Datum vom Typ *CAT_NULL* zurück. `history` gibt eine Folge von Paaren aus, bestehend aus den Nummern in der History-Tabelle und den zugehörigen Einträgen. `history` ist eine Funktion des Systemkerns.

Beispiele:

Call #1:　　`a:= 7:  b:  history();`
　　　　　　　　　　1　7

　　　　　　　　　　2　b

Siehe auch:

last, *HISTORY*

◼ HISTORY – **Länge der History-Tabelle**

Aufruf:

```
HISTORY := [ integer_1, integer_2 ]
HISTORY := integer
```

Parameter:

integer, integer_1, integer_2 — nichtnegative ganze Zahlen

Zusammenfassung:

HISTORY gibt die Länge der History-Tabelle an. HISTORY gibt also die Anzahl der Ergebnisse an, auf die im nachhinein durch **last** zurückgegriffen werden kann:

- Wird der Wert von HISTORY als Liste zweier ganzer Zahlen angegeben, so gibt die erste Zahl die Länge der History-Tabelle für die interaktive Ebene und die zweite Zahl die Länge der Tabelle innerhalb von Prozeduren an.

- Wird nur eine Zahl als Wert von HISTORY angegeben, so ist deren Bedeutung abhängig von der jeweiligen Situation: Wird die Zuweisung auf interaktiver Ebene eingegeben, so gibt die Zahl die Länge der History-Tabelle für die interaktive Ebene an. Wird die Zuweisung dagegen innerhalb einer Prozedur ausgeführt, so wird damit die Länge der History-Tabelle für Prozeduren festgelegt.

Durch die Zuweisung HISTORY := NIL; wird HISTORY auf den Default-Wert [20, 3] gesetzt. Der größtmögliche Wert für die beiden Komponenten von HISTORY ist $2^{31} - 1$. HISTORY ist eine Environment-Variable.

Beispiele:

Call #1:   `f := proc() local HISTORY; begin`
               `    HISTORY := 5; a; b; c; d; e; last(5)`
           `end_proc:`
           `f();`
                       `a`

Siehe auch:

history, last

■ **hold – verhindert die Evaluierung**

Aufruf:

`hold(expr)`

Parameter:

`expr` — Ausdruck

Zusammenfassung:

`hold` verhindert die Evaluierung des Ausdrucks `expr`. Genauer gesagt wird der
Ausdruck `hold(expr)` evaluiert, indem der Ausdruck `expr` unverändert zurückgeliefert wird. `hold` ist eine Funktion des Systemkerns.

Beispiele:

Call #1:   `2+3*0-7+0, hold(2+3*0-7+0);`
                       `-5, 2+3*0-7+0`

Call #2:   `a:=b: b+a+b, hold(b+a+b);`
                       `b*3, b+a+b`

Siehe auch:

eval, val

■ `ifactor` − Faktorisierung ganzer Zahlen

Aufruf:

`ifactor(integer)`

Parameter:

`integer` — ganze Zahl

Zusammenfassung:

`ifactor` liefert die Faktorisierung von `integer` zurück. Das Resultat ist die Ausdruckssequenz $s, p_1, e_1, \ldots, p_n, e_n$. Hierbei ist p_i der i-te Primfaktor und e_i der zugehörige Exponent; s ist das Vorzeichen von `integer` (1 oder -1). Die Primfaktoren p_i sind aufsteigend sortiert. `ifactor(0)` liefert 0.

`ifactor` liefert einen Fehler, wenn das Argument zwar eine Zahl, aber keine ganze Zahl ist. `ifactor` liefert den Aufruf mit evaluiertem Argument zurück, wenn das Argument keine Zahl ist. `ifactor` ist eine Funktion des Systemkerns.

Beispiele:

Call #1: `ifactor(11);`

                 `1, 11, 1`

Call #2: `ifactor(-8434536348);`

                 `- 1, 2, 2, 3, 1, 7, 1, 100411147, 1`

Siehe auch:

isprime

■ **igcd – größter gemeinsame Teiler ganzer Zahlen**

Aufruf:

```
igcd(integer, integer ...)
```

Parameter:

```
integer  —  ganze Zahl
```

Zusammenfassung:

igcd liefert den größten gemeinsamen positiven Teiler einer Folge von ganzen Zahlen. igcd liefert 0, wenn alle Argumente 0 sind.

igcd liefert einen Fehler, wenn eines der Argumente zwar eine Zahl, aber keine ganze Zahl ist. igcd liefert den Aufruf mit evaluierten Argumenten zurück, wenn eines der Argumente keine Zahl ist. igcd ist eine Funktion des Systemkerns.

Beispiele:

Call #1:   igcd(-10, 6);
                            2

Call #2:   a:=4420,128,8984,488: igcd(a);
                            4

Siehe auch:

igcdex, ilcm

■ **igcdex – erweiterter Euklidischer Algorithmus für ganze Zahlen**

Aufruf:

```
igcdex(integer_1, integer_2)
```

Parameter:

```
integer_1, integer_2  —  ganze Zahlen
```

Zusammenfassung:

`igcdex(a, b)` berechnet mit Hilfe des erweiterten Euklidischen Algorithmus den größten gemeinsamen positiven Teiler d der Zahlen a und b sowie ganze Zahlen x und y, für die $d = ax + by$ gilt. Zurückgeliefert wird die Ausdruckssequenz d, x, y. `igcdex(0, 0)` liefert die Sequenz 0, 1, 0.

Ist eines der Argumente zwar eine Zahl, aber keine ganze Zahl, so liefert `igcdex` einen Fehler. `igcdex` liefert den Aufruf mit evaluierten Argumenten zurück, wenn eines der Argumente keine Zahl ist. `igcdex` ist eine Funktion des Systemkerns.

Beispiele:

Call #1:   `igcdex(-10, 6);`
                        2, 1, 2

Call #2:   `igcdex(3839882200, 6543657354231324328486526 80);`
                        109710920, -681651885490791809, 4

Siehe auch:

igcd, ilcm

■ ilcm – kleinstes gemeinsames Vielfaches ganzer Zahlen

Aufruf:

`ilcm(integer, integer ...)`

Parameter:

`integer` — ganze Zahl

Zusammenfassung:

`ilcm` berechnet das kleinste gemeinsame positive Vielfache einer Folge von ganzen Zahlen. `ilcm` liefert 0, falls eines der Argumente 0 ist.

`ilcm` liefert einen Fehler, wenn eines der Argumente zwar eine Zahl, aber keine ganze Zahl ist. `ilcm` liefert den Aufruf mit evaluierten Argumenten zurück, wenn eines der Argumente keine Zahl ist. `ilcm` ist eine Funktion des Systemkerns.

Beispiele:

Call #1:   `ilcm(9, 6, 3);`
                              18

Call #2:   `ilcm(-10, 6);`
                              30

Siehe auch:

igcd, igcdex

■ input – interaktive Eingabe von MuPAD-Ausdrücken

Aufruf:

`input(expr ...)`
`input()`

Parameter:

`expr` — Zeichenkette oder Bezeichner

Zusammenfassung:

input erlaubt die interaktive Abfrage von Werten vom Benutzer. Die Parameter von input können eine beliebige Folge von Zeichenketten und Bezeichnern sein. Der Reihe nach werden die Zeichenketten ausgegeben; bei den Bezeichnern kommt jeweils ein Prompt, und der Benutzer kann einen MuPAD-Ausdruck eingeben. Dieser wird dem Bezeichner dann zugewiesen, ohne daß der Ausdruck dabei evaluiert wird. Der Rückgabewert von input ist der zuletzt vom Benutzer eingegebene Ausdruck.

Wird input ohne Argumente aufgerufen, so wird lediglich ein Prompt ausgegeben und die Eingabe eines Ausdrucks erwartet. Dieser ist dann der Rückgabewert der Funktion.

Die Eingabe muß genau wie auf interaktiver Ebene erfolgen: Die Eingabe eines Ausdrucks kann über mehrere Zeilen erfolgen. Sie ist erst abgeschlossen, wenn der Ausdruck syntaktisch vollständig ist. Zusätzlich muß der Ausdruck mit einem Semikolon oder Doppelpunkt abgeschlossen werden.

Bei `input("x eingeben:", x)` erscheint also erst der Text „x eingeben" und das Prompt „>>". Danach kann der Benutzer einen Ausdruck für x eingeben, z.B. 12;. Der Rückgabewert ist dann der vom Benutzer eingegebene Wert 12.

Die Parameter von `input` werden nicht evaluiert. `input` ist eine Funktion des Systemkerns.

Beispiele:

Call #1:
```
input("Grad eingeben ", deg);
             Grad eingeben >>2;
```

Call #2:
```
input("x ?  ", x, "y ?  ", y);
             x ?  >>1.2;
             y ?  >>3*x;
```

Call #3:
```
a:=input();
             >>test":
```

Siehe auch:

textinput

■ `isprime` – **Primzahltest**

Aufruf:

`isprime(integer)`

Parameter:

`integer` — ganze Zahl

Zusammenfassung:

`isprime` ist ein probabilistischer Primzahltest. Die Funktion liefert TRUE, wenn die ganze Zahl `integer` entweder eine Primzahl oder eine starke Pseudoprimzahl für zehn zufällig gewählte Basen ist. Anderenfalls wird der Wert FALSE zurückgeliefert.

isprime liefert einen Fehler, wenn das Argument zwar eine Zahl, aber keine ganze Zahl ist. isprime gibt den unevaluierten Funktionsaufruf zurück, wenn das Argument nicht zu einer Zahl evaluiert werden kann. isprime ist eine Funktion des Systemkerns.

Beispiele:

Call #1:   isprime(989999);
                          TRUE

Call #2:   isprime(0);
                          FALSE

Call #3:   isprime(-13);
                          FALSE

Siehe auch:

nextprime, ithprime

■ ithprime – liefert die i-te Primzahl

Aufruf:

ithprime(integer)

Parameter:

integer   —   positive ganze Zahl

Zusammenfassung:

ithprime(i) liefert zu einer positiven ganzen Zahl i die i-te Primzahl.

Intern verwendet ithprime eine Tabelle, deren Länge systemabhängig ist. Auf einer Sun4 z.B. findet ithprime daher nur Primzahlen < 1000000. ithprime liefert einen Fehler, wenn die gesuchte Primzahl nicht in der Tabelle enthalten ist.

ithprime liefert auch einen Fehler, wenn das Argument zwar eine Zahl, aber keine positive ganze Zahl ist. ithprime liefert den Aufruf mit evaluiertem Argument zurück, wenn das Argument keine Zahl ist. `ithprime` ist eine Funktion des Systemkerns.

Beispiele:

Call #1: `ithprime(1);`

            2

Call #2: `ithprime(2457);`
                             21911

Siehe auch:

isprime, nextprime

■ **last, % – Zugriff auf die zuletzt berechneten Werte**

Aufruf:

`last(integer)`
`%integer`

Parameter:

`integer` — positive ganze Zahl

Zusammenfassung:

`last(n)` liefert den n-letzten berechneten Wert aus der History-Tabelle. `last(1)` liefert also den letzten Wert, `last(2)` den vorletzten, `last(3)` den vorvorletzten, etc. Statt `last(1)` oder `last(3)` kann man auch kurz `%1` oder `%3` schreiben. Statt `last(1)` oder `%1` kann man auch noch kürzer `%` schreiben.

Der Unterschied zwischen `last` und `%` ist, daß man als Argument von `last` auch einen Ausdruck verwenden kann, während es bei `%` eine Konstante sein muß.

Die Environment-Variable `HISTORY` gibt an, auf wieviele Ergebnisse zurückgegriffen werden kann.

Ein mit `last` oder `%` gelieferter Wert wird nicht nochmals evaluiert. Daher ist der Zugriff auf einen Wert mittels `last` auch wesentlich schneller als z.B. über einen Bezeichner.

last liefert einen Fehler, wenn das Argument keine positive ganze Zahl ist. last ist eine Funktion des Systemkerns.

Beispiele:

Call #1:   c:=a+b+a: a:=b: last(2);
                          a*2+b

Call #2:   c:=a+b+a: a:=b: c: %1;
                          b*3

Siehe auch:

HISTORY, *history*

■ **level – legt die Substitutionstiefe bei der Evaluierung fest**

Aufruf:

```
level(expr)
level(expr, integer)
```

Parameter:

expr   —   Ausdruck
integer —   nichtnegative ganze Zahl

Zusammenfassung:

level legt die Substitutionstiefe bei der Evaluierung des Ausdrucks **expr** fest. Genauer gesagt wird ein Ausdruck der Form **level(expr, n)** evaluiert, indem **expr** mit der Substitutionstiefe n evaluiert wird und das Ergebnis dieser Evaluation zurückgeliefert wird. Der Ausdruck **level(expr, 0)** ist äquivalent zu **hold(expr)**. Bei einem Ausdruck der Form **level(expr)** wird **expr** mit der Substitutionstiefe $2^{31} - 1$ evaluiert.

level überschreibt praktisch temporär die Environment-Variable LEVEL. Die Variable MAXLEVEL bleibt davon unberührt, beim Erreichen der Substitutionstiefe MAXLEVEL wird nach wie vor ein Fehler gemeldet.

Zur Erinnerung: Normalerweise wird in MuPAD ein Ausdruck auf interaktiver Ebene vollständig substituiert. In einer Prozedur wird dagegen nur einstufig substituiert. Die wichtigste Anwendung von `level` ist die mehrstufige Substitution von Ausdrücken in Prozeduren. Sind zum Beispiel `x := y;` und `y := 1;` auf interaktiver Ebene eingegeben worden, so wird `x` zu 1 evaluiert; `x` wird also vollständig evaluiert.

Stehen die Zuweisungen `x := y;` und `y := 1;` in einer Prozedur, so wird nur eine einstufige Substitution vorgenommen, es wird also `x` zu `y` evaluiert. Benötigt man innerhalb einer Prozedur die vollständige Substitution, so muß `level(x)` angegeben werden, was dann wie auf interaktiver Ebene zu 1 evaluiert wird.

Im Gegensatz zu den meisten anderen Funktionen werden Argumente, die Ausdruckssequenzen sind, in dieser Funktion nicht ausgeglichen. `level` ist eine Funktion des Systemkerns.

Beispiele:

Call #1:   `a:=b:  b:=c:  c:=13:  a, level(a,2);`
                      `13, c`

Call #2:   `p:=proc() local a, b, c; begin`
        `a:= b; b:= c; c:= 13;`
        `a, level(a, 2), level(a)`
    `end_proc:`
    `p();`
                      `b, c, 13`

Siehe auch:

eval, hold, LEVEL, val

■ **LEVEL – Substitutionstiefe für Bezeichner**

Aufruf:

`LEVEL := integer`

Parameter:

`integer` — positive ganze Zahl

Zusammenfassung:

LEVEL gibt die maximale Substitutionstiefe für Bezeichner bei der Evaluierung von Ausdrücken an. Vor der Evaluierung eines Ausdrucks ist die Substitutionstiefe 0. Wird während der Evaluierung ein Bezeichner durch seinen Wert ersetzt, so wird die Substitutionstiefe um 1 erhöht und der Wert des Bezeichners mit dieser Tiefe evaluiert. Nach der Evaluierung des Wertes wird die Substitutionstiefe wieder um 1 vermindert.

Wird während der Evaluierung die maximale Substitutionstiefe LEVEL erreicht, so wird ein Bezeichner nicht weiter evaluiert. Auf der interaktiven Ebene hat LEVEL den Default-Wert 100. Vor der Ausführung einer Prozedur wird LEVEL auf 1 gesetzt. In Prozeduren werden Variablen also nur einstufig substituiert, solange LEVEL nicht verändert wird. Nach Verlassen der Prozedur erhält LEVEL wieder den ursprünglichen Wert. Die Substitutionstiefe kann übrigens auch mit der Funktion `level` beeinflußt werden.

Wird während der Evaluierung die Substitutionstiefe MAXLEVEL erreicht, so wird ein Fehler gemeldet und die Evaluierung abgebrochen. Dies ist eine Heuristik, um rekursive Definitionen wie in `a := NIL; a := a; a;` zu erkennen. (Hier würde a „unendlich oft" durch a ersetzt.) Ist MAXLEVEL > LEVEL, so werden rekursive Definitionen nicht erkannt.

Die Environment-Variable LEVEL kann auf jede ganze Zahl zwischen 1 und $2^{31} - 1$ gesetzt werden. Durch die Zuweisung `LEVEL := NIL;` wird LEVEL auf interaktiver Ebene auf den Default-Wert 100 gesetzt. LEVEL ist eine Environment-Variable.

Beispiele:

Call #1: `a1:=b1:  b1:=c1:  c1:=7:  a1;`
                    7

Call #2: `a2:=b2:  b2:=c2:  c2:=7:  LEVEL:=2:  a2;`
                    c2

Call #3: `a3:=b3:  b3:=c3:  c3:=7:  MAXLEVEL:=2:  LEVEL:=2:  a3;`
                    `Error:  Recursive definition`

Siehe auch:

MAXLEVEL, level

■ LIB_PATH, READ_PATH, WRITE_PATH – **Suchpfade für Dateien**

Aufruf:

```
LIB_PATH := string
READ_PATH := string ...
WRITE_PATH := string
```

Parameter:

string — Zeichenkette

Zusammenfassung:

LIB_PATH gibt das Verzeichnis an, in dem die MuPAD–Library steht. Ist LIB_PATH nicht definiert, so wird die Library im aktuellen Verzeichnis gesucht. (Das aktuelle Verzeichnis ist das Verzeichnis, in dem MuPAD gestartet wurde.) In der UNIX-Version kann dieser Pfad auch beim Programmstart mit der Option -l definiert werden.

READ_PATH gibt den Suchpfad für alle Funktionen an, die eine Datei zum Lesen öffnen, also fopen, finput, ftextinput und read. Hierbei können mehrere Verzeichnisse angegeben werden, indem der Variablen READ_PATH eine Folge von Zeichenketten zugewiesen wird. Die Funktionen suchen eine Datei zuerst in den durch READ_PATH gegebenen Verzeichnissen, dann im aktuellen Verzeichnis und zuletzt im Verzeichnis LIB_PATH.

WRITE_PATH gibt das Verzeichnis an, in dem die Funktionen fopen, fprint, write und protocol neue Dateien anlegen sollen. Ist WRITE_PATH nicht definiert, so werden die Dateien im aktuellen Verzeichnis angelegt.

Die Pfadnamen selber sind natürlich systemabhängig. Unter UNIX wird ein Unterverzeichnis mit / eingeleitet, auf dem Macintosh ist dafür ein : zu schreiben.

Beispiele:

```
READ_PATH := "math/lib","math/local";
```

Siehe auch:

finput, fopen, fprint, ftextinput, protocol, read, write

■ `load` – **Ausgabe der Bezeichner, die einen Wert haben**

Aufruf:

`load()`

Parameter:

—   keine

Zusammenfassung:

`load` gibt alle Bezeichner aus, die einen Wert haben. Die Ausgabe erfolgt in Form von Zuweisungen *Bezeichner* := *Wert* ;. `load` liefert *CAT_NULL* als Rückgabewert (das „leere" Datum). `load` ist eine Funktion des Systemkerns.

Siehe auch:

anames, reset

■ `loadlib` – **Library-Prozeduren laden**

Aufruf:

`loadlib(string)`

Parameter:

`string`   —   Zeichenkette

Zusammenfassung:

`loadlib` lädt die Prozeduren der Library mit Namen **string**. Die Standard-Library `"stdlib"` wird normalerweise zu Beginn einer MuPAD-Sitzung von der System-Init-Datei geladen (unter UNIX ist das `.mupadsysinit`).

Die einzelnen Prozeduren der Library werden normalerweise mit der Funktion `loadproc` geladen. Sie werden also erst beim ersten Aufruf definiert, vorher ist ihre Definition ungültig.

Eine Library wird nur beim ersten Aufruf von `loadlib` geladen. Ein späterer Aufruf von `loadlib` lädt dieselbe Library nicht nochmals.

Die folgenden Informationen sind nur für Library-Programmierer wichtig: `loadlib` liest eine sogenannte *Library-Datei* mit Hilfe der Funktion **read** ein. Diese wiederum lädt dann mit `loadproc` die Prozeduren der Library. Die Library-Datei muß den Namen **string.m** haben und im Verzeichnis **LIB_FILES** unterhalb des Library-Verzeichnisses stehen. Als Vorlage für eine Library-Datei mag unter UNIX z.B. die Datei **LIB_FILES/stdlib.m** dienen.

Beispiele:

```
loadlib("stdlib"):
```

Siehe auch:

loadproc, read

■ `loadproc` – lädt eine Prozedur

Aufruf:

```
loadproc(identifier, string)
```

Parameter:

`identifier`	—	Bezeichner
`string`	—	Zeichenkette

Zusammenfassung:

`loadproc` lädt die Prozedur mit Namen `identifier` aus der Datei `string`. Die Prozedur wird allerdings nicht sofort geladen, sondern erst dann, wenn sie zum erstenmal aufgerufen wird. Dadurch wird vermieden, daß sehr viele evtl. nicht benötigte Prozedurdefinitionen in den Speicher geladen werden. Solange die Prozedur `identifier` nicht aufgerufen wurde, ist unter dem Namen `identifier` eine Hilfsfunktion gespeichert.

Die Prozedur wird dann beim Aufruf mit der Funktion **read** eingelesen. Bezüglich der Suchpfade gelten also für die Datei `string` die gleichen Regeln wie bei **read**.

Es führt zu einem Fehler, wenn die Datei **string** keine Definition der Prozedur **identifier** enthält. Dieser Fehler tritt allerdings erst dann auf, wenn die Prozedur zum erstenmal aufgerufen wird.

Beispiele:

            loadproc(func,"func.m"):

Siehe auch:

read

■   **map** – wendet eine Prozedur auf Operanden an

Aufruf:

map(expr, proc)
map(expr, proc, expr_1 ...)

Parameter:

expr   — Ausdruck
proc   — Prozedur
expr_1 — Ausdruck

Zusammenfassung:

map wendet die Prozedur **proc** auf alle Operanden des Ausdrucks **expr** an. Die Ausdrücke **expr_1** ... werden beim Aufruf von **proc** als zusätzliche Parameter verwendet.

Der Aufruf von **proc** hat damit für jeden Operanden **opd** von **expr** die Form

      proc(opd, expr_1 ...)

Die Ergebnisse der Prozeduraufrufe werden dann anstelle der alten Operanden in den Ausdruck **expr** eingesetzt.

Beispiele:

Call #1:   map(a+b+3, sin);
                        sin(a) + sin(b) + sin(3)

Call #2:   map(a+b+3, f, x, y);
                                f(a,x,y) + f(b,x,y) + f(3,x,y)

Call #3:   map([1,x], _plus, 12);
                                [13, x+12]

■ **Mathematische Konstanten und Funktionen**

Zusammenfassung:

Zu Beginn einer Sitzung sind in MuPAD die folgenden mathematischen Konstanten und Funktionen definiert:

PI   — π (3.14159 ...)
E   — e (2.71828 ...)
I   — imaginäre Einheit
abs   — Absolutbetrag eines numerischen Argumentes
exp   — Exponentialfunktion
fact — Fakultätsfunktion fact(n) = $n!$
ln   — natürlicher Logarithmus (Basis e)
sign — Vorzeichen eines numerischen Argumentes
sqrt — Quadratwurzel eines numerischen Argumentes

Außerdem sind die trigonometrischen und hyperbolischen Funktionen

        sin, cos, tan, sinh, cosh, tanh

sowie deren Umkehrfunktionen

        asin, acos, atan, asinh, acosh, atanh

definiert.

Die Funktionen liefern den Funktionsaufruf mit evaluiertem Argument zurück, wenn das Argument nicht zu einer Zahl evaluiert werden kann. Es sind Funktionen des Systemkerns.

■ **max – Maximum von Zahlen**

Aufruf:

max(expr ...)

Parameter:

`expr`   —   algebraischer Ausdruck

Zusammenfassung:

`max` berechnet das Maximum der numerischen Argumente. Kann eines der Argumente nicht zu einer Zahl evaluiert werden, so wird der Funktionsaufruf mit dem Maximum der numerischen Argumente und den verbleibenden evaluierten Argumenten zurückgeliefert.

`max` liefert einen Fehler, wenn eines der Argumente eine komplexe Zahl ist.

Beispiele:

Call #1:   `max(-3/2, 7, 1.4);`
$$7$$

Call #2:   `max(-4, b+2, 1, 3);`
$$\texttt{max(b+2, 3)}$$

Siehe auch:

min

■ MAXLEVEL – Erkennung rekursiver Definitionen

Aufruf:

`MAXLEVEL := integer`

Parameter:

`integer`   —   positive ganze Zahl

Zusammenfassung:

`MAXLEVEL` dient zur Erkennung rekursiver Definitionen wie in `a := NIL; a := a;` `a;`. Hier würde `a` „unendlich oft" durch `a` ersetzt, wenn die Substitutionstiefe nicht durch die Environment-Variablen LEVEL und MAXLEVEL begrenzt wäre. (Zur Substitutionstiefe vgl. LEVEL, level und Abschnitt 3.2.4.)

Wird bei der Evaluierung eines Ausdrucks die Substitutionstiefe MAXLEVEL erreicht, so wird der Fehler Recursive Definition ausgegeben und die Evaluierung abgebrochen. Ist MAXLEVEL > LEVEL, so wird dieser Fehler nie ausgegeben, da die maximale Substitutionstiefe durch LEVEL gegeben ist.

Der größtmögliche Wert für MAXLEVEL ist $2^{31} - 1$. Durch die Zuweisung MAXLEVEL := NIL; wird MAXLEVEL auf den Default-Wert 100 gesetzt. MAXLEVEL ist eine Environment-Variable.

Beispiele:

Call #1:   a1:=b1: b1:=c1: c1:=7: MAXLEVEL:=2: LEVEL:=2: a1;

                    Error: Recursive definition

Call #2:   a2:=b2: b2:=c2: c2:=7: MAXLEVEL:=3: LEVEL:=2: a2;

                c2

Siehe auch:

LEVEL, level

■ min – Minimum von Zahlen

Aufruf:

min(expr ...)

Parameter:

expr   — algebraischer Ausdruck

Zusammenfassung:

min berechnet das Minimum der numerischen Argumente. Kann eines der Argumente nicht zu einer Zahl evaluiert werden, so wird der Funktionsaufruf mit dem Minimum der numerischen Argumente und den verbleibenden evaluierten Argumenten zurückgeliefert.

min liefert einen Fehler, wenn eines der Argumente eine komplexe Zahl ist.

Beispiele:

Call #1:   min(-3/2, 7, 1.4);

                             -3/2

Call #2:   min(-4, b+2, 1, 3);

                             min(b+2, -4)

Siehe auch:

max

■   nextprime − nächstgrößere Primzahl

Aufruf:

nextprime(integer)

Parameter:

integer   —   ganze Zahl

Zusammenfassung:

nextprime gibt die kleinste Primzahl aus, die größer oder gleich dem Argument
integer ist.

nextprime liefert einen Fehler, wenn integer zwar eine Zahl, aber keine ganze
Zahl ist. nextprime gibt den unevaluierten Funktionsaufruf zurück, wenn das
Argument nicht zu einer Zahl evaluiert werden kann. nextprime ist eine Funktion
des Systemkerns.

Beispiele:

Call #1:   nextprime(11);

                             11

Call #2:   nextprime(-13);

                             2

Call #3:   nextprime(56475767478567);

                              56475767478601

Siehe auch:

isprime, ithprime

■ nops – Anzahl der Operanden eines Ausdrucks

Aufruf:

nops(expr)

Parameter:

expr   —   Ausdruck

Zusammenfassung:

nops liefert die Anzahl der Operanden des Ausdrucks **expr** zurück. Im Gegensatz zu den meisten anderen Funktionen werden Argumente, die Ausdruckssequenzen sind, in dieser Funktion nicht ausgeglichen. **nops** ist eine Funktion des Systemkerns.

Beispiele:

Call #1:   nops(a*b+3*c+d^2);

                              3

Call #2:   nops({a,b,c,d});

                              4

Call #3:   a:=[3,4,5,8]: nops(a);

                              4

Call #4:   nops(f(3*x,4,y+2));

                              3

Call #5:　　nops(g());

$$0$$

Call #6:　　a:=x,y: b:= s,t: f(a,b), nops(a); nops(a,b);

$$f(x,y,s,t), 2$$

　　　Error: Wrong number of parameters in function call [nops]

Siehe auch:

op, subsop

■　null − liefert *CAT_NULL*

Aufruf:

null()

Parameter:

—　keine

Zusammenfassung:

null liefert ein Datum vom Typ *CAT_NULL* als Rückgabewert (das „leere" Datum).

Beispiele:

Call #1:　　cattype(null());

$$\text{"CAT\_NULL"}$$

■　numdivisors − Anzahl der positiven ganzzahligen Teiler

Aufruf:

numdivisors(integer)

Parameter:

integer   —   ganze Zahl ungleich 0

Zusammenfassung:

numdivisors liefert die Anzahl der positiven Teiler der ganzen von Null verschiedenen Zahl integer. Da zum Beispiel 12 die Teiler 1, 2, 3, 4, 6 und 12 hat, liefert
numdivisors(12) das Ergebnis 6.

numdivisors liefert einen Fehler, wenn das Argument zwar eine Zahl, aber keine
ganze Zahl ungleich 0 ist. numdivisors liefert den Aufruf mit evaluiertem Argument zurück, wenn das Argument keine Zahl ist. numdivisors ist eine Funktion
des Systemkerns.

Beispiele:

Call #1:   numdivisors(12);
                             6

Call #2:   numdivisors(-7);
                            2

Siehe auch:

primedivisors

■ **op – liefert Operanden eines Ausdrucks zurück**

Aufruf:

op(expr)
op(expr, position)
op(expr, [position ...])

Parameter:

expr   —   Ausdruck
position   —   nichtnegative ganze Zahl oder Bereich

Zusammenfassung:

op liefert einzelne oder Folgen von Operanden des Ausdrucks expr zurück.

op(expr, i) liefert den i-ten Operanden von expr. Dabei muß i eine nichtnegative ganze Zahl sein. Der 0-te Operand op(expr, 0) spielt eine Sonderrolle: op(expr, 0) ist z.B. bei arithmetischen Ausdrücken oder Funktionsaufrufen der Operator bzw. die Funktion. Bei Listen oder Mengen ist op(expr, 0) nicht definiert.

op(expr, i..j) liefert den i-ten bis j-ten Operanden von expr als Ausdruckssequenz. i und j müssen nichtnegative ganze Zahlen mit i ≤ j sein. Dieser Ausdruck ist äquivalent zu op(expr, k) \$ k=i..j.

op(expr, [p_1, p_2, ... p_n]) ist äquivalent zu op(... op(op(expr, p_1), p_2), ... p_n), falls die p_i Zahlen sind. Dieser Ausdruck liefert also den p_n-ten Operanden des p_{n-1}-ten Operanden des ... des p_1-ten Operanden von expr. Hiermit kann auf einem beliebigen Pfad entlang der Operanden in einen Ausdruck herabgestiegen werden. Daher nennt man den Ausdruck [p_1, p_2, ... p_n] auch *Pfadausdruck*.

In einem Pfadausdruck können statt Zahlen auch Bereiche verwendet werden, in diesem Fall werden die entsprechenden Operanden als Folge geliefert.

op(expr) schließlich liefert alle Operanden von expr außer dem 0-ten. op(expr) ist äquivalent zu op(expr, 1..nops(expr)).

op hat noch zwei wichtige Spezialfälle für rationale und komplexe Zahlen: Ist num eine rationale Zahl, so liefert op(num) Zähler und Nenner. Ist num eine komplexe Zahl, so liefert op(num) Real- und Imaginärteil der Zahl.

Der Zugriff auf einen nicht existierenden Operanden, z.B. op(expr, nops(expr) + 1), führt zu einem Fehler. Im Gegensatz zu den meisten anderen Funktionen werden Argumente, die Ausdruckssequenzen sind, in dieser Funktion nicht ausgeglichen. op ist eine Funktion des Systemkerns.

Beispiele:

Call #1:   op(a*b+b^d);
                        a*b, b^d

Call #2:   expr:= a+e*f+c*F(d+12):
              op(expr, [3,2]), op(expr, [3,2,1,2]);
                        F(d+12), 12

Call #3:   op(a*b+b^d, 0..1);
                        _plus, a*b

Call #4:   op(f(12,x,y), 0..2);

                       f, 12, x

Call #5:   op(a+e*f+c*(d+12), [2..3,2]);

                       f, d+12

Siehe auch:.

nops, subsop

■ phi – die Eulersche ϕ-Funktion

Aufruf:

phi(integer)

Parameter:

integer   —   ganze Zahl ungleich 0

Zusammenfassung:

phi berechnet die Eulersche ϕ-Funktion für das Argument integer, also die Anzahl der zu integer teilerfremden Zahlen $<$ abs(integer).

phi liefert einen Fehler, wenn das Argument zwar eine Zahl, aber keine ganze Zahl ungleich 0 ist. phi liefert den Aufruf mit evaluiertem Argument zurück, wenn das Argument keine Zahl ist. phi ist eine Funktion des Systemkerns.

Beispiele:

Call #1:   phi(-7);

                       6

■ plot2d – grafische Ausgabe von 2-dimensionalen Objekten

Aufruf:

plot2d(⟨ *option* ... , ⟩ [*object* ⟨ , *option* ... ⟩] ...)
  option ⟶ identifier = expr
  object ⟶ Mode = Curve, *values*, *range*
  values ⟶ [expr_x, expr_y]
  range ⟶ identifier_1 = [expr_1, expr_2]

Parameter:

identifier	—	Bezeichner
expr	—	Ausdruck
expr_x, expr_y	—	Ausdrücke
identifier_1	—	Bezeichner
expr_1, expr_2	—	Ausdrücke

Zusammenfassung:

plot2d dient zur 2-dimensionalen grafischen Ausgabe von Kurven. Dabei können bis zu 6 grafische Objekte zu einer Szene zusammengefaßt und dargestellt werden. plot2d beschreibt gerade eine solche Szene.

Eine 2-dimensionale Kurve wird in einem plot2d-Aufruf durch folgende Ausdruckssequenz beschrieben:

    Mode=Curve, [expr_x,expr_y], var=[expr_1,expr_2]

Hierbei sind expr_x und expr_y beliebige MuPAD-Ausdrücke in der Variablen var. Diese zwei Ausdrücke beschreiben die x- und y-Koordinaten der Kurvenpunkte in Abhängigkeit der Variablen var. (Dies ist also eine Parametrisierung der Kurve durch die Variable var.) var muß ein Bezeichner sein. Die beiden Ausdrücke expr_1 und expr_2 geben den Wertebereich der Parameter-Variablen an.

Zu beachten ist bei der Angabe der Koordinaten durch die Ausdrücke expr_x und expr_y, daß diese Ausdrücke vor dem Aufruf von plot2d evaluiert werden. Dies ist in vielen Fällen aber unerwünscht, da dadurch z.B. ein Argument der Form MyCurveX(var) beim Aufruf von plot2d mit dem aktuellen Wert von var evaluiert wird. Man kann die „voreilige" Evaluierung verhindern, indem um das Argument die hold-Funktion geschachtelt wird. Im Beispiel oben müßte man also hold(MyCurveX(var)) als Argument angeben.

Neben den eigentlichen grafischen Objekten kann man in einem plot2d-Aufruf noch eine Vielzahl von Optionen angeben, die die Darstellung der Szene und der einzelnen Objekte beeinflussen. Für jede Option ist ein Default-Wert vorhanden. Sofern kein anderer Wert explizit angegeben wird, wird der Default-Wert zur Ausgabe der Grafik verwendet.

Vor der Beschreibung der Objekte müssen zuerst die Optionen für die gesamte Szene (wie der verwendete Achsenstil etc.) angegeben werden. Dann folgen die Objekte, wobei jedes Objekt in einer eigenen Liste spezifiziert wird. Die Optionen für die einzelnen Objekte stehen in diesen Listen, sie folgen der Spezifikation der Objekte.

Eine einzelne Option wird wie folgt angegeben:

```
identifier = expr
```

Hierbei ist `identifier` ein Bezeichner für die Option und `expr` ein Ausdruck, der den Wert der Option angibt.

Für die gesamte Szene können folgende Optionen angegeben werden:

Option/Werte	*Bedeutung*	*Default-Wert*
`Title`		
`"string"`	`string` ist der Titel der gesamten Grafik.	`""`
`TitlePosition`	Position des Titels.	`Above`
`Above`	Der Titel erscheint oberhalb der Grafik.	
`Below`	Der Titel erscheint unterhalb der Grafik.	
`Axes`	Form der Achsen.	`FramedAxes`
`NoAxes`	Es werden keine Achsen gezeichnet.	
`NormalAxes`	Die Achsen werden in den Mittelpunkt der Grafik gezeichnet.	
`FramedAxes`	Die Achsen umgeben die Grafik.	
`Boxed`	Die Grafik wird von einem Rechteck eingeschlossen.	
`Ticks`		
`int`	Jede Achse wird mit Markierungen unterteilt. Die Anzahl der Markierungen wird durch die nichtnegative Zahl `int` (mit Werten zwischen 0 und 20) angegeben.	11

Arrows	Ausgabe der Achsenenden.	`FALSE`
`TRUE`	Am Achsenende wird ein Pfeil gezeichnet.	
`FALSE`	Am Achsenende wird kein Pfeil gezeichnet.	
Labels		
`["x","y"]`	Die Zeichenketten `"x"` und `"y"` werden zur Beschriftungen der x- und y-Achse verwendet.	`["",""]`
Scaling	Skalierung der Grafik.	`Constrained`
`Constrained`	Die Grafik wird so skaliert, daß Kreise als Kreise (und nicht als Ellipsen) auf dem Bildschirm erscheinen.	
`UnConstrained`	Die Grafik wird so skaliert, daß sie das Grafikfenster vollständig ausfüllt.	
ViewingBox	Bestimmung der Viewing-Box.	`Automatic`
`[x_min,x_max,` `y_min,y_max`	Die Ausdrücke `x_min` und `x_max` geben die Grenzen der Viewing-Box in x-Richtung an. Die anderen beiden Ausdrücke geben analog die Grenzen der Box in y-Richtung an.	
`Automatic`	Die Eckpunkte der Viewing-Box werden automatisch aus den minimalen und maximalen Koordinatenwerte der Stützstellen berechnet.	

Für eine Kurve (also ein Objekt mit `Mode=Curve`) können die folgenden Optionen verwendet werden:

Option/Werte	*Bedeutung*	*Default-Wert*
Grid		
`[i]`	Die ganze Zahl i definiert die Anzahl der Stützstellen der Kurve, sie muß $\geq$ 2 sein.	`[20]`
Smoothness		
`[i]`	Die nichtnegative ganze Zahl i legt die Anzahl der zusätzlichen Funktionsauswertungen zwischen zwei benachbarten Stützstellen fest.	`[0]`

```
Title
    "string"           string gibt den Titel der Kurve an.      ""
```

```
TitlePosition
    [i_x,i_y]
```
Die beiden ganzen Zahlen i_x und i_y geben die Position des Titels an. Die Koordinaten sind dabei Pixel-Koordinaten der Zeichenfläche. | Hängt von der Nummer des Objektes ab.

```
Style          Darstellungsform der Kurve.          [Lines]
    [Points]
    [Lines]
    [LinesPoints]
    [Impulses]
```

Darstellungsform der Kurve.

[Points] Nur die Stützstellen der Kurve werden gezeichnet.

[Lines] Nur die Linien zwischen den Stützstellen werden gezeichnet.

[LinesPoints] Sowohl die Stützstellen als auch deren Verbindungslinien werden gezeichnet.

[Impulses] Die Stützstellen werden zusammen mit den zugehörigen Achsenabschnitten in y-Richtung (Höhe) als „Impulse" gezeichnet.

Nach Ausführung eines plot2d-Befehls erscheint die Grafik in einem eigenen Grafikfenster. Zu diesem Grafikfenster gehört ein zusätzliches Popup-Fenster, mit dessen Hilfe man die Grafik interaktiv manipulieren kann.

Jede der Parameter und Optionen kann mit Hilfe des Popup-Fensters auch nachträglich noch interaktiv geändert werden. Darüber hinaus gibt es weitere Auswahlmöglichkeiten, z.B. kann die Farbe eines Objekts verändert werden. Selbst die Default-Werte können hier menügesteuert verändert werden. Es ist außerdem möglich, in eine bereits vorhandene Szene zusätzliche Objekte einzufügen oder Objekte aus dieser zu löschen.

Beispiele:

Call #1:
```
plot2d(Axes = FramedAxes, Ticks = 0,
    Title = "Graphic Example 1:  Plot of sin(u)",
    TitlePosition = Below, Labels = ["x-axis","y-axis"],
    [Mode = Curve, [u, sin(u)], u = [0, 2*PI],
    Grid = [40]]);
```

Call #2:   plot2d(Axes = Boxed, Ticks = 0,
                Title = "Graphic Example 2: Parametric 2D-Plot",
                TitlePosition = Below,
                [Mode = Curve, [u*cos(u), u*sin(u)], u = [0, 2*PI],
                Grid = [50]]);

Call #3:   plot2d(Axes = Boxed, Ticks = 0,
                Title = "Graphic Example 3: Three different 2D-Objects",
                TitlePosition = Below,
                [Mode = Curve, [sin(u), cos(u)], u = [0, 2*PI],
                Grid = [50], Style = [Points]],
                [Mode = Curve, [2*sin(u), cos(u)], u = [0, 2*PI],
                Grid = [50], Style = [Lines]],
                [Mode = Curve, [sin(u), 1.5*cos(u)], u = [0, 2*PI],
                Grid = [50], Style = [LinesPoints]]);

■ plot3d – grafische Ausgabe von 3d-Objekten

Aufruf:

```
plot3d(⟨ option ... , ⟩ [ object ⟨ , option ... ⟩ ] ...)
 option    ⟶    identifier = expr
 object    ⟶    Mode = Curve, values, range
 object    ⟶    Mode = Surface, values, range, range
 values    ⟶    [expr_x, expr_y, expr_z]
 range     ⟶    identifier_1 = [expr_1, expr_2]
```

Parameter:

identifier	—	Bezeichner
expr	—	Ausdruck
expr_x, expr_y, expr_z	—	Ausdrücke
identifier_1	—	Bezeichner
expr_1, expr_2	—	Ausdrücke

Zusammenfassung:

`plot3d` dient zur 3-dimensionalen grafischen Ausgabe von Kurven und Flächen. Dabei können bis zu 6 grafische Objekte zu einer Szene zusammengefaßt und dargestellt werden. `plot3d` beschreibt gerade eine solche Szene.

Eine 3-dimensionale Kurve wird in einem `plot3d`-Aufruf durch folgende Ausdruckssequenz beschrieben:

Mode=Curve, [expr_x,expr_y,expr_z], var=[expr_1,expr_2]

Hierbei sind `expr_x`, `expr_y` und `expr_z` beliebige MuPAD-Ausdrücke in der Variablen `var`. Diese drei Ausdrücke beschreiben die x-, y- und z-Koordinaten der Kurvenpunkte in Abhängigkeit der Variablen `var`. (Dies ist also eine Parametrisierung der Kurve durch die Variable `var`.) `var` muß ein Bezeichner sein. Die beiden Ausdrücke `expr_1` und `expr_2` geben den Wertebereich der Parameter-Variablen an.

Eine 3-dimensionale Fläche wird dagegen durch folgende Ausdruckssequenz beschrieben:

Mode=Surface, [expr_x,expr_y,expr_z], var_u=[expr_1,expr_2],
var_v=[expr_3,expr_4]

Die Bedeutung ist analog zur Kurve: `var_u` und `var_v` sind Variablen zur Parametrisierung der Fläche, die durch die Ausdrücke `expr_x`, `expr_y` und `expr_z` gegeben ist. Für die Variablen und deren Wertebereiche gelten die gleichen Aussagen wie bei einer Kurve. Durch diese Form der Spezifikation ist es in einfacher Weise möglich, sowohl eine Fläche in Parameterform als auch den Graph einer Funktion zu beschreiben.

Zu beachten ist bei der Angabe der Koordinaten durch die Ausdrücke `expr_x`, `expr_y` und `expr_z`, daß diese Ausdrücke vor dem Aufruf von `plot3d` evaluiert werden. Dies ist in vielen Fällen aber unerwünscht, da dadurch z.B. ein Argument der Form `MyCurveX(var)` beim Aufruf von `plot3d` mit dem aktuellen Wert von `var` evaluiert wird. Man kann die „voreilige" Evaluierung verhindern, indem um das Argument die `hold`-Funktion geschachtelt wird. Im Beispiel oben müßte man also `hold(MyCurveX(var))` als Argument angeben.

Neben den eigentlichen grafischen Objekten kann man in einem `plot3d`-Aufruf noch eine Vielzahl von Optionen angeben, die die Darstellung der Szene und der einzelnen Objekte beeinflussen. Für jede Option ist ein Default-Wert vorhanden. Sofern kein anderer Wert explizit angegeben wird, wird der Default-Wert zur Ausgabe der Grafik verwendet.

Vor der Beschreibung der Objekte müssen zuerst die Optionen für die gesamte Szene (wie Kamerastandpunkt etc.) angegeben werden. Dann folgen die Objekte, wobei jedes Objekt in einer eigenen Liste spezifiziert wird. Die Optionen für die einzelnen Objekte stehen in diesen Listen, sie folgen der Spezifikation der Objekte.

Eine einzelne Option wird wie folgt angegeben:

```
identifier = expr
```

Hierbei ist `identifier` ein Bezeichner für die Option und `expr` ein Ausdruck, der den Wert der Option angibt.

Für die gesamte Szene können folgende Optionen angegeben werden:

Option/Werte	Bedeutung	Default-Wert
`Title`		
`"string"`	`string` ist der Titel der gesamten Grafik.	`""`
`TitlePosition`	Position des Titels.	`Above`
`Above`	Der Titel erscheint oberhalb der Grafik.	
`Below`	Der Titel erscheint unterhalb der Grafik.	
`Axes`	Form der Achsen.	`FramedAxes`
`NoAxes`	Es werden keine Achsen gezeichnet.	
`NormalAxes`	Die Achsen werden in den Mittelpunkt der Grafik gezeichnet.	
`FramedAxes`	Die Achsen umgeben die Grafik.	
`Boxed`	Die Grafik wird von einem Quader eingeschlossen.	
`Ticks`		
`int`	Jede Achse wird mit Markierungen unterteilt. Die Anzahl der Markierungen wird durch die nichtnegative Zahl `int` (mit Werten zwischen 0 und 20) angegeben.	`11`
`Arrows`	Ausgabe der Achsenenden.	`FALSE`
`TRUE`	Am Achsenende wird ein Pfeil gezeichnet.	
`FALSE`	Am Achsenende wird kein Pfeil gezeichnet.	

Labels

["x","y","z"]	Die Zeichenketten "x", "y" und "x" werden zur Beschriftungen der x-, y- bzw. z-Achse verwendet.	["","",""]

Scaling

	Skalierung der Grafik.	Constrained
Constrained	Die Grafik wird so skaliert, daß Kugeln als Kugeln (und nicht als Ellipsoide) auf dem Bildschirm erscheinen.	
UnConstrained	Die Grafik wird so skaliert, daß sie das Grafik-Fenster vollständig ausfüllt.	

ViewingBox

	Bestimmung der Viewing-Box.	Automatic
[x_min,x_max, y_min,y_max, z_min,z_max]	Die Ausdrücke x_min und x_max geben die Grenzen der Viewing-Box in x-Richtung an. Die anderen 4 Ausdrücke geben analog die Grenzen der Box in y- und z-Richtung an.	
Automatic	Die Eckpunkte der Viewing-Box werden automatisch aus den minimalen und maximalen Koordinatenwerten der Stützstellen berechnet.	

CameraPoint

[e_x,e_y,e_z]	Die Ausdrücke e_x, e_y und e_z geben die Koordinaten der Kamera an. (An dieser Stelle ist die Kamera befestigt, die das 3D-Bild in eine 2D-Fotografie umwandelt.)	Hängt von den Maßen der Viewing-Box ab.

FocalPoint

[e_x,e_y,e_z]	Die Ausdrücke e_x, e_y und e_z geben einen Punkt im 3D-Raum an. In Richtung dieses Punktes wird die Kamera gehalten (vom CameraPoint aus gesehen).	Der Mittelpunkt der Viewing-Box

Für eine Raumkurve (also ein Objekt mit `Mode=Curve`) können die folgenden Optionen verwendet werden:

Option/Werte	Bedeutung	Default-Wert
Grid		
[i]	Die ganze Zahl i definiert die Anzahl der Stützstellen der Kurve, sie muß $\geq$ 2 sein.	[20]
Smoothness		
[i]	Die nichtnegative ganze Zahl i legt die Anzahl der zusätzlichen Funktionsauswertungen zwischen zwei benachbarten Stützstellen fest.	[0]
Title		
"string"	string gibt den Titel der Kurve an.	""
TitlePosition		
[i_x,i_y]	Die beiden ganzen Zahlen i_x und i_y geben die Position des Titels an. Die Koordinaten sind dabei Pixel-Koordinaten der Zeichenfläche.	Hängt von der Nummer des Objektes ab.
Style	Darstellungsform der Kurve.	[Lines]
[Points]	Nur die Stützstellen der Kurve werden gezeichnet.	
[Lines]	Nur die Linien zwischen den Stützstellen werden gezeichnet.	
[LinesPoints]	Sowohl die Stützstellen als auch deren Verbindungslinien werden gezeichnet.	
[Impulses]	Die Stützstellen werden zusammen mit den zugehörigen Achsenabschnitten in z-Richtung (Höhe) als „Impulse" gezeichnet.	

Für eine Fläche (ein Objekt mit `Mode=Surface`) sind die folgenden Optionen zugelassen:

Option/Werte	*Bedeutung*	*Default-Wert*
`Grid`		
`[i_1, i_2]`	Die ganzen Zahlen `i_1` und `i_2` bestimmen die Anzahl der Stützstellen in Richtung von `var_u` und `var_v`, sie müssen ≥ 2 sein.	`[20,20]`
`Smoothness`		
`[i_1, i_2]`	Die nichtnegativen ganzen Zahlen `i_1` und `i_2` legen die Anzahl der zusätzlichen Funktionsauswertungen zwischen zwei benachbarten Stützstellen in Richtung von `var_u` bzw. `var_v` fest.	`[0,0]`
`Title`		
`"string"`	`string` gibt den Titel der Fläche an.	`""`
`TitlePosition`		
`[i_x,i_y]`	Die beiden ganzen Zahlen `i_x` und `i_y` geben die Position des Titels an. Die Koordinaten sind dabei Pixel-Koordinaten der Zeichenfläche.	Hängt von der Nummer des Objektes ab.
`Style`	Darstellungsform der Fläche.	`[WireFrame, Mesh]`
`[Points]`	Nur die Stützstellen der Fläche werden gezeichnet.	
`[WireFrame, Mesh]`	Die Fläche wird als Drahtgittermodell dargestellt, indem die Parameterlinien sowohl in Richtung `var_u` als auch in Richtung `var_v` gezeichnet werden.	
`[WireFrame, ULine]`	Wie oben, allerdings werden nur die Parameterlinien in Richtung `var_u` gezeichnet.	
`[WireFrame, VLine]`	Wie oben, allerdings werden nur die Parameterlinien in Richtung `var_v` gezeichnet.	
`[HiddenLine, Mesh]`	Die Fläche wird undurchsichtig dargestellt. Zusätzlich werden Parameterlinien in beide Richtungen gezeichnet.	

[HiddenLine, ULine]	Wie oben, allerdings werden nur die Parameterlinien in Richtung var_u gezeichnet.
[HiddenLine, VLine]	Wie oben, allerdings werden nur die Parameterlinien in Richtung var_v gezeichnet.
[ColorPatches, Only]	Die Fläche wird undurchsichtig dargestellt, zusätzlich werden die einzelnen Flächenstücke eingefärbt. Parameterlinien werden nicht gezeichnet.
[ColorPatches, AndMesh]	Wie oben, allerdings werden Parameterlinien in beide Richtungen gezeichnet.
[ColorPatches, AndULine]	Wie oben, allerdings werden nur die Parameterlinien in Richtung var_u gezeichnet.
[ColorPatches, AndVLine]	Wie oben, allerdings werden nur die Parameterlinien in Richtung var_v gezeichnet.
[DepthCueing, Only]	Wie oben, allerdings wird die Fläche transparent dargestellt, indem die Farbe eines Pixels aus den Farbwerten aller Objekte ermittelt wird, zu denen das Pixel gehört. Parameterlinien werden nicht gezeichnet.
[DepthCueing, AndMesh]	Wie oben, nur werden beide Parameterlinien gezeichnet.
[DepthCueing, AndULine]	Wie oben, allerdings werden nur die Parameterlinien in Richtung var_u gezeichnet.
[DepthCueing, AndVLine]	Wie oben, nur werden die Parameterlinien in Richtung var_v gezeichnet.

Nach Ausführung eines plot3d-Befehls erscheint die Grafik in einem eigenen Grafikfenster. Zu diesem Grafikfenster gehört ein zusätzliches Popup-Fenster, mit dessen Hilfe man die Grafik interaktiv manipulieren kann.

Jede der Parameter und Optionen kann mit Hilfe des Popup-Fensters auch nachträglich noch interaktiv geändert werden. Darüber hinaus gibt es weitere Auswahlmöglichkeiten, z.B. kann die Farbe eines Objekts verändert werden. Selbst die Default-Werte können hier menügesteuert verändert werden. Es ist außerdem möglich, in eine bereits vorhandene Szene zusätzliche Objekte einzufügen oder Objekte aus dieser zu löschen.

Beispiele:

Call #1:   plot3d(Axes = Boxed, Ticks = 0,
              Title = "Graphic Example 4: Plot of Spacecurve sin(u)",
              TitlePosition = Below,
              [Mode = Curve,[u, u, sin(u*PI)], u = [-3.0, 3.0],
              Grid = [50], Style = [Impulses]]);

Call #2:   plot3d(Axes = Boxed, Ticks = 0,
              Title = "Graphic Example 5: Spiral in form of a Sphere",
              TitlePosition = Below,
              [Mode = Curve, [(-3+abs(u))*cos(3*u*PI),
              (-3+abs(u))*sin(3*u*PI), 3*cos((u+3)*1/6*PI)],
              u = [-3.0, 3.0], Grid = [50], Smoothness = [5]]);

Call #3:   plot3d(Title = "Graphic Example 6: transparent sphere",
              TitlePosition = Below,
              Axes = NoAxes, Ticks = 0,
              [Mode = Surface, [sin(u)*cos(v),
              sin(u)*sin(v), cos(u)], u = [0, PI],
              v = [-PI, PI], Grid = [20, 20], Smoothness = [1, 1],
              Style = [DepthCueing, AndMesh]]);

Call #4:   plot3d(Axes = NoAxes, Ticks = 0,
              Title = "Graphic Example 7: Surface Plot of sin(u^2+v^2)",
              TitlePosition = Below,
               [Mode = Surface, [u, v, 1/2*sin(u*u+v*v)],
              u = [0, PI], v = [0, PI], Grid = [30, 30],
              Style = [HiddenLine, Mesh]]);

Call #5:   plot3d(Axes = NoAxes, CameraPoint = [14.4, 14.4, 12.0],
              Title = "Graphic Example 8: Spiral surrounding a Sphere",
              TitlePosition = Below,
              [Mode = Curve, [(-3+abs(u))*cos(3*u*PI),
              (-3+abs(u))*sin(3*u*PI), 3*cos((u+3)*1/6*PI)],
              u = [-3, 3], Grid = [50], Smoothness = [5],
              Title = "surrounding spiral"],
              [Mode = Surface, [2*sin(u)*cos(v),
              2*sin(u)*sin(v), 2*cos(u)], u = [0, PI],
              v = [-PI, PI], Grid = [20, 20], Title = "sphere ",
              Style = [ColorPatches, AndMesh]]);

Call #6:   plot3d(Axes = NoAxes,
              Title = "Graphic Example 9: Three different Surfaces",
              TitlePosition = Below,
              CameraPoint = [13.0, -24.0, 20.0], [Mode = Surface,
              [(4+cos(v))*cos(u), (4+cos(v))*sin(u),
              sin(v)], u = [0, 2*PI], v = [0, 2*PI],
              Grid = [30, 30], Style = [HiddenLine, Mesh]],
              [Mode = Surface, [2*sin(u)*cos(v),
              2*sin(u)*sin(v), 2*cos(u)],
              u = [0, PI], v = [-PI, PI], Grid = [20, 20],
              Style = [ColorPatches, AndMesh]],
              [Mode = Surface, [u, v, -3.0], u = [-5.0, 5.0],
              v = [-5.0, 5.0], Grid = [20, 20],
              Style = [ColorPatches, AndMesh]]);

■ **PRETTY_PRINT – steuert die Formatierung der Ausgabe**

Aufruf:

PRETTY_PRINT := boolean

Parameter:

`boolean` — boolescher Wert

Zusammenfassung:

`PRETTY_PRINT` steuert den Pretty-Printer, der für eine formatierte Ausgabe von Ausdrücken sorgt. Hat `PRETTY_PRINT` den Wert `TRUE`, so wird der Pretty-Printer zur Ausgabe verwendet.

Der Default-Wert von `PRETTY_PRINT` ist `TRUE`. `PRETTY_PRINT` ist eine Environment-Variable.

Beispiele:

Call #1:   `PRETTY_PRINT := FALSE;`
                 `FALSE`

Siehe auch:

TEXTWIDTH

■ **primedivisors – Anzahl der Primteiler**

Aufruf:

`primedivisors(integer)`

Parameter:

`integer` — ganze Zahl ungleich 0

Zusammenfassung:

`primedivisors` liefert die Anzahl der verschiedenen Primzahlen, welche die ganze, von Null verschiedene Zahl `integer` teilen.

`primedivisors` liefert einen Fehler, wenn das Argument zwar eine Zahl, aber keine ganze Zahl ungleich 0 ist. `primedivisors` liefert den Aufruf mit evaluiertem Argument zurück, wenn das Argument keine Zahl ist. `primedivisors` ist eine Funktion des Systemkerns.

Beispiele:

Call #1:   `primedivisors(11);`
$$1$$

Call #2:   `primedivisors(12);`
$$2$$

Siehe auch:

ifactor, numdivisors, phi

■ **print – Ausgabe auf dem Bildschirm**

Aufruf:

`print(statement ...)`

Parameter:

`statement`   —   Anweisung

Zusammenfassung:

`print` dient zur Ausgabe auf dem Bildschirm. Durch die Anweisung `print(statement)` wird das Argument `statement` evaluiert und das Ergebnis auf dem Bildschirm ausgegeben. Es können auch mehrere Argumente angegeben werden, diese werden der Reihe nach evaluiert und ausgegeben. Die einzelnen Ausgaben werden durch Kommata getrennt, nach der Ausgabe erfolgt ein Zeilenumbruch.

Als Argument können nicht nur Ausdrücke, sondern beliebige Anweisungen verwendet werden, z.B. auch Zuweisungen oder Prozedurdefinitionen. Anweisungen müssen dabei aber ggf. zusätzlich geklammert werden, wie in `print((a:=2))`.

Als Rückgabewert liefert `print` den Wert *CAT_NULL* zurück (das „leere" Datum). `print` ist eine Funktion des Systemkerns.

Beispiele:

Call #1:   `print("Hello","World"." !");`
$$\texttt{"Hello", "World !"}$$

Call #2:   `d:=5:  print("3 mal d:  ",d*3);`
                        `"3 mal d:  ", 15`

Call #3:   `print((a:=3),(b:=a));`
                        `3, 3`

Siehe auch:

fprint

■ PRINTLEVEL − **Ausgabe von Zuweisungen und Ausdrücken**

Aufruf:

`PRINTLEVEL := integer`

Parameter:

`integer` — nichtnegative ganze Zahl

Zusammenfassung:

PRINTLEVEL dient in erster Linie zur Fehlersuche. Durch eine Änderung von PRINTLEVEL kann erreicht werden, daß auch Zuweisungen und Ausdrücke ausgegeben werden, die normalerweise (bei PRINTLEVEL 0) keine Ausgaben erzeugen würden.

Um den PRINTLEVEL-Mechanismus zu verstehen, muß der Begriff der *Ausgabetiefe* definiert werden: Bei interaktiv eingegebenen Anweisungen ist die Ausgabetiefe 1. Wird innerhalb einer Anweisung ein weiterer Anweisungsblock ausgeführt, so erhöht sich in diesem Anweisungsblock die Ausgabetiefe um 1. So haben z.B. die Anweisungen im then-Teil einer interaktiv eingegebenen if-Anweisung die Ausgabetiefe 2. Vor der Ausführung einer Prozedur wird die Ausgabetiefe zusätzlich soweit erhöht, daß sie ein Vielfaches von 10 ist.

Wenn während der Evaluierung der Wert von PRINTLEVEL größer oder gleich der aktuellen Ausgabetiefe ist, werden Zuweisungen und Ausdrücke ausgegeben (soweit sie Bestandteil einer Anweisungssequenz sind).

Durch die Zuweisung PRINTLEVEL := NIL; wird PRINTLEVEL auf den Default-Wert 0 gesetzt. PRINTLEVEL ist eine Environment-Variable.

Beispiele:

Call #1:   `a:= 3:  if a > 2 then a:= 2; a end_if;`
                           2

Call #2:   `PRINTLEVEL:=2:  a:=3:  if a > 2 then a:=2; a end_if;`
                           PRINTLEVEL := 2

                           a := 3

                           a := 2

                           2

                           2

■ `protocol` – **Protokollierung einer MuPAD-Sitzung**

Aufruf:

```
protocol()
protocol(integer)
protocol(string)
```

Parameter:

`integer` — positive ganze Zahl
`string`   — Zeichenkette

Zusammenfassung:

`protocol` gibt ein Protokoll sämtlicher Ein- und Ausgaben einer MuPAD-Sitzung in eine Textdatei aus. Die Datei kann dabei durch ihren Namen oder durch einen File-Deskriptor spezifiziert werden:

- Wird als erstes Argument eine positive ganze Zahl `integer` angegeben, so wird diese als File-Deskriptor aufgefaßt. Die entsprechende Datei muß zuvor mit `fopen` als Textdatei zum Schreiben geöffnet worden sein.

- Wird mit dem Argument `string` eine Zeichenkette angegeben, so wird die Datei mit diesem Namen als Textdatei geöffnet. Existiert die Datei noch nicht, so wird sie neu erzeugt. Bereits in der Datei vorhandene Daten werden in diesem Modus überschrieben.

Hat die Variable `WRITE_PATH` einen Wert, so wird die Datei im angegebenen Verzeichnis erzeugt, andernfalls im aktuellen Verzeichnis.

Wird während eines laufenden Protokolls ein neues Protokoll gestartet, so wird das alte Protokoll beendet und die zugehörige Datei geschlossen. Ein Aufruf von `protocol` ohne Parameter beendet ein laufendes Protokoll, die zugehörige Datei wird geschlossen. Wird die Protokoll-Datei mit `fclose` geschlossen, so wird das Protokoll ebenfalls beendet. `protocol` ist eine Funktion des Systemkerns.

Beispiele:

Call #1:   `protocol("test-protocol");`

Siehe auch:

fclose, fopen, fprint, write

■ random – Erzeugung von Zufallszahlen

Aufruf:

`random()`

Parameter:

— keine

Zusammenfassung:

`random` liefert eine gleichverteilte ganzzahlige Zufallszahl im Bereich von 0 bis $2^{15} - 1$. `random` ist eine Funktion des Systemkerns.

■ read – Lesen und Ausführen einer Datei

Aufruf:

`read(integer)`
`read(string)`

Parameter:

`integer` — positive ganze Zahl
`string` — Zeichenkette

Zusammenfassung:

`read` liest den gesamten Inhalt einer Datei ein und führt die Anweisungen in der Datei aus. (Die Datei muß dafür natürlich gültige MuPAD-Anweisungen enthalten.) `read` liefert als Ergebnis den Wert der zuletzt ausgeführten Anweisung.

Die Datei kann durch ihren Namen oder durch einen File-Deskriptor spezifiziert werden:

- Wird als erstes Argument eine positive ganze Zahl `integer` angegeben, so wird diese als File-Deskriptor aufgefaßt. Die entsprechende Datei muß zuvor mit `fopen` geöffnet worden sein.

- Wird mit dem Argument `string` eine Zeichenkette angegeben, so wird die Datei mit diesem Namen geöffnet.

  Zuerst wird die Datei dabei in den durch die Variable `READ_PATH` gegebenen Verzeichnissen gesucht. Danach wird sie im aktuellen Verzeichnis gesucht. (Das ist das Verzeichnis, in dem MuPAD gestartet wurde.) Zum Schluß wird die Datei dann noch in dem durch die Variable `LIB_PATH` gegebenen Verzeichnis gesucht.

  Nach dem Einlesen der Daten wird die Datei wieder geschlossen.

`read` liefert den Fehler `Can't read from file`, wenn die Daten nicht eingelesen werden können. `read` ist eine Funktion des Systemkerns.

Beispiele:

Call #1:   `a:=3:  b:=5:  write(a,b,"testfile.m"):  reset():`
         `a, b; read("testfile.m"):  a, b;`
                  `a, b`
                  `3, 5`

Siehe auch:

fclose, finput, fopen, ftextinput, LIB_PATH, READ_PATH, write

■ readpipe – Lesen aus einer Pipe

Aufruf:

```
readpipe(expr, integer)
readpipe(expr, integer, Block)
```

Parameter:

expr   — Ausdruck
integer   — Nummer eines Prozessorknotens

Zusammenfassung:

readpipe(expr, integer) liest ein Datum aus der Pipe mit dem Namen expr, die vom Cluster mit der Nummer integer kommt. expr kann dabei ein beliebiges Datum sein. Steht in der Pipe im Moment kein Wert, so liefert die Funktion ein *CAT_NULL*.

readpipe(expr, integer, Block) liest ein Datum aus der Pipe mit dem Namen expr, die vom Cluster mit der Nummer integer kommt. Steht in der Pipe kein Datum, so wartet die Funktion bis ein Datum hineingeschrieben wird und liefert dieses zurück. Genauer wird auf diese Funktion in Abschnitt 3.7.2.4 eingegangen. readpipe ist eine Funktion des Systemkerns.

Siehe auch:

writepipe

■ readqueue – Lesen aus einer Queue

Aufruf:

```
readqueue(expr)
readqueue(expr, Block)
```

Parameter:

expr   —   Ausdruck

Zusammenfassung:

`readqueue(expr)` liest ein Datum aus der Queue mit dem Namen `expr`. `expr` kann dabei ein beliebiges Datum sein. Steht in der Queue im Moment kein Wert, so liefert die Funktion ein *CAT_NULL*.

`readqueue(expr, Block)` liest ein Datum aus der Queue mit dem Namen `expr`. Steht kein Datum in der Queue, so wartet die Funktion, bis ein Datum hineingeschrieben wird und liefert dieses zurück. Genauer wird auf diese Funktion in Abschnitt 3.7.2.2 eingegangen. `readqueue` ist eine Funktion des Systemkerns.

Siehe auch:

writequeue

■ **reset – Initialisieren einer MuPAD-Sitzung**

Aufruf:

`reset()`

Parameter:

— keine

Zusammenfassung:

`reset` initialisiert eine MuPAD-Sitzung neu. `reset` löscht die Werte aller Bezeichner und setzt danach die Environment-Variablen auf ihre Default-Werte. Anschließend werden die Initialisierungs-Dateien `.mupadsysinit` und `.mupadinit` neu eingelesen.

`reset` ist nur auf interaktiver Ebene erlaubt. Innerhalb einer Prozedur liefert ein Aufruf von `reset` den Fehler `'reset' forbidden in procedures`. `reset` ist eine Funktion des Systemkerns.

Beispiele:

Call #1:   `a:=1:  LEVEL:=5:  reset():  a, LEVEL;`
                         `a, 100`

■ return – Ausstieg aus einer Prozedur

Aufruf:

`return(expr ...)`

Parameter:

`expr`   —   Ausdruck

Zusammenfassung:

`return` beendet eine Prozedur, die Argumente werden als Rückgabewerte der Prozedur geliefert.

Zur Erinnerung: Normalerweise beendet MuPAD eine Prozedur, nachdem alle Anweisungen des Prozedurrumpfes abgearbeitet worden sind. Der Rückgabewert der Prozedur ist in diesem Fall das Ergebnis der letzten Anweisung.

`return` bewirkt dagegen den sofortigen Ausstieg aus einer Prozedur. Die Argumente werden evaluiert und in Form einer Ausdruckssequenz als Rückgabewerte der Prozedur geliefert.

Wird `return` außerhalb einer Prozedur aufgerufen, so werden die Argumente evaluiert und als Ergebnis des Aufrufs zurückgeliefert. `return` ist eine Funktion des Systemkerns.

Beispiele:

Call #1:   `max:=proc(x, y) begin`
            `if x > y then return(x) end_if; y`
        `end_proc:`
        `max(3, 2), max(4, 5);`
                    `3, 5`

Siehe auch:

error

■ round – Rundung einer Zahl

Aufruf:

round(expr)

Parameter:

expr — Ausdruck

Zusammenfassung:

round rundet ein numerisches Argument, das keine komplexe Zahl ist, zur nächsten ganzen Zahl. Komplexe Argumente werden komponentenweise gerundet. round gibt den unevaluierten Funktionsaufruf zurück, wenn das Argument nicht zu einer Zahl evaluiert werden kann.

Werden Exponenten reeller Zahlen zu groß, so kann der Aufruf von round zu einem Präzisionsverlust führen, der nicht als Fehler erkannt wird. round ist eine Datenkonvertierungsfunktion des Systemkerns.

Beispiele:

Call #1:   round(8/3);
                          3

Call #2:   round(-2.6);
                          -3

Call #3:   round(4/7 - 2.2*I);
                          1 - 2*I

Siehe auch:

frac, ceil, trunc, floor

■ rtime – Messung der Realzeit

Aufruf:

rtime(statement)
rtime()

Parameter:

statement   —   Anweisung

Zusammenfassung:

rtime(statement) führt die Anweisung statement aus und liefert die dafür benötigte Realzeit zurück. Dabei können beliebige Anweisungen als Argument angegeben werden. rtime() liefert die gesamte Realzeit, die seit dem Start der MuPAD-Sitzung verbraucht wurde. rtime liefert die Zeit in Millisekunden zurück, wobei allerdings zu beachten ist, daß im Augenblick die letzten 3 Stellen immer 0 sind, d.h. die Funktion mißt die Zeit nur in ganzen Sekunden.

Diese Funktion wurde eingeführt, da die Ergebnisse der Messung der CPU-Zeit häufig nicht sehr aussagekräftig ist. Dies gilt insbesondere auf Rechnern, auf denen die Parallelität von MuPAD ausgenutzt wird. rtime ist eine Funktion des Systemkerns.

Beispiele:

Call #1:   rtime((a := isprime(fact(90)-1))); a;
                        1000, FALSE

Siehe auch:

time

■ sign – Vorzeichen einer Zahl

Aufruf:

sign(expr)

Parameter:

expr   —   Ausdruck

Zusammenfassung:

sign bestimmt das Vorzeichen einer Zahl. Der Rückgabewert von sign ist -1 bei negativem Vorzeichen, 1 bei positivem Vorzeichen und 0, wenn das Argument 0 ist.

Ist das Argument die Gleitkommazahl 0.0, so wird 0 geliefert, falls die Zahl auch auf allen intern vorhandenen Stellen 0 ist. Es kann aber sein, daß eine Gleitkommazahl, die als 0.0 ausgegeben wird, intern Stellen hat, die ungleich 0 sind. (Intern werden mehr Stellen berechnet als durch die Environment-Variable DIGITS festgelegt ist.) In diesem Fall ist das Ergebnis dann 1 oder -1.

Ist das Argument eine komplexe Zahl, so liefert sign einen Fehler. sign liefert den Aufruf mit evaluiertem Argument zurück, wenn das Argument keine Zahl ist. sign ist eine Funktion des Systemkerns.

Beispiele:

Call #1:   sign(1.2);

$$1$$

Call #2:   sign(-8/3);

$$-1$$

Call #3:   sign(0);

$$0$$

Siehe auch:

abs

■   strlen – Länge einer Zeichenkette

Aufruf:

strlen(string)

Parameter:

`string` — Zeichenkette

Zusammenfassung:

`strlen` liefert als Rückgabewert die Anzahl der Zeichen in der Zeichenkette `string`.
`strlen` liefert einen Fehler, wenn das Argument keine Zeichenkette ist. `strlen` ist
eine Funktion des Systemkerns.

Beispiele:

Call #1:   `strlen("Hello World");`
                              `11`

Siehe auch:

substring, strmatch

■ **strmatch – Vergleich zweier Zeichenketten**

Aufruf:

`strmatch(string1, string2)`

Parameter:

`string1, string2` — Zeichenketten

Zusammenfassung:

`strmatch` liefert TRUE zurück, wenn die Zeichenketten `string1` und `string2` übereinstimmen, andernfalls FALSE. Die Argumente dürfen die „Wildcards" \? und *
enthalten: \? steht für ein beliebiges oder ein fehlendes Zeichen, * für eine
beliebige (ggf. auch leere) Folge von Zeichen.

Das Zeichen \ muß wegen der Verwendung in den Wildcards mit einem \ maskiert
werden, also als \\ geschrieben werden. `strmatch` liefert einen Fehler, wenn die
Argumente keine Zeichenketten sind. `strmatch` ist eine Funktion des Systemkerns.

Beispiele:

Call #1:   strmatch("Mississippi", "Mis\?i*pi*");
                         TRUE

Call #2:   strmatch("Missi\\ssippi", "Miss\?i\\ssippi\?");
                         TRUE

Siehe auch:

strlen, substring

■   subs – Substitution vollständiger Teilausdrücke

Aufruf:

subs(expr, *subsexpr* ...)
   subsexpr   ⟶   [*subsequation* ...]
   subsexpr   ⟶   *subsequation*
   subsequation ⟶   expr_1 = expr_2

Parameter:

expr   —   Ausdruck
expr_1, expr_2   —   Ausdrücke

Zusammenfassung:

subs substituiert Teilausdrücke des Ausdrucks expr. Der einfachste Aufruf von subs ist von der Form subs(expr, expr_1=expr_2) mit der Substitutionsgleichung expr_1=expr_2. Hierdurch wird im Ausdruck expr jeder Teilausdruck der Form expr_1 durch den Ausdruck expr_2 ersetzt.

Die Argumente von subs sind Substitutionsgleichungen oder Listen von Substitutionsgleichungen. Die Argumente werden der Reihe nach von links nach rechts abgearbeitet:

* Ist das Argument eine einzelne Substitutionsgleichung, so wird die Substitution durchgeführt und das Ergebnis dieser Substitution weiter bearbeitet.

- Ist das Argument dagegen eine Liste von Substitutionsgleichungen, so werden alle Substitutionen in der Liste (logisch gesehen) gleichzeitig durchgeführt. Das Ergebnis dieser Substitutionen wird dann mit dem nächsten Argument weiter bearbeitet. (Siehe die Beispiele 2 und 3.) Dies nennt man auch *parallele Substitution*.

Durch **subs** werden nur *vollständige* Teilausdrücke ersetzt. Das sind genau die Teilausdrücke, die man mit der Funktion **op** erhält. Will man unvollständige Teilausdrücke ersetzen, wie z.B. a+3 in a+b+3, so muß man die Funktion **subsex** verwenden.

Nach Durchführung der Substitution wird der entstandene Ausdruck vereinfacht. **subs** verwendet eine Kopie von **expr**, das Argument **expr** bleibt also unverändert. **subs** ist eine Funktion des Systemkerns.

Beispiele:

Call #1:   subs(a*(b+c), b+c=a);
                             a^2

Call #2:   subs(a+x, a=x+y, x=z);
                             y + z*2

Call #3:   subs(a+x, [a=x+y, x=z]);
                             x + y + z

Call #4:   subs(a+x, [a=x+y, x=z], x=y);
                             y*2 + z

Call #5:   subs(a+b+c, a+b=x);
                             a+b+c

Siehe auch:

op, *subsop*, *subsex*

■ subsex – erweiterte Substitution von Teilausdrücken

Aufruf:

subsex(expr, *subsexpr* ...)
　subsexpr　　　$\longrightarrow$　　[*subsequation* ...]
　subsexpr　　　$\longrightarrow$　　*subsequation*
　subsequation　$\longrightarrow$　　expr_1 = expr_2

Parameter:

expr　　　　　　— Ausdruck
expr_1, expr_2　— Ausdrücke

Zusammenfassung:

subsex substituiert Teilausdrücke von expr. Im Gegensatz zur Funktion subs ersetzt subsex auch *unvollständige* Teilausdrücke, wie z.B. a+3 in a+b+3. subsex ist im Vergleich zu subs aber deutlich langsamer, da die Ausdrücke komplett durchsucht werden müssen.

Der einfachste Aufruf von subsex ist von der Form subsex(expr, expr_1 = expr_2) mit der Substitutionsgleichung expr_1 = expr_2. Hierdurch wird im Ausdruck expr jeder Teilausdruck der Form expr_1 durch den Ausdruck expr_2 ersetzt.

Die Argumente von subsex sind wie bei der Funktion subs Substitutionsgleichungen oder Listen von Substitutionsgleichungen. Die Argumente werden der Reihe nach von links nach rechts abgearbeitet:

- Ist das Argument eine einzelne Substitutionsgleichung, so wird die Substitution durchgeführt und das Ergebnis dieser Substitution weiter bearbeitet.

- Ist das Argument eine Liste von Substitutionsgleichungen, so werden alle Substitutionen in der Liste (logisch gesehen) gleichzeitig durchgeführt (parallele Substitution).

Nach Durchführung der Substitution wird der entstandene Ausdruck vereinfacht. subsex verwendet eine Kopie von expr, das Argument expr bleibt also unverändert. subsex ist eine Funktion des Systemkerns.

Beispiele:

Call #1:　　subsex(a+b*c*d+b*d, b*d=c);
　　　　　　　　　　a + c + c^2

Call #2:   `subsex(a+b*c*x, b*c=x, x=a);`
                      `a + a^2`

Call #3:   `subsex(a+b*c*x, [b*c=x, x=a]);`
                      `a + a*x`

Call #4:   `subsex(a+b+c, [a+c=x, b+c=y]);`
                      `b + x`

Siehe auch:

op, subs, subsop

■ `subsop` – **Substitution von Operanden**

Aufruf:

`subsop(expr, `*subsequation* ...)
  subsequation $\longrightarrow$ `integer = expr_1`
  subsequation $\longrightarrow$ `[ integer ...] = expr_1`

Parameter:

`expr`   — Ausdruck
`integer` — nichtnegative ganze Zahl
`expr_1`   — Ausdruck

Zusammenfassung:

`subsop` substituiert Teilausdrücke des Ausdrucks `expr`, wobei die Teilausdrük-ke wie bei der Funktion `op` durch ihre Position im Ausdruck angegeben werden. Durch die direkte Angabe der Position ist `subsop` schneller als `subs` oder `subsex`.

Der einfachste Aufruf von `subsop` ist von der Form `subsop(expr, i = expr_1)` mit der Substitutionsgleichung `i = expr_1`. Hierdurch wird im Ausdruck `expr` der *i*-te Teilausdruck durch den Ausdruck `expr_1` ersetzt.

Der zu ersetzende Operand kann wie bei der Funktion `op` auch durch einen Pfad spezifiziert werden. Durch `subsop(a+b*c, [2, 1]=x*y)` wird z.B. der erste Operand `b` des zweiten Operanden `b*c` des Ausdrucks `a+b*c` durch `x*y` ersetzt, das Ergebnis ist also `a+c*x*y`. Anders als bei `op` sind aber keine Bereiche zur Angabe von Operanden erlaubt.

Die Argumente von subsop werden der Reihe nach von links nach rechts abgearbeitet: Die Substitution wird durchgeführt, das Ergebnis der Substitution wird mit dem nächsten Argument weiter bearbeitet. Eine parallele Substitution wie bei subs oder subsex ist nicht möglich.

Nach Durchführung der Substitution wird der entstandene Ausdruck vereinfacht. subsop verwendet eine Kopie von expr, das Argument expr bleibt also unverändert. subsop liefert einen Fehler, wenn unter einer angegebenen Position kein Operand in expr existiert. subsop ist eine Funktion des Systemkerns.

Beispiele:

Call #1:   subsop(2*c+a^2, 2=d^5);
                        c*2 + d^5

Call #2:   subsop(a+b, 0=_mult);
                        a*b

Call #3:   subsop(b+a^2, [2,2]=4, 1=x*y);
                        x*y + a^4

Call #4:   subsop(a*b+c^2, 1=x*y, [1,2]=z);
                        x*z + c^2

Siehe auch:

op, subs, subsex

■ **substring – Zugriff auf Teile einer Zeichenkette**

Aufruf:

substring(string, integer_1, integer_2)

Parameter:

string   — Zeichenkette
integer_1, integer_2   — nichtnegative ganze Zahlen

Zusammenfassung:

`substring(string, pos, len)` liefert `len` Zeichen der Zeichenkette `string`, beginnend ab Position `pos`. Das erste Zeichen von `string` hat dabei die Position 0. Die Summe `pos + len` muß kleiner oder gleich der Länge von `string` sein, also $\leq$ `strlen(string)`.

`substring` liefert einen Fehler, wenn die Argumente `integer_1` und `integer_2` keine nichtnegativen ganzen Zahlen sind. Geben die Argumente keinen gültigen Ausschnitt der Zeichenkette an, so wird der Fehler `Invalid index` geliefert. `substring` ist eine Funktion des Systemkerns.

Beispiele:

Call #1: `substring("Hello World", 0, 5);`
            `"Hello"`

Call #2: `substring("This is a string", 5, 4);`
            `"is a"`

Siehe auch:

strlen, strmatch

■ System-Variable, -Konstanten, -Operatoren und -Funktionen

Environment-Variable:

`DIGITS, ERRORLEVEL, EVAL_STMT, HISTORY, LEVEL, LIB_PATH, MAXLEVEL, PRINTLEVEL, PRETTY_PRINT, READ_PATH, TEXTWIDTH, WRITE_PATH`

Systemkonstanten:

`E, I, FALSE, NIL, PI, TRUE`

Systemoperatoren:

`+, -, *, /, ^, $, .., ., <, >, >=, <=, =, <>, div, mod, union, intersect, minus, not, and, or`

Systemfunktionen:

Typkonvertierung	—	`bool, ceil, float, floor, frac,` `round, trunc`
Transzendente Funktionen	—	`exp, ln`
— Trigonometrische Funktionen	—	`sin, cos, tan`
— Arcusfunktionen	—	`asin, acos, atan`
— Hyperbolische Funktionen	—	`sinh, cosh, tanh`
— Areafunktionen	—	`asinh, acosh, atanh`
Arithmetische Funktionen	—	`abs, fact, frac, igcd, igcdex,` `ifactor, isprime, ithprime, ilcm,` `max, min, nextprime, phi,` `numdivisors, primedivisors,` `random, sign, sqrt`
Symbolische Manipulation	—	`diff, expand`
Typerkennung	—	`anames, cattype, testtype, type`
Manipulation von Ausdrücken	—	`append, map, nops, op, subs, subsop,` `subsex`
Evaluierung von Ausdrücken	—	`eval, hold, level, val`
Erzeugung von Datenstrukturen	—	`array, built_in, func_env, table`
Ein- und Ausgabe	—	`fclose, finput, fopen, fprint,` `ftextinput, input, print, protocol,` `read, textinput, write`
Manipulation von Zeichenketten	—	`strmatch, strlen, substring,` `tbl2text, text2expr, text2list,` `text2tbl`
Parallelität	—	`global, readpipe, readqueue,` `topology, writepipe, writequeue`
Programmstatistik	—	`history, load, bytes, time, rtime,` `ptime`
Grafik	—	`plot2d, plot3d`
Prozedurspezifische Funktionen	—	`args, error, return, traperror`
Fehlersuche	—	`debug, trace`
Verschiedenes	—	`contains, help, last, loadlib,` `loadproc, reset, system`

■ **system** – **Ausführung eines Kommandos des Betriebssystems**

Aufruf:

system(string)

Parameter:

string — Zeichenkette

Zusammenfassung:

system bringt das durch string gegebene Betriebssystem-Kommando zur Ausführung. system liefert als Rückgabewert eine ganze Zahl mit dem Statuswert des Kommandos. Dieser Wert ist systemabhängig. Unter UNIX signalisiert der Statuswert 0 eine erfolgreiche Ausführung des Kommandos.

Diese Funktion steht nicht in allen MuPAD-Implementationen zur Verfügung, z.B. nicht in MacMuPAD. Die Form der Ausgaben ist weiterhin von der jeweiligen Benutzeroberfläche abhängig, bei XMuPAD werden die Ausgaben z.B. in ein eigenes Terminal-Fenster gelenkt. system ist eine Funktion des Systemkerns.

Beispiele:

Call #1:   system("date");

                    Tue Oct 27 09:25:14 MET 1992

                    0

■ **table** – **Definition einer Tabelle**

Aufruf:

table()
table(*equation* ...)
 equation ⟶ index = value

Parameter:

index — Ausdruck
value — Ausdruck

Zusammenfassung:

`table` dient zur Definition von Tabellen. Die Parameter der Funktion `table` bestehen aus Gleichungen, bei denen die linke Seite als Index eines Eintrages und die rechte Seite als zugehöriger Wert interpretiert werden. Durch die Angabe dieser Gleichungen wird die Tabelle initialisiert. Index und Wert eines Eintrages unterliegen hinsichtlich ihres Typs keinen Einschränkungen.

Im allgemeinen ist eine explizite Definition von Tabellen nicht erforderlich, da eine Zuweisung an einen indizierten Bezeichner, der sich nicht zu einer Liste oder einem Feld evaluiert, diesem automatisch eine Tabelle zuweist. Eine detaillierte Beschreibung von Tabellen findet sich in Abschnitt 3.3.11. `table` ist eine Funktion des Systemkerns.

Beispiele:

Call #1: `table(a = b, c = d): T[a];`
                                        `b`

Call #2: `table( (a,b) = 100, a+b = 200): T[a,b]+T[a+b]`
                        `300`

Siehe auch:

array

■ `tbl2text` – **Konvertiert eine Tabelle in eine Zeichenkette**

Aufruf:

`tbl2text(table)`

Parameter:

`table` — Tabelle

Zusammenfassung:

`tbl2text` konvertiert die Tabelle `table` in eine Zeichenkette. Die Tabelle muß exakt n Einträge mit den Indizes `1..n` haben. Diese Einträge müssen Zeichenketten sein. Das Resultat ist eine einzige Zeichenkette, die durch Konkatenation aller Tabelleneinträge `table[1]` bis `table[n]` entsteht.

`tbl2text` liefert einen Fehler, wenn die Indizes der Einträge keinen Bereich der Form `1..n` mit $n \geq 1$ bilden. `tbl2text` ist eine Funktion des Systemkerns.

Beispiele:

Call #1:   `tbl2text(table(1="Text ",2="in ",3="a ",4="table."));`
                      `"Text in a table."`

Siehe auch:

text2expr, text2list, text2tbl

■ `testtype` – **Typprüfung eines Ausdrucks**

Aufruf:

`testtype(expr, string)`

Parameter:

`expr`	—	Ausdruck
`string`	—	Zeichenkette

Zusammenfassung:

`testtype` liefert **TRUE** zurück, falls der Ausdruck `expr` vom Ausdruckstyp `string` ist, andernfalls **FALSE**. Die in MuPAD definierten Typen von Ausdrücken sind in der Tabelle A.2 aufgeführt.

Daneben kennt `testtype` noch einen „generischen" Typ für Zahlen, der mehrere Typen einschließt: *NUMERIC* umfaßt alle Zahlentypen, also *CAT_INT, CAT_RAT, CAT_FLOAT* und *CAT_COMPLEX*.

Dieser „generische" Typ kann nie als Ergebnis von `type` oder `cattype` auftreten. Damit ist `testtype` der einfachste Weg, um zu prüfen, ob ein Ausdruck eine Zahl ist. Im Gegensatz zu den meisten anderen Funktionen werden Argumente, die Ausdruckssequenzen sind, in dieser Funktion nicht ausgeglichen. `testtype` ist eine Funktion des Systemkerns.

Beispiele:

Call #1: `testtype(x+y, "PLUS");`
                    `TRUE`

Call #2: `testtype(2^3, "CAT_INT");`
                    `TRUE`

Call #3: `testtype(2.3+4*I, "NUMERIC");`
                    `TRUE`

Siehe auch:

type, cattype

■ `text2expr` – Zeichenkette in MuPAD-Anweisung umwandeln

Aufruf:

`text2expr(string)`

Parameter:

`string` — Zeichenkette

Zusammenfassung:

`text2expr` wandelt die Zeichenkette `string` in eine MuPAD-Anweisung um, sofern die Zeichenkette eine syntaktisch korrekte Anweisungssequenz enthält. Die Anweisungssequenz muß anders als bei der Funktion `input` nicht mit einem Semikolon oder einem Doppelpunkt abgeschlossen werden.

Die Anweisung wird ohne weitere Evaluierung als Rückgabewert zurückgegeben. Sie kann mit der Funktion `eval` evaluiert werden. `text2expr` ist eine Funktion des Systemkerns.

Beispiele:

Call #1: `text2expr("x:= 3; x+2+1");`
                        `(x:= 3; x+2+1)`

Call #2:   `text2expr("a:= 3"), a; eval(%2), a;`
                          `a:= 3, a`

                          `3, 3`

Siehe auch:

input, eval

■ `text2tbl` – **konvertiert eine Zeichenkette in eine Tabelle**

Aufruf:

`text2tbl(string, [ string_1 ...], ⟨ Cyclic ⟩ )`

Parameter:

`string`	—	Zeichenkette
`string_1`	—	Zeichenkette
`Cyclic`	—	Option

Zusammenfassung:

`text2tbl` zerlegt die Zeichenkette `string` in Teilketten und legt diese als Zeichenketten in einer neuen Tabelle ab. Diese Tabelle wird dann zurückgeliefert. Die Tabelle enthält n Einträge mit den Indizes `1..n`.

Die Zerlegung von **string** erfolgt anhand der Trenn-Zeichenketten in der Liste `[string_1 ...]`. Wird die Option `Cyclic` nicht angegeben, so wird `string` wie folgt zerlegt: Es wird das erste Vorkommen einer der Trenn-Zeichenketten gesucht. Alle Zeichen bis zu diesen Trennzeichen werden unter dem Index 1 abgelegt, die Trennzeichen unter Index 2. Mit der restlichen Zeichenkette wird genauso verfahren, nur daß als Indizes für den Anfang der Zeichenkette und die Trennzeichen 3 und 4 verwendet werden. Dieses Verfahren wird solange durchgeführt, bis keine Zeichen mehr in der Zeichenkette vorhanden sind.

Wird als letztes Argument von `text2tbl` die Option `Cyclic` angegeben, so wird **string** zyklisch zerlegt: Hier wird zuerst nach der ersten Trenn-Zeichenkette in der Liste gesucht. Wieder werden alle Zeichen bis zu diesen Trennzeichen unter dem Index 1 und die Trennzeichen unter Index 2 abgelegt. Danach wird nach der zweiten Trenn-Zeichenkette in der Liste gesucht. Die Zeichen bis zu den Trennzeichen werden unter dem Index 3, die Trennzeichen unter Index 4 abgelegt. Dieses Verfahren wird fortgeführt, solange noch Elemente in der Liste der Trenn-Zeichenketten enthalten sind. Sind die Trenn-Zeichenketten „verbraucht", so wird wieder die erste Trenn-Zeichenkette in der Liste verwendet. Dieses Verfahren wird wieder solange durchgeführt, bis keine Zeichen mehr in der Zeichenkette vorhanden sind.

Bei beiden Verfahren würde die Konkatenation der Tabelleneinträge wieder die ursprüngliche Zeichenkette ergeben. `text2tbl` ist eine Funktion des Systemkerns.

Beispiele:

Call #1:   `text2tbl("Oh,a text,how nice!", ["an","how","a"]);`
                     `table(1="Oh,",2="a",3=" text,",4="how",\`
                     `5=" nice!")`

Call #2:   `text2tbl("Oh,a text,how nice!", [" ",","],Cyclic);`
                     `table(1="Oh,a",2=" ",3="text",4=",",\`
                     `5="how",6=" ",7="nice!")`

Siehe auch:

tbl2text, text2expr, text2list

■   `text2list` – **konvertiert eine Zeichenkette in eine Liste**

Aufruf:

`text2list(string, [ string_1 ...], ⟨ Cyclic ⟩ )`

Parameter:

`string`   —   Zeichenkette
`string_1` —   Zeichenkette
`Cyclic`   —   Option

Zusammenfassung:

`text2list` zerlegt die Zeichenkette `string` in Teilketten und legt diese als Zeichenketten in einer neuen Liste ab. Diese Liste wird dann zurückgeliefert.

Die Zerlegung von `string` erfolgt anhand der Trenn-Zeichenketten in der Liste [`string_1` ...]. Wird die Option `Cyclic` nicht angegeben, so wird `string` wie folgt zerlegt: Es wird das erste Vorkommen einer der Trenn-Zeichenketten gesucht. Alle Zeichen bis zu diesen Trennzeichen werden als erstes Element in die Liste eingetragen, die Trennzeichen werden als zweites Element in die Liste eingetragen. Mit der restlichen Zeichenkette wird genauso verfahren, nur daß der Anfang der Zeichenkette und die Trennzeichen jeweils an die Liste angehängt werden. Dieses Verfahren wird solange durchgeführt, bis keine Zeichen mehr in der Zeichenkette vorhanden sind.

Wird als letztes Argument von `text2list` die Option `Cyclic` angegeben, so wird `string` zyklisch zerlegt: Hier wird zuerst nach der ersten Trenn-Zeichenkette gesucht. Wieder werden alle Zeichen bis zu diesen ersten Trennzeichen als erstes Listenelement eingetragen und die Trennzeichen als zweites Element eingetragen. Danach wird nach der zweiten Trenn-Zeichenkette gesucht. Die Zeichen bis zu den Trennzeichen und die Trennzeichen werden jeweils wieder an die Liste angehängt. Dieses Verfahren wird fortgeführt, solange noch Elemente in der Liste der Trenn-Zeichenketten enthalten sind. Sind die Trenn-Zeichenketten „verbraucht", so wird wieder die erste Trenn-Zeichenkette verwendet. Dieses Verfahren wird solange durchgeführt, bis keine Zeichen mehr in der Zeichenkette vorhanden sind.

`text2list` ist eine Funktion des Systemkerns.

Beispiele:

Call #1:   `text2list("Oh,a text,how nice!",["an","how","a"]);`
                    `[ "Oh,", " text,", " nice!" ]`

Call #2:   `text2list("Oh,a text,how nice!",[" ",","],Cyclic);`
                    `[ "Oh,a", "text", "how", "nice!" ]`

Siehe auch:

tbl2text, text2expr, text2tbl

■ textinput – interaktive Eingabe von Text

Aufruf:

```
textinput(expr ...)
textinput()
```

Parameter:

`expr` — Zeichenkette oder Bezeichner

Zusammenfassung:

`textinput` erlaubt die interaktive Abfrage von Zeichenketten vom Benutzer. Die Argumente von `textinput` können eine beliebige Folge von Zeichenketten und Bezeichnern sein. Der Reihe nach werden die Zeichenketten ausgegeben; bei den Bezeichnern kommt jeweils ein Prompt, und der Benutzer kann eine Zeichenkette eingeben. Diese Zeichenkette wird dem Bezeichner dann zugewiesen. Der Rückgabewert von `textinput` ist die zuletzt vom Benutzer eingegebene Zeichenkette.

Wird `textinput` ohne Argumente aufgerufen, so wird lediglich ein Prompt ausgegeben und die Eingabe einer Zeichenkette erwartet. Diese ist dann der Rückgabewert der Funktion.

Bei der Eingabe der Zeichenkette dürfen die einschließenden " nicht mit eingegeben werden. Die Eingabe einer Zeichenkette kann über mehrere Zeilen erfolgen. Die Eingabe wird in der Terminal-Version von MuPAD mit einem <Ctrl-D> beendet.

Näheres zur Eingabe findet sich in der Beschreibung der jeweiligen Benutzeroberflächen. `textinput` ist eine Funktion des Systemkerns.

Beispiele:

Call #1:
```
textinput("Name eingeben ", name);
        Name eingeben >>MuPAD
     "MuPAD"
```

Call #2:
```
inp := textinput();
        >>test
     "test"
```

Siehe auch:

input

■ TEXTWIDTH – Anzahl der Zeichen pro Zeile

Aufruf:

TEXTWIDTH := integer

Parameter:

integer — ganze Zahl größer 9

Zusammenfassung:

TEXTWIDTH legt die Länge einer Textzeile bei der Ausgabe fest. TEXTWIDTH kann auf jede ganze Zahl zwischen 10 und $2^{31} - 1$ gesetzt werden. Durch die Zuweisung TEXTWIDTH := NIL; wird TEXTWIDTH auf den Default-Wert 75 gesetzt. TEXTWIDTH ist eine Environment-Variable.

■ time – Messung der CPU-Zeit

Aufruf:

time(statement)
time()

Parameter:

statement — Anweisung

Zusammenfassung:

time(statement) führt die Anweisung statement aus und liefert die dafür benötigte CPU-Zeit zurück. Dabei können beliebige Anweisungen als Argument angegeben werden. time() liefert die gesamte CPU-Zeit, die seit dem Start der MuPAD-Sitzung verbraucht wurde. time liefert die Zeit in Millisekunden zurück.

Auf einigen Rechnertypen, die kein „time-sharing" betreiben, wie z.B. dem Macintosh, ist die CPU-Zeit zugleich auch die Realzeit. Dabei gehen also z.B. auch Zeiten für Ein- und Ausgaben in die Gesamtzeit ein. time ist eine Funktion des Systemkerns.

Beispiele:

Call #1:   `time((a := isprime(1234567891))), a;`
                          `10, TRUE`

Siehe auch:

bytes, rtime

■ `topology` – **Information über parallele Struktur**

Aufruf:

```
topology()
topology(integer)
topology(Cluster)
```

Parameter:

`integer` — positive ganze Zahl

Zusammenfassung:

`topology()` liefert die Anzahl der Cluster, aus denen MuPAD im Moment besteht.

`topology(integer)` liefert die Anzahl der Prozesse, die dem Cluster mit der Nummer `integer` für die Mikroparallelität zur Verfügung stehen.

`topology(Cluster)` liefert die Clusternummer des Clusters. Genauer wird auf diese Funktion in Abschnitt 3.7.2.5 eingegangen. `topology` ist eine Funktion des Systemkerns.

■ `trace` – **Ausführung von Prozeduren protokollieren**

Aufruf:

```
trace()
trace(identifier ...)
```

Parameter:

`identifier` — Bezeichner

Zusammenfassung:

`trace` dient im Trace-Modus von MuPAD zur Angabe von Prozeduren, deren Ausführung protokolliert werden soll. Eine ausführliche Beschreibung befindet sich in Kapitel 4. Zu beachten ist:

- MuPAD muß sich im Trace-Modus befinden.
- Es können nur benutzerdefinierte Prozeduren protokolliert werden.
- `trace` wirkt nur auf Prozeduren, die bereits definiert sind.
- Interaktiv eingegebene Prozeduren können nicht protokolliert werden.

Der Aufruf `trace()` ohne Argumente bewirkt, daß keine Prozedur protokolliert wird. Der Aufruf `trace(op(anames(1)))` bewirkt, daß alle benutzerdefinierten Prozeduren protokolliert werden. `trace` ist eine Funktion des Systemkerns.

Siehe auch:

debug, PRINTLEVEL

■ traperror – Abfangen von Fehlern

Aufruf:

`traperror(statement)`

Parameter:

`statement` — Anweisung

Zusammenfassung:

`traperror` fängt Fehler ab, die von Systemfunktionen oder von der Funktion `error` erzeugt wurden. Normalerweise führt ein Fehler zum Rücksprung in die interaktive Ebene. Nicht so bei `traperror`: Die Anweisung `statement` wird ausgeführt; tritt dabei ein Fehler auf, so wird die Ausführung beendet und zum Aufruf von `traperror` zurückgesprungen.

Trat bei der Ausführung von **statement** ein Fehler auf, so liefert **traperror** eine positive ganze Zahl als Fehlercode zurück. Trat kein Fehler auf, so liefert **traperror** den Wert 0 zurück. (Der Fehlercode entspricht der internen Fehlernummer des MuPAD-Kerns.) **traperror** ist eine Funktion des Systemkerns.

Beispiele:

Call #1:   `traperror(1/0);`
                                    200

Call #2:   `traperror((error("My error");1/0));`
                                    1028

Call #3:   `x:= 0:  traperror((x:= 1/x)), x;`
                                    1025, 0

Siehe auch:

error

■ **trunc – ganzzahliger Anteil einer Zahl**

Aufruf:

`trunc(expr)`

Parameter:

`expr` — Ausdruck

Zusammenfassung:

trunc liefert den ganzzahligen Anteil der durch **expr** gegebenen Zahl zurück.

Die Funktion liefert einen Fehler, wenn das Argument eine komplexe Zahl ist. **trunc** gibt den unevaluierten Funktionsaufruf zurück, wenn das Argument nicht zu einer Zahl evaluiert werden kann.

Werden Exponenten reeller Zahlen zu groß, so kann der Aufruf von **trunc** zu einem Präzisionsverlust führen, der nicht als Fehler erkannt wird. **trunc** ist eine Datenkonvertierungsfunktion des Systemkerns.

Beispiele:

Call #1:   trunc(8/3);

$$2$$

Call #2:   trunc(-2.6);

$$-2$$

Siehe auch:

frac, ceil, round, floor

■   **type – Ausdruckstyp bestimmen**

Aufruf:

type(expr)

Parameter:

expr   —   Ausdruck

Zusammenfassung:

type liefert den Ausdruckstyp des Ausdrucks **expr** als Zeichenkette zurück. Die Typen der MuPAD-Ausdrücke sind in der Tabelle A.2 aufgeführt. Erinnert sei daran, daß Ausdrücke der Form **a-b** oder **a/b** intern als **a+b*(-1)** bzw. **a*b^(-1)** dargestellt werden, also den Typ **"PLUS"** bzw. **"MULT"** haben.

Der Datentyp eines Ausdrucks kann mit der Funktion **cattype** erfragt werden. Im Gegensatz zu den meisten anderen Funktionen werden Argumente, die Ausdruckssequenzen sind, in dieser Funktion nicht ausgeglichen. **type** ist eine Funktion des Systemkerns.

Beispiele:

Call #1:   type(x+y*z);

$$\text{"PLUS"}$$

Call #2:   `type(x-y);`

                   `"PLUS"`

Siehe auch:

testtype, cattype

■ MuPAD-Optionen unter UNIX

Aufruf:

mupad [–c] [–g] [–G filedescr] [–h helppath] [–l libpath] [–m mampath] [–p stacksize]
      [–r] [–s syspath] [–t] [–u userpath] [–v] [file]
xmupad [–L language] *mupad-options*

Zusammenfassung:

Alle MuPAD-Optionen unter UNIX auf einen Blick:

–c	Connect-Modus	(nur für Debugger mdx)
–g	Debug-Modus	
–G	File-Deskriptor für Grafikdaten	(nur für Grafik-Tool)
–h	Pfadname für den Help-Datei-Index	(Default: .)
–l	Pfadname für die Library	(Default: .)
–m	Pfadname für die MAMMUT-Init-Datei	(Default: .)
–p	Größe des PARI-Stacks	(Default: 250000)
–r	Raw-Modus	(nur für XMuPAD)
–s	Pfadname für die System-Init-Datei	(Default: Library-Pfad)
–t	Trace-Modus	
–u	Pfadname für die Benutzer-Init-Datei	(Default: ~)
–v	Verbose-Modus	

Bei XMuPAD kann zusätzlich noch die Sprache für die Help-Seiten angegeben werden:

   –L   Sprache für Help-Seiten (**english** oder **german**)   **english**

Die Namen der Initialisierungsdateien lauten:

.mupadinit	Benutzer-Init-Datei
.mupadsysinit	System-Init-Datei
.mupadhelpindex	Help-Datei-Index
.MMMinit	MAMMUT-Init-Datei

Genauere Informationen liefern die Manual-Seiten `mupad` und `xmupad`, die z.B. mit `man mupad` aufgerufen werden können.

■ **`val` – Wert eines Ausdrucks**

Aufruf:

`val(expr)`

Parameter:

`expr` — Ausdruck

Zusammenfassung:

`val` ersetzt alle im Ausdruck `expr` vorkommenden Bezeichner durch ihren Wert und liefert den so entstandenen Ausdruck zurück. Der Ausdruck wird ansonsten nicht evaluiert. Insbesondere bleibt die Substitutionstiefe `LEVEL` unberücksichtigt, der Ausdruck wird auch nicht vereinfacht. Die einzige Ausnahme sind Mengen: Nach der Ausführung von `val` werden doppelt vorhandene Mengenelemente entfernt.

Die wichtigste Anwendung von `val` ist der direkte, schnelle Zugriff auf Werte von Bezeichnern. `val` ist eine Funktion des Systemkerns.

Beispiele:

Call #1:   `a:=0:  val(a*b+4+0);`
                         `0*b + 4 + 0`

            `a:=b:  val({a, b, a*0});`
                         `{b, b*0}`

Siehe auch:

eval, hold

■   `write` – sichert Werte von Variablen in eine Datei

Aufruf:

```
write(integer 〈 , identifier ... 〉 )
write( 〈 Bin , 〉 string 〈 , identifier ... 〉 )
```

Parameter:

`integer`	—	positive ganze Zahl
`identifier`	—	Bezeichner
`Bin`	—	Option
`string`	—	Zeichenkette

Zusammenfassung:

`write` sichert die durch `identifier` angegebenen Variablen in eine Datei. Werden keine Variablen angegeben, so werden sämtliche Variablen gesichert, also auch die Environment-Variablen und Library-Routinen. Die gesicherten Werte können mit `read` wieder eingelesen werden.

Die Datei kann durch ihren Namen oder durch einen File-Deskriptor spezifiziert werden:

- Wird als erstes Argument eine positive ganze Zahl `integer` angegeben, so wird diese als File-Deskriptor aufgefaßt. Die entsprechende Datei muß zuvor mit `fopen` geöffnet worden sein.

- Wird mit dem Argument `string` eine Zeichenkette angegeben, so wird die Datei mit diesem Namen geöffnet. Existiert die Datei noch nicht, so wird sie neu erzeugt. Bereits in der Datei vorhandene Daten werden in diesem Modus überschrieben.

  Hat die Variable `WRITE_PATH` einen Wert, so wird die Datei im angegebenen Verzeichnis erzeugt, andernfalls im aktuellen Verzeichnis.

  Wird zusätzlich die Option `Bin` angegeben, so wird die Datei als Binärdatei geöffnet, andernfalls als Textdatei.

  Nach der Ausgabe der Daten wird die Datei wieder geschlossen.

Bei textueller Speicherung werden die Variablenwerte als Zuweisungen der Form

```
identifier := hold(expr):
```

gespeichert. Zum Beispiel werden die Variablen `a` und `b` nach `a := b+1; b := 3;` als `a := hold(b+1): b := hold(3):` gesichert. `write` ist eine Funktion des Systemkerns.

Beispiele:

Call #1: `a:=b+1:  b:=3:  write("test",a,b):  ftextinput("test");`
            `"a := hold(b+1):  b := hold(3):"`

Call #2: `reset():  read("test"):  a, b;`
            `4, 3`

Siehe auch:

fclose, fopen, fprint, protocol, read, WRITE_PATH

■ **writepipe – Schreiben in eine Pipe**

Aufruf:

`writepipe(expr_1,integer,expr_2)`

Parameter:

`expr_1`   —   Ausdruck
`integer`   —   Nummer eines Prozessorknotens
`expr_2`   —   Ausdruck

Zusammenfassung:

`writepipe(expr_1, integer, expr_2)` schreibt das Datum `expr_2` in die Pipe mit dem Namen `expr_1`, die zum Cluster mit der Nummer `integer` führt. Genauer wird auf diese Funktion in Abschnitt 3.7.2.4 eingegangen. `writepipe` ist eine Funktion des Systemkerns.

Siehe auch:

readpipe

■ `writequeue` – Schreiben in eine Queue

Aufruf:

`writequeue(expr_1, integer, expr_2)`

Parameter:

`expr_1`   —   Ausdruck
`integer` —   Nummer eines Prozessorknotens
`expr_2`   —   Ausdruck

Zusammenfassung:

`writequeue(expr_1, integer, expr_2)` schreibt das Datum `expr_2` in die Queue
mit dem Namen `expr_1` des Clusters mit der Nummer `integer`. Genauer wird
auf diese Funktion in Abschnitt 3.7.2.2 eingegangen. `writequeue` ist eine Funktion
des Systemkerns.

Siehe auch:

readqueue

Anhang A

Tabellen

Datentyp	Operandenanzahl	Operanden
`CAT_ARRAY`	Anzahl der Subarrays	Subarrays
`CAT_BOOL`	1	Objekt selbst
`CAT_COMPLEX`	2	Real- und Imaginärteil
`CAT_EXPR`	Abhängig vom Ausdruckstyp, siehe Tabellen A.2 und A.3	
`CAT_EXEC`	4	Evaluierungsfunktionen, Name, Remember-Tafel
`CAT_FLOAT`	1	Objekt selbst
`CAT_FUNC_ENV`	2	Evaluierungsfunktion, Ausgabefunktion
`CAT_IDENT`	1	Objekt selbst
`CAT_INT`	1	Objekt selbst
`CAT_NIL`	1	Objekt selbst
`CAT_NULL`	0	
`CAT_RAT`	2	Zähler und Nenner
`CAT_SET_FINITE`	Anzahl der Mengenelemente	Elemente der Menge
`CAT_STAT_LIST`	Anzahl der Elemente der Liste	Einträge der Liste
`CAT_STRING`	1	Objekt selbst
`CAT_TABLE`	Anzahl der Tabelleneinträge	Gleichungen der Form `Index = Eintrag`

Tabelle A.1: Datentypen und ihre Operanden

369

Ausdruckstyp	Operandenanzahl	Operanden
AND	Anzahl der durch AND verknüpften Objekte	Die durch AND verknüpften Objekte
BREAK	0	
CONCAT	Anzahl der durch CONCAT verknüpften Objekte	Die durch CONCAT verknüpften Objekte
DIV	2	Divisor und Dividend
EQUAL	2	Linke und rechte Seite der Gleichung
EXPRSEQ	Anzahl der Ausdrücke in der Sequenz	Ausdrücke in der Sequenz
FUNC	Anzahl der Parameter	Parameter des Funktionsaufrufes
INDEX	Größe des Index	Operanden des Index
LEEQUAL	2	Linke und rechte Seite der Ungleichung
LESS	2	Linke und rechte Seite der Ungleichung
MINUS	Anzahl der durch MINUS verknüpften Objekte	Die durch MINUS verknüpften Objekte
MOD	2	Divisor und Dividend
MULT	Anzahl der durch MULT verknüpften Faktoren	Die durch MULT verknüpften Faktoren
NEXT	0	
NOT	1	Das negierte Objekt
OR	Anzahl der durch OR verknüpften Objekte	Die durch OR verknüpften Objekte
PLUS	Anzahl der Summanden	Summanden
POWER	2	Basis und Exponent
QUIT	0	
RANGE	2	Unter- und Obergrenze
SEQGEN	Anzahl der Operanden des Sequenzgenerators (1 oder 2)	Die Operanden des Sequenzgenerators
UNEQUAL	2	Linke und rechte Seite der Ungleichung
UNION	Anzahl der durch UNION verknüpften Objekte	Die durch UNION verknüpften Objekte

Tabelle A.2: Ausdruckstypen und ihre Operanden

Anweisungstyp	Operandenanzahl	Operanden
ASSIGN	2	Linke und rechte Seite der Zuweisung
CASE	Abhängig von der Anzahl der of-Verzweigungen	Vergleichsausdrücke, Anweisungen der of-Verzweigungen und des otherwise-Zweiges
FOR	5	Laufvariable, Untergrenze, Obergrenze, Schrittweite, Rumpf
FOR_DOWN	5	Laufvariable, Untergrenze, Obergrenze, Schrittweite, Rumpf
FOR_IN	3	Laufvariable, Ausdruck, Rumpf
FOR_IN_PAR	4	Laufvariable, Ausdruck, Private Variablen, Rumpf
FOR_PAR	6	Laufvariable, Untergrenze, Obergrenze, Schrittweite, Private Variablen, Rumpf
IF	3	Bedingung, then-Zweig, else-Zweig
PARBEGIN	2	Private Variablen, Rumpf
PROCDEF	5	Parameterliste, Liste der lokalen Variablen, Optionen, Rumpf, Remember-Tafel
REPEAT	2	Rumpf, Bedingung
SEQBEGIN	1	Rumpf
STMTSEQ	Anzahl der Anweisungen in der Sequenz	Die Anweisungen in der Sequenz
WHILE	2	Bedingung, Rumpf

Tabelle A.3: Ausdruckstypen für Anweisungen und ihre Operanden

Tabelle A.4: Bindungspriorität der Operatoren (absteigend geordnet)

Environmentvariable	Wert
DIGITS	10
LEVEL	100
ERRORLEVEL	0
PRINTLEVEL	0
MAXLEVEL	100
HISTORY	[20, 3]
TEXTWIDTH	75
LIB_PATH	
READ_PATH	
WRITE_PATH	
EVAL_STMT	TRUE
PRETTY_PRINT	TRUE

Tabelle A.5: Environmentvariablen und ihre Default-Einstellung

Button	Kommando
Next	n
Step	s
Cont	c
Quit	q
Where	w
Up	u
Down	d
Clear all	a
Clear	C $<$*filename*$>$ $<$*line*$>$
Goto proc	g $<$*name*$>$
Print	p $<$*expr$_1$*$>$ ... $<$*expr$_n$*$>$
Display	D $<$*name$_1$*$>$ ... $<$*name$_n$*$>$
Stop at	S $<$*filename*$>$ $<$*line*$>$
Execute	e $<$*mupad_command*$>$

Tabelle A.6: Befehlssyntax des Debuggers

Hierbei spezifizieren $<$*filename*$>$, $<$*expr*$>$ und $<$*mupad_command*$>$ eine in Anführungszeichen eingeschlossene Zeichenkette. $<$*line*$>$ bezeichnet eine natürliche Zahl zwischen 1 und $2^{24} - 1$. $<$*name*$>$ ist eine Prozedur- oder Variablenname. $<$*mupad_command*$>$ und $<$*name*$>$ müssen syntaktisch korrekte MuPAD-Ausdrücke sein.

Anhang B

PARI

Die dem MuPAD-System zugrundeliegende Arithmetik basiert auf dem *PARI*-Programmpaket. Die Integration dieses Paketes wurde durch folgende Eigenschaften von PARI, die mit den Design-Zielen von MuPAD übereinstimmen, motiviert:

- Hohe Verarbeitungsgeschwindigkeit.

- Effiziente Speicherung.

- Umfangreiche Programmbibliothek.

- Portables Programmpaket.

- Datentypen sind für den Benutzer transparent (interne Typisierung).

MuPAD enthält vollständig den „basic kernel" und einen Teil des „generic kernels" von PARI. Diese ermöglichen die Arithmetik über den ganzen, rationalen, Gleitkomma- und komplexen Zahlen bzgl. der Standardoperationen Addition, Subtraktion, Multiplikation, Division und Exponentiation. Darüber hinaus verwendet MuPAD die Algorithmen zur Berechnung der transzendentalen Funktionen `abs`, `exp`, `ln`, `sqrt`, der trigonometrischen und deren Umkehrfunktionen `sin`, `cos`, `tan`, `asin`, `acos`, `atan`, der Area- und deren Umkehrfunktionen `sinh`, `cosh`, `tanh`, `asinh`, `acosh`, `atanh`, der arithmetischen Funktionen `fact`, `ifactor`, `igcd`, `igcdex`, `ilcm`, `isprime`, `nextprime` sowie die Funktionen `ceil`, `floor`, `frac`, `round`, `trunc` zur Typkonvertierung.

An dieser Stelle sei darauf hingewiesen, daß PARI wesentlich mehr Grundtypen besitzt, als die in MuPAD verwendeten. PARI bietet u.a. Datentypen und Standardoperationen über finiten Körpern, algebraischen Zahlkörpern, Polynomringen und formalen Potenzreihen. MuPAD benutzt auch nur einen minimalen Satz derjenigen Funktionen, die die PARI-Bibliothek zur Verfügung stellt. Ein Großteil der PARI-Bibliothek umfaßt den Bereich der Zahlentheorie und der linearen Algebra.

Literatur zu PARI:

1. N.-P. Skoruppa, The PARI-GP package, mathPAD Journal[1], Vol. 1, No. 3, September 1991.

2. C. Batut, D. Bernardi, H. Cohen, M. Olivier, User's Guide to PARI-GP.

E-mail Adressen:

Henri Cohen	:	cohen@merak.greco-prog.fr
D. Bernardi	:	bernardi@mizar.greco-prog.fr
Nils-Peter Skoruppa	:	nils@mpim-bonn.mpg.de

---

[1]Diese Zeitschrift ist über den Fachbereich 17 - Mathematik der Universität-GH-Paderborn, W-4790 Paderborn zu beziehen.

Anhang C

Die MuPAD-Syntax in BNF

```
<start>          :    <interact_seq> .

<interact_seq>   :    <interact_expr>
                 |    <interact_seq> <interact_expr> .

<interact_expr>  :    <stmt> <sep>
                 |    help
                 |    system .

<sep>            :    :
                 |    ; .

<stmt>           :    <assignment>
                 |    <if_stmt>
                 |    <case_stmt>
                 |    <for_stmt>
                 |    <while_stmt>
                 |    <repeat_stmt>
                 |    <seqbegin_stmt>
                 |    <parbegin_stmt>
                 |    next
                 |    break
                 |    quit
                 |    <expr>
                 |
```

```
<stmt_seq>          :       <stmt>
                    |       <stmt_seq> <sep> <stmt> .

<if_stmt>           :       if <expr> then <stmt_seq> <else_part> end_if
                    |       if <expr> then <stmt_seq> end_if .

<else_part>         :       else <stmt_seq>
                    |       elif <expr> then <stmt_seq> <else_part>
                    |       elif <expr> then <stmt_seq> .

<case_stmt>         :       case <expr> <of_part> <other_part> end_case .

<of_part>           :       of <expr> do <stmt_seq> <of_part>
                    |       of <expr> do <stmt_seq> .

<other_part>        :       otherwise <stmt_seq>
                    |       .

<for_stmt>          :       for <ident> from <expr> to <expr> <step_part> do
                            <stmt_seq> end_for
                    |       for <ident> from <expr> downto <expr> <step_part>
                            do <stmt_seq> end_for
                    |       for <ident> from <expr> to <expr> <step_part>
                            parallel <private> <stmt_seq> end_for
                    |       for <ident> in <expr> do <stmt_seq> end_for
                    |       for <ident> in <expr> parallel <private>
                            <stmt_seq> end_for .

<step_part>         :       step <expr>
                    |       .

<private>           :       private <ident_seq> ;
                    |       .

<while_stmt>        :       while <expr> do <stmt_seq> end_while .

<repeat_stmt>       :       repeat <stmt_seq> until <expr> end_repeat .

<seqbegin_stmt>     :       seqbegin <stmt_seq> end_seq .

<parbegin_stmt>     :       parbegin <private> <stmt_seq> end_par .
```

```
<assignment>        :       <name_lhs> := <expr> .

<expr>              :       <single_expr>
                    |       <expr> , <single_expr> .

<single_expr>       :       <and_expr>
                    |       <single_expr> or <and_expr> .

<and_expr>          :       <seq_expr>
                    |       <and_expr> and <seq_expr> .

<seq_expr>          :       <relation>
                    |       $ <relation>
                    |       <relation> $ <relation> .

<relation>          :       <range>
                    |       <relation> <rel_op> <range> .

<rel_op>            :       < | > | <= | >= | = | <> .

<range>             :       <div_mod_expr>
                    |       <div_mod_expr> .. <div_mod_expr> .

<div_mod_expr>      :       <union_expr>
                    |       <div_mod_expr> <div_mod_op> <union_expr> .

<div_mod_op>        :       div | mod .

<union_expr>        :       <minus_expr>
                    |       <union_expr> union <minus_expr> .

<minus_expr>        :       <intersect_expr>
                    |       <minus_expr> minus <intersect_expr> .

<intersect_expr>    :       <math_expr>
                    |       <intersect_expr> intersect <math_expr> .

<math_expr>         :       <sign_term>
                    |       <math_expr> <add_op> <term> .

<add_op>            :       + | - .
```

| <sign_term> | : | <add_op> <term> |
| | | | <term> . |

| <term> | : | <power> |
| | | | <term> <mult_op> <power> . |

| <mult_op> | : | * | / . |

| <power> | : | <new_op> |
| | | | <power> ˆ <new_op> . |

| <new_op> | : | <point_expr> |
| | | | <new_op> & <ident> <point_expr> . |

| <point_expr> | : | <neg_factor> |
| | | | <point_expr> . <neg_factor> . |

| <neg_factor> | : | <factor> |
| | | | not <factor> . |

<factor>	:	NIL
		| TRUE
		| FALSE
		| <set>
		| <string>
		| <list>
		| <number>
		| <name> .

<name>	:	<ident>
		| <last>
		| <proc_def>
		| (<stmt_seq>)
		| <name> (<expr_seq>)
		| <name> [<expr_seq>] .

<name_lhs>	:	<concat_ident>
		| <last>
		| <name> (<expr_seq>)
		| <name> [<expr_seq>] .

```
<concat_ident>      :      <ident>
                    |      ( <expr> )
                    |      <concat_ident> . <factor> .

<number>            :      <int>
                    |      <float>
                    |      I .

<list>              :      [ <expr_seq> ] .

<set>               :      { <expr_seq> } .

<expr_seq>          :      <expr_seq> , <single_expr>
                    |      <single_expr> .

<proc_def>          :      proc ( <ident_seq> ) <local_part> <option_part>
                           <proc_body> .

<local_part>        :      local <ident_seq> ;
                    |      .

<option_part>       :      option <ident_seq> ;
                    |      .

<proc_body>         :      begin <stmt_seq> end_proc .

<ident_seq>         :      <id_seq>
                    |      .

<id_seq>            :      <ident> , <id_seq>
                    |      <ident> .
```

Scannersymbole:

Die folgende Notation entspricht der Lex-Notation für reguläre Ausdrücke:

last   : $(\%[1\text{-}9][0\text{-}9]\text{*})|\%$
int   : $[0\text{-}9]+$
float   : $[0\text{-}9]+(\backslash.[0\text{-}9]+)?(e(\backslash+|\backslash-)?[0\text{-}9]+)?$
ident   : $[a\text{-}zA\text{-}Z\_][a\text{-}zA\text{-}Z\_0\text{-}9]\text{*}$ (max. 512 Zeichen)
string :   "beliebige Zeichenfolge" (max. $2^{32} - 1$ Zeichen)

system :   ! gefolgt von beliebiger Zeichenfolge, die bis zum Zeilenende gelesen wird.

help   :   ? gefolgt von einem optionalen Bezeichner und einem optionalen Semikolon oder Doppelpunkt. Es wird bis zum Zeilenende gelesen.

Anhang D

Plot-Befehle der Farbgrafiken

In diesem Abschnitt werden der Vollständigkeit halber die zu den im Farbteil gezeigten Grafiken gehörenden plot2d- und plot3d-Befehle aufgelistet.

Bild 1 *Der Befehl*

```
plot2d(Axes = FramedAxes, Ticks = 0,
        Title = "Graphic Example 1: Plot of sin(u)",
        TitlePosition = Below,
        Labels = ["x-axis", "y-axis"],
        [Mode = Curve,
                [u, sin(u)], u = [0, 2*PI],
                Grid = [40]
        ]);
```

erzeugt den Graphen der Funktion sin(u) *im Intervall* [0, 2*PI]. *Zusätzlich angegeben sind hier der Titel der Grafik, sowie dessen Position und die Anzahl der Stützstellen.*

Bild 2 *Das zweite Grafikbeispiel der Farbseiten wird mit Hilfe des Befehls*

```
plot2d(Axes = Boxed, Ticks = 0,
        Title = "Graphic Example 2: Parametric 2D-Plot",
        TitlePosition = Below,
        [Mode = Curve,
                [u*cos(u), u*sin(u)],
                u = [0, 2*PI], Grid = [50]
        ]);
```

gezeichnet. Es zeigt einen parametrischen 2D-Plot. Dargestellt wird eine Spirale.

Bild 3 *Dieses Beispiel zeigt eine zweidimensionale Szene bestehend aus drei Ob-jekten, die in unterschiedlichen Plot-Stilen dargestellt werden. Der zugehörige Befehl lautet:*

```
plot2d(Axes = Boxed, Ticks = 0,
       Title = "Graphic Example 3:
               Three different 2D-Objects",
       TitlePosition = Below,
       [Mode = Curve,
           [sin(u), cos(u)], u = [0, 2*PI],
           Grid = [50], Style = [Points]
       ],
       [Mode = Curve,
           [2*sin(u), cos(u)], u = [0, 2*PI],
           Grid = [50], Style = [Lines]
       ],
       [Mode = Curve,
           [sin(u), 1.5*cos(u)], u = [0, 2*PI],
           Grid = [50], Style = [LinesPoints]
       ]);
```

Bild 4 *Der Befehl*

```
plot3d(Axes = Boxed, Ticks = 0,
       Title = "Graphic Example 4: Plot of Spacecurve sin(u)",
       TitlePosition = Below,
       [Mode = Curve,
           [u, u, sin(u*PI)], u = [-3.0, 3.0],
           Grid = [50], Style = [Impulses]
       ]);
```

zeigt die Verwendung von Mode = Curve, *d.h. es soll eine Raumkurve dargestellt werden. Wie schon angedeutet, ist in diesem Fall nur die Angabe von* Mode = Curve, *der eigentlichen Parametrisierungen der x-, y- und z-Koordinaten durch* [u, u, sin(u*PI)] *und des Parameterbereiches* u = [-3.0, 3.0], *den u durch-laufen soll, notwendig. Alle anderen Angaben wie* Axes = Boxed *etc. sind optional. Dargestellt wird diese Raumkurve im Plot-Stil* Style = [Impulses].

Bild 5 *Mit Hilfe des Aufrufes*

```
plot3d(Title = "Graphic Example 5:
               Spiral in form of a Sphere",
       TitlePosition = Below,
       Axes = Boxed, Ticks = 0,
```

```
[Mode = Curve,
        [(-3+abs(u))*cos(3*u*PI),
         (-3+abs(u))*sin(3*u*PI),
         3*cos((u+3)*1/6*PI)],
        u = [-3.0, 3.0], Grid = [50],
        Smoothness = [5]
]);
```

wird eine parametrische Raumkurve dargestellt. Zusätzlich angegeben sind hier u. a. der Titel der Grafik und dessen Position. Desweiteren werden durch die Anweisung Smoothness = [5] *zwischen zwei benachbarten Stützstellen jeweils 5 weitere Funktionsauswertungen ausgeführt.*

Bild 6 *Der Befehl*

```
plot3d(Title = "Graphic Example 6: transparent sphere",
        TitlePosition = Below,
        Axes = NoAxes,
        [Mode = Surface,
                [sin(u)*cos(v), sin(u)*sin(v), cos(u)],
                u = [0, PI], v = [-PI, PI],
                Grid = [20, 20], Smoothness = [1, 1],
                Style = [DepthCueing, AndMesh]
        ]);
```

erzeugt eine Oberfläche, vereinbart durch die Option Mode = Surface. *Als Plot-Stil wurde hier* Style = [DepthCueing, AndMesh] *gewählt, um eine transparente Kugel anzudeuten.*

Bild 7 *Dieser Beispielbefehl*

```
plot3d(Axes = NoAxes,
        Title = "Graphic Example 7:
                Surface Plot of sin(u^2+v^2)",
        TitlePosition = Below,
        [Mode = Surface,
                [u, v, 1/2*sin(u^2+v^2)],
                u = [0, PI], v = [0, PI], Grid = [30, 30],
                Style = [HiddenLine, Mesh]
        ]);
```

zeigt die Verwendung des Plot-Stils Style = [HiddenLine, Mesh]. *Zusätzlich wurden hier der Titel der Grafik, dessen Position sowie die Anzahl der Stützstellen angegeben.* ·

Bild 8 *Durch den Aufruf von*

```
plot3d(Title = "Graphic Example 8:
                Spiral surrounding a Sphere",
       TitlePosition = Below,
       Axes = NoAxes,
       CameraPoint = [14.4, 14.4, 12.0],
       [Mode = Curve,
              [(-3+abs(u))*cos(3*u*PI),
               (-3+abs(u))*sin(3*u*PI),
               3*cos((u+3)*1/6*PI)],
              u = [-3, 3], Grid = [50],
              Smoothness = [5],
              Title = "surrounding spiral",
              TitlePosition = [200, 100]
       ],
       [Mode = Surface,
              [2*sin(u)*cos(v), 2*sin(u)*sin(v),
               2*cos(u)], u = [0, PI], v = [-PI, PI],
              Grid = [20, 20], Title = "sphere ",
              TitlePosition = [200, 250],
              Style = [ColorPatches, AndMesh]
       ]);
```

wird eine aus zwei Objekten bestehende Szene erzeugt. Dabei handelt es sich um die Spirale aus Bild 5, die nun eine Kugel umrundet. Als zusätzliche Option wurde hier CameraPoint = [14.4, 14.4, 12.0] *gewählt.*

Bild 9 *Mit Hilfe des Aufrufes*

```
plot3d(Axes = NoAxes,
       Title = "Graphic Example 9: Three different Surfaces",
       TitlePosition = Below,
       Scaling = UnConstrained,
       CameraPoint = [13.0, -24.0, 20.0],
       [Mode = Surface,
              [(4+cos(v))*cos(u),
               (4+cos(v))*sin(u), sin(v)],
              u = [0, 2*PI], v = [0, 2*PI],
              Grid = [30, 30],
              Style = [HiddenLine, Mesh]
       ],
       [Mode = Surface,
              [2*sin(u)*cos(v),
```

```
                    2*sin(u)*sin(v), 2*cos(u)],
            u = [0, PI], v = [-PI, PI],
            Grid = [20, 20],
            Style = [ColorPatches, AndMesh]
        ],
        [Mode = Surface,
            [u, v, -3.0], u = [-5.0, 5.0],
            v = [-5.0, 5.0], Grid = [20, 20],
            Style = [ColorPatches, AndMesh]
        ]);
```

wird eine Szene bestehend aus drei Objekten dargestellt. Die Kugel und die Ebene werden im Plot-Stil Style = [ColorPatches, AndMesh] *gezeichnet, wohingegen der Torus im Plot-Stil* Style = [HiddenLine, Mesh] *dargestellt wird.*

Bild 10 *Dieses Beispiel wird durch die Befehle*

```
    sphere_x := proc(r,u,v)
    begin
      r*sin(u)*sin(v):
    end_proc:

    sphere_y := proc(r,u,v)
    begin
      r*sin(u)*cos(v):
    end_proc:

    sphere_z := proc(r,u,v)
    begin
      r*cos(u):
    end_proc:


    plot3d(Axes = NoAxes,
           Title = "Graphic Example 10: Three Spheres",
           TitlePosition = Below,
           CameraPoint = [-6, 1.2, 2.8],
           [Mode = Surface,
               [hold(sphere_x(1,u,v)),
                hold(sphere_y(1,u,v)),
                hold(sphere_z(1,u,v))],
               u = [PI/2, PI], v = [0, 2*PI],
               Grid = [20, 20], Smoothness = [1, 1],
               Style = [ColorPatches, AndMesh]
           ],
```

```
[Mode = Surface,
        [hold(sphere_x(2/3,u,v)),
         hold(sphere_y(2/3,u,v)),
         hold(sphere_z(2/3,u,v))],
        u = [0, PI], v = [0, PI],
        Style = [DepthCueing, AndMesh]
],
[Mode = Surface,
        [hold(sphere_x(1/3,u,v)),
         hold(sphere_y(1/3,u,v)),
         hold(sphere_z(1/3,u,v))],
        u = [0, PI], v = [0, 2*PI],
        Style = [ColorPatches, AndMesh]
]);
```

erzeugt. Hier wird gezeigt, wie man Objekte mittels selbstdefinierter Prozeduren beschreiben kann. Dazu werden zunächst die drei Prozeduren sphere_x(r,u,v), sphere_y(r,u,v) *und* sphere_z(r,u,v) *definiert und dann zur Berechnung der drei Kugeln verwendet, wobei* r *gerade dem Radius der Kugel entspricht.*

Bild 11 *Die Befehle*

```
kdv := proc(u,v,c)
begin
  e   := exp(c*u-c^3*v);
  f   := 1 + e;
  fx  := c*e;
  fxx := c*fx;
  3*(fxx/f-(fx/f)^2);
end_proc:

plot3d(Axes = NoAxes,
       Title = "Graphic Example 11:
               Soliton of the Korteweg-de Vries Equation",
       TitlePosition = Below,
       [Mode = Surface,
           [u, v, hold(20*kdv(u, v, 3/5))],
           u = [-10, 10], v = [-10, 10], Grid = [40, 30],
           Style = [ColorPatches, AndVLine],
       ]);
```

definieren zunächst eine Funktion mit Namen kdv *in Abhängigkeit von drei Varia-blen, welche durch den* plot3d-*Befehl grafisch dargestellt werden soll. Bei dieser Funktion handelt es sich um eine spezielle Lösung einer nichtlinearen partiellen*

Differentialgleichung, der sogenannten Korteweg-de Vries Gleichung. Dargestellt wird hier die sogenannte Einsoliton-Lösung dieser Gleichung. Die Lösung hat die Form einer Welle, die sich mit gleichbleibender Geschwindigkeit ausbreitet. Dabei wird die Geschwindigkeit in der obigen Funktion durch die Variable c angegeben.

Bild 12 *In diesem Beispiel wird eine weitere Lösung der oben schon erwähnten Korteweg-de Vries Gleichung grafisch dargestellt. Die zugehörigen Vereinbarungen lauten:*

```
kdv:= proc(u,v,c1,c2)
begin
  e1  := exp(c1*u-c1^3*v);
  e2  := exp(c2*u-c2^3*v);
  c12 := ((c1-c2)/(c1+c2))^2;
  e12 := c12*e1*e2;
  f   := 1 + e1 +      e2 +              e12;
  fx  :=     c1*e1 +   c2*e2 +   (c1+c2)*e12;
  fxx := c1^2*e1 + c2^2*e2 + (c1+c2)^2*e12;
  3*(fxx/f-(fx/f)^2);
end_proc:

plot3d(Axes = NoAxes,
       CameraPoint = [23, -120, 67],
       Title = "Graphic Example 12:
               Twosoliton of the Korteweg-de Vries Equation",
       TitlePosition = Below,
       [Mode = Surface,
           [u, v, hold(30*kdv(u,2*v,3/5,2/5))],
           u = [-30, 30], v = [-25, 25],
           Grid = [40, 40], Smoothness = [1, 0],
           Style=[ColorPatches, AndMesh]
       ]);
```

Die Lösung hat die Form zweier Wellenberge, die sich mit unterschiedlichen Geschwindigkeiten ausbreiten. Dabei sind die Geschwindigkeiten dieser Wellenberge durch die Variablen c1 und c2 angegeben. Die Besonderheit dieser sogenannten Zweisoliton-Lösungen liegt darin, daß beide Wellen nach dem Zusammenstoß wieder genauso aussehen wie vor der Kollision; es hat scheinbar nur eine Phasenverschiebung stattgefunden.

Bild 13 *Der Befehl, um diese Grafik zu erzeugen, lautet:*

```
plot3d(Axes = Boxed, Ticks = 0,
       CameraPoint = [3.7, -7.1, 2.4],
```

```
        Title = "Graphic Example 13: Parametric Surface Plot",
        TitlePosition = Below,
        [Mode = Surface,
                [sin(u)*cos(v), sin(u)*sin(v),
                 (-1/4)*cosh(u)], u = [0, PI],
                v = [0, 2*PI], Grid = [30, 30],
                Style = [ColorPatches, AndMesh]
        ]);
```

Bild 14 *Die in diesem Beispiel gezeigte Grafik wird mittels des Befehls*

```
plot3d(Axes = NoAxes,
        Title = "Graphic Example 14: Parametric Surface Plot",
        TitlePosition = Below,
        [Mode = Surface,
                [cos(u)*(cos(v)+2)+sin(u)*(sin(v)+2),
                 -cos(u)*(sin(v)+2)+sin(u)*(cos(v)+2),
                 PI-v],
                u = [0, 2*PI], v = [0, 2*PI],
                Grid = [30, 30], Style = [ColorPatches, AndMesh]
        ]);
```

erzeugt.

Bild 15 *Durch den Aufruf von*

```
torus_x := proc(u,v)
begin
  (3+cos(v))*cos(u);
end_proc:

torus_y := proc(u,v)
begin
  sin(v);
end_proc:

torus_z := proc(u,v)
begin
  (3+cos(v))*sin(u);
end_proc:

plot3d(Axes = NoAxes,
        Title = "Graphic Example 15: Two Tori",
        TitlePosition = Below,
```

```
        [Mode = Surface,
                [hold(torus_x(u,v)),
                 hold(torus_y(u,v)),
                 hold(torus_z(u,v))],
                u = [0, 2*PI], v = [0, 2*PI],
                Grid = [30, 30],
                Style = [ColorPatches, AndMesh]
        ],
        [Mode = Surface,
                [hold(torus_x(u,v))+3,
                 hold(torus_z(u,v)),
                 hold(torus_y(u,v))],
                u = [0, 2*PI], v = [0, 2*PI],
                Grid = [30, 30],
                Style = [ColorPatches, AndMesh]
        ]);
```

wird die Grafik mit zwei ineinander verschlungenen Tori erzeugt.

Bild 16 *Die in diesem Grafikbeispiel gezeigte Grafik wird durch den folgenden Befehl erzeugt.*

```
    zyl_x := proc(u,v,r)
    begin
      cos(u) + r*sin(v/2):
    end_proc:

    zyl_y := proc(u,v)
    begin
      2*PI-v:
    end_proc:

    zyl_z := proc(u,v,r)
    begin
      sin(u) + r*cos(v/2):
    end_proc:

plot3d(Axes = NoAxes,
        Scaling = UnConstrained,
        CameraPoint = [-29.0, -13.0, 23.0],
        Title = "Graphic Example 16: Two Cylinders",
        TitlePosition = Below,
        [Mode = Surface,
                [hold(zyl_x(u,v,11/10)),
```

```
        hold(zyl_y(u,v)),
        hold(zyl_z(u,v,11/10))],
      u = [0, 2*PI], v = [0, 4*PI], Grid = [20, 50],
      Style = [ColorPatches, AndMesh]
   ],
   [Mode = Surface,
      [hold(zyl_x(u,v,-11/10)),
       hold(zyl_y(u,v)),
       hold(zyl_z(u,v,-11/10))],
      u = [0, 2*PI], v = [0, 4*PI], Grid = [20, 50],
      Style = [ColorPatches, AndMesh]
   ]);
```

Bild 17 *Der zu dieser Beispielgrafik gehörende Befehl lautet:*

```
plot3d(Axes = NoAxes,
      Title = "Graphic Example 17: Parametric Surface Plot",
      TitlePosition = Below,
      [Mode = Surface,
         [u*cos(v)*sin(u), u*cos(u)*cos(v),
          -u*sin(v)], u = [0, 3*PI], v = [0, PI],
         Grid = [20, 20], Smoothness = [2, 0],
         Style = [ColorPatches, AndMesh]
      ]);
```

Bild 18 *Diese Szene wird mit Hilfe des* plot3d-*Befehls*

```
plot3d(Axes = NoAxes,
      Scaling = UnConstrained,
      CameraPoint = [19.0, 13.0, 16.0],
      Title = "Graphic Example 18: Parametric Surface Plot",
      TitlePosition = Below,
      [Mode = Surface,
         [(1.2)^v*sin(u)^2*cos(v),
          (1.2)^v*sin(u)*cos(u),
          (1.2)^v*sin(u)^2*sin(v)],
         u = [0, PI], v = [-1, 2*PI],
         Grid = [30, 30],
         Style = [ColorPatches, AndMesh]
      ]);
```

erzeugt. Zu erwähnen ist hier noch die zusätzlich gewählte Option Scaling = UnConstrained, *womit erreicht wird, daß die Zeichenfläche des Basisfensters optimal ausgefüllt wird.*

Bild 19 *Diese Grafik zeigt die Oberfläche der Funktion* sin(u*v). *Diese wird mittels des Befehls*

```
plot3d(Axes = NoAxes,
       Title = "Graphic Example 19: Surface Plot of sin(u*v)",
       TitlePosition = Below,
       [Mode = Surface,
              [u, v, sin(u*v)], u = [-PI, PI],
              v = [-PI, PI], Grid = [35, 35],
              Style = [HiddenLine, Mesh]
       ]);
```

vereinbart.

Bild 20 *Die Befehle, die diese Grafik erzeugen, lauten:*

```
x := proc(u,v)
begin
  v*sin(u):
end_proc:

y := proc(u,v)
begin
  v*cos(u):
end_proc:

z := proc(u,v)
begin
  1.5*sin(v):
end_proc:

plot3d(Axes = NoAxes, Scaling = UnConstrained,
       Title = "Graphic Example 20:
                 Surface Plot of sin(radius)",
       TitlePosition = Below,
       [Mode = Surface,
              [hold(x(u,v)), hold(y(u,v)),
               hold(z(u,v))], u = [0, 2*PI],
              v = [0, 3*PI], Grid = [40, 40],
              Style = [ColorPatches, AndULine]
       ]);
```

Wie man leicht erkennt, parametrisieren die oben definierten Prozeduren x(u,v) *und* y(u,v) *eine Kreisscheibe. Die Prozedur* z(u,v) *gibt dann in Abhängigkeit vom Radius* v *die Höhe der Oberfläche an.*

Bild 21 *In diesem Beispiel wird zunächst die Prozedur* BesselJ(n,x) *definiert, welche die Besselfunktion der Ordnung n berechnet.*

```
BesselJ := proc(n, x)
#--------------------------------------------#
#    Besselfunktion n-ter Ordnung:           #
#                      oo                     #
#                      ---       2      k     #
#              n       \    ( - x  / 4)       #
#    J (x) = (x/2)     /    -------------     #
#     n                ---     k! (k+n)!      #
#                      k=0                    #
#--------------------------------------------#

local eps, k, m, s, sgn, sum, y;

begin

if not testtype(n, "CAT_INT") or not testtype(x, "NUMERIC")
then
  return(procname(args()))
end_if;

m   := 1/fact(n);
sum := m;
k   := 0;
sgn := 1;
y   := x^2/4;
eps := 10^(-DIGITS);

repeat
  s   := sum;
  sgn := -sgn;
  k   := k + 1;
  m   := m * y / (n+k) / k;
  sum := s + sgn*m;
until abs(sum - s) < eps end_repeat;

sum * (x/2)^n;
end_proc:
```

Diese Prozedur wird im folgenden plot3d-*Befehl dazu verwendet, ein vibrierendes Trommelfell zum Zeitpunkt* k = 5.324760923 *darzustellen.*

```
k:=5.324760923:

plot3d(Axes = NoAxes, Scaling = UnConstrained,
       Title = "Graphic Example 21:
               Vibrating Drum Head (k=5.3247)",
       TitlePosition = Below,
       [Mode = Surface,
           [r*cos(t), r*sin(t),
            BesselJ(2,k*r)*cos(2*t)], r = [0, 1],
           t = [0, 2*PI], Grid = [30, 30],
           Smoothness = [1, 1],
           Style = [ColorPatches, AndMesh]
       ]);
```

Bild 22 *Dieser Beispielbefehl verwendet wiederum die im obigen Beispiel definierte Prozedur* BesselJ(n,x).

```
k:=11.61984117:

plot3d(Axes = NoAxes, Scaling = UnConstrained,
       Title = "Graphic Example 22:
               Vibrating Drum Head (k=11.6198)",
       TitlePosition = Below,
       [Mode = Surface,
           [r*cos(t), r*sin(t),
            BesselJ(2,k*r)*cos(2*t)], r = [0, 1],
           t = [0, 2*PI], Grid = [30, 30],
           Smoothness = [1, 1],
           Style = [ColorPatches, AndMesh]
       ]):
```

Diese Grafik zeigt das vibrierende Trommelfell zum Zeitpunkt k = 11.61984117.

Bild 23 *In diesem Beispiel wird zunächst die Funktion* f(c) *definiert, die den Imaginärteil ihres Argumentes berechnet. Im folgenden Grafikbefehl wird diese Funktion verwendet, um den Imaginärteil der Funktion* asin(u+I*v) *darzustellen.*

```
f := proc(c)
begin
  if testtype(c,"CAT_COMPLEX")
  then
    op(c,2)
  else
    0
```

```
        end_if
    end_proc:

    plot3d(Axes = NoAxes,
            CameraPoint = [26, -14, 14],
            Scaling = UnConstrained,
            Title = "Graphic Example 23:
                    Imaginary Part of asin(u+I*v)",
            TitlePosition = Below,
            [Mode = Surface,
                [u, v, hold(f(asin(u+v*I)))],
                u = [-4.0, 4.0],v = [-4.0, 4.0],
                Grid = [30, 30],
                Style = [ColorPatches, AndMesh]
            ]):
```

Bild 24 *Dieses Beispiel zeigt zwei sich schneidende Oberflächen. Der zugehörige* plot3d-*Befehl lautet:*

```
    plot3d(Axes = NoAxes, Scaling = UnConstrained,
            CameraPoint = [12.3, -8, 16.6],
            Title = "Graphic Example 24:
                    Two intersecting Surfaces",
            TitlePosition = Below,
            [Mode = Surface,
                [x, y, (1-sin(x))*(2-cos(2*y))],
                x = [-2, 2], y = [-2, 2], Grid = [30, 30],
                Style = [ColorPatches, AndMesh]
            ],
            [Mode = Surface,
                [x, y, (2+sin(x))*(1+cos(2*y))],
                x = [-2, 2], y = [-2, 2], Grid = [30, 30],
                Style = [ColorPatches, AndMesh]
            ]);
```

Bild 25 *Der folgende Befehl erzeugt eine 3D-Szene, die aus vier Objekten besteht. Es handelt sich hierbei um die Darstellung der Funktionen* u^2, u^3, u^4 *und* u^5.

```
    plot3d(Title = "Graphic Example 25: Four Surface Plots",
            TitlePosition = Below,
            Axes = Boxed, Ticks = 0,
            CameraPoint = [-3.6, -4.9, 2.6],
            [Mode = Surface,
```

```
            [u, v, u^2],
            u = [-1, 1], v = [-1, -0.5],
            Grid = [30,2],
            Style = [ColorPatches, AndMesh]
        ],
        [Mode = Surface,
            [u, v, u^3],
            u = [-1, 1], v = [-0.5, 0],
            Grid = [30, 2],
            Style = [ColorPatches, AndMesh]
        ],
        [Mode = Surface,
            [u, v, u^4],
            u = [-1, 1], v = [0, 0.5],
            Grid = [30, 2],
            Style = [ColorPatches, AndMesh]
        ],
        [Mode = Surface,
            [u, v, u^5],
            u = [-1, 1], v = [0.5, 1.0],
            Grid = [30, 2],
            Style = [ColorPatches, AndMesh]
        ]);
```

Bild 26 *Dieses Beispiel zeigt eine sogenannte minimale Oberfläche. Dabei wurde die Perspektive so gewählt, daß man direkt von unten auf das Objekt schaut.*

```
    plot3d(Axes = NoAxes,
           CameraPoint = [0, 0.005, -20],
           Title = "Graphic Example 26: Surface Plot",
           TitlePosition = Below,
           [Mode = Surface,
               [(3*u+3*u*v^2-u^3),
                (3*v+3*u^2*v-v^3),
                3*u^2-3*v^2],
               u = [-1.5, 1.5], v = [-1.5, 1.5],
               Grid = [30, 30], Style = [HiddenLine, Mesh]
           ]);
```

Bild 27 *Das folgende Beispiel zeigt eine besondere Lösung der sogenannten Sine-Gordon Gleichung. Dazu wird zunächst die Prozedur* sg(u,v,c1,c2) *definiert. Bei der dargestellten Lösung handelt es sich wie im Fall der Korteweg-de Vries Gleichung um eine Solitonlösung.*

```
sg := proc(u,v,c1,c2)
begin
  b1    := c1*u + 1/c1*v;
  b2    := c2*u + 1/c2*v;
  e1    := exp(b1);
  e2    := exp(b2);
  e12   := e1*e2;
  g     := (c1+c2)*(e1-e2);
  f     := (c1-c2)*(1+e12);
  4*atan(g/f):
end_proc:


plot3d(Axes = NoAxes,
       CameraPoint = [-45, -90, 80],
       Scaling = UnConstrained,
       Title = "Graphic Example 27:
          Kink-Kink-Solution of the Sine-Gordon Equation",
       TitlePosition = Below,
       [Mode = Surface,
            [u, v, hold(sg(2*u,v,1.5,-0.9))],
            u = [-25, 25], v = [-25, 25],
            Grid = [50, 50], Smoothness = [1, 1],
            Style = [WireFrame, Mesh]
       ]);
```

Die Variablen c1 *und* c2 *beschreiben die Geschwindigkeiten der an der Kollision beteiligten Wellen. Es wurden* c1 = 1.5 *und* c2 = -0.9 *gewählt.*

Bild 28 *Der zu diesem Beispiel gehörende Befehl verwendet wiederum die oben definierte Prozedur* sg(u,v,c1,c2). *Geändert wurde lediglich die Variable* c2, *die nun den Wert* c2 = 0.9 *hat. Dieser Befehl lautet:*

```
plot3d(Axes = NoAxes,
       Scaling = UnConstrained,
       CameraPoint = [38, 131, 100],
       Title = "Graphic Example 28:
          Kink-Antikink-Solution of the Sine-Gordon Equation",
       TitlePosition = Below,
       [Mode = Surface,
            [u, v, hold(sg(2*u,v,1.5,0.9))],
            u = [-25, 25], v = [-25, 25],
            Grid = [50, 50], Smoothness = [1, 1],
            Style = [HiddenLine, Mesh]
       ]);
```

Bild 29 *Das folgende Beispiel soll die Wirkung des* Smoothness-*Faktors verdeutlichen. Die Befehle*

```
x := proc(u,v)
begin
  sin(u)*cos(v):
end_proc:

y := proc(u,v)
begin
  sin(u)*sin(v):
end_proc:

plot3d(Axes = Boxed, Ticks = 0,
       Title = "Graphic Example 29:
                Demonstration of Smoothness",
       TitlePosition = Below,
       CameraPoint = [0, -18, 10],
       [Mode = Surface,
           [2+hold(x(u,v)), hold(y(u,v)), cos(u)],
           u = [0, PI], v = [0, 2*PI],
           Grid = [20, 10], Style = [HiddenLine, Mesh]
       ],
       [Mode = Surface,
           [hold(x(u,v)), hold(y(u,v)), cos(u)],
           u = [0, PI], v = [0, 2*PI],
           Grid = [20, 10], Smoothness = [0, 3],
           Style = [HiddenLine, Mesh]
       ],
       [Mode = Surface,
           [-2+hold(x(u,v)), hold(y(u,v)), cos(u)],
           u = [0, PI], v = [0, 2*PI],
           Grid = [20, 39], Style = [HiddenLine, Mesh]
       ]);
```

erzeugen drei Kugeln, die mit unterschiedlichen Werten für Grid *und* Smoothness *berechnet wurden. Die rechte Kugel wurde mit* Grid = [20, 10], Smoothness = [0, 0] *berechnet. Im direkten Vergleich mit der mittleren Kugel erkennt man leicht den Vorteil des* Smoothness-*Faktors: Obwohl nicht mehr Parameterlinien gezeichnet werden, erscheint dieses Objekt eher als Kugel als das rechte Objekt. Dieses wird dadurch erreicht, daß zwischen je zwei benachbarten Stützstellen in* v-*Richtung zusätzlich noch 3 Funktionsauswertungen berechnet werden, diese Punkte aber nicht durch Parameterlinien in* u-*Richtung verbunden werden. Die Folge ist, daß in diesem Fall die Parameterlinien in* v-*Richtung zwischen zwei benachbarten*

Stützstellen gekrümmt sind, was die Kugel insgesamt glatter erscheinen läßt. Die mittlere Kugel wurde mit den Werten Grid = [20, 10], Smoothness = [0, 3] *berechnet. Wollte man dieselbe Kugel erzeugen, ohne den* Smoothness-*Faktor zu verwenden, so müßte man die Werte* Grid = [20, 39], Smoothness = [0, 0] *wählen. In diesem Fall werden jedoch mehr Parameterlinien gezeichnet, wie die linke Kugel zeigt.*

Bild 30 *Diese Grafik wird mit Hilfe des Befehls*

```
plot3d(Axes = NoAxes,
       Scaling = UnConstrained,
       Title = "Graphic Example 30: Surface Plot",
       TitlePosition = Below,
       [Mode = Surface,
            [v*cos(u), v*sin(u), -3*exp(-v^2)],
            u = [0, PI], v = [-3,3],
            Grid = [30, 30], Style = [HiddenLine, Mesh]
       ]);
```

erzeugt.

Bild 31 *Der Befehl für diese Grafik lautet:*

```
plot3d(Axes = Boxed, Ticks = 0,
       Title = "Graphic Example 31: Oscillating Spacecurve",
       TitlePosition = Below,
       [Mode = Curve,
            [sin(u), cos(u), 1/2*sin(u*6)],
            u = [-PI,PI], Grid = [30],
            Smoothness = [3], Style = [LinesPoints]
       ]);
```

Bild 32 *Der Befehl*

```
plot3d(Axes = NoAxes,
       Scaling = UnConstrained,
       Title = "Graphic Example 32: Cone",
       TitlePosition = Below,
       [Mode = Surface,
            [sin(u)*cos(v), sin(u)*sin(v), sin(u)],
            u = [0, PI], v = [-PI, PI],
            Grid = [30, 30], Style = [HiddenLine, Mesh]
       ]);
```

erzeugt den Kegel des letzten Grafikbeispieles.

Index